实用电子电路设计丛书

典型电子电路设计与测试

张东辉　常国洁　张超杰　孙德冲　编著

U0378935

机 械 工 业 出 版 社

本书主要对运算放大器电路、波形发生电路、功率放大电路、信号隔离和转换电路等典型电子电路进行设计与测试，包括工作原理分析、参数计算、仿真验证，以及实际电路板测试。每个设计独立成节，首先进行电路工作原理讲解和主要参数计算；然后进行电路仿真分析，瞬态、直流、交流、参数和高级仿真时对电路关键节点信号波形进行测试，以便与实际测试进行对比；最后进行电路板制作与实际测试，包括详细元器件列表、调试步骤、典型测试波形及故障排除与分析。

本书选取的电路属于简单实用型电路，将理论计算、仿真分析、实际测试相结合，并配套书中实例的电路图、电路板、元器件表和 PSpice 仿真程序，以便读者更加全面、透彻地理解和设计电路。本书既可供初涉电路行业的工程师学习，也可供一线工程技术人员的参考。

图书在版编目（CIP）数据

典型电子电路设计与测试／张东辉等编著. －－北京：机械工业出版社，2024. 12. －－（实用电子电路设计丛书）.
ISBN 978 - 7 - 111 - 76751 - 0

Ⅰ．TN710

中国国家版本馆 CIP 数据核字第 2024F7N913 号

机械工业出版社（北京市百万庄大街 22 号　邮政编码 100037）
策划编辑：江婧婧　　　　　　责任编辑：江婧婧　朱　林
责任校对：梁　园　张　征　　封面设计：鞠　杨
责任印制：单爱军
北京虎彩文化传播有限公司印刷
2024 年 12 月第 1 版第 1 次印刷
169mm × 239mm · 19 印张 · 368 千字
标准书号：ISBN 978-7-111-76751-0
定价：99. 00 元

电话服务　　　　　　　　　网络服务
客服电话：010-88361066　　机 工 官 网：www. cmpbook. com
　　　　　010-88379833　　机 工 官 博：weibo. com/cmp1952
　　　　　010-68326294　　金　书　网：www. golden-book. com
封底无防伪标均为盗版　机工教育服务网：www. cmpedu. com

前　言

本书主要对典型电子电路进行设计与测试，设计包括工作原理分析、参数计算、仿真验证，之后进行实际电路板测试。所选取的电路主要为简单实用型电路，为刚开始进行电路设计的工程师提供学习空间。理论计算、电路仿真分析与实际电路板测试相结合，以便读者更加全面、透彻地理解电路——**理论与实践相结合**！

每个设计独立成节，首先进行电路工作原理讲解和主要参数计算；然后进行电路仿真分析，包括详细的元器件列表和每个元器件功能及瞬态、直流、交流、参数和高级分析，对电路关键节点信号波形进行测试，以便与实际电路板测试对比；最后进行电路板制作与实际测试，包括详细元器件列表、调试步骤、典型测试波形及故障排除与分析——**实践出真知**！

第 1 章主要讲解同相放大电路、反相放大电路、求和放大电路、差分放大电路、线性增益差分放大电路、通用仪表放大电路、改进型仪表放大电路、峰值检波电路和开关电容放大电路的工作原理与应用设计，并且利用 PSpice 仿真进行验证。

第 2 章主要对运算放大器构成的正弦波、三角波和方波发生电路进行工作原理讲解、PSpice 仿真分析和实际设计与测试，另外对集成波形发生芯片 555 和 ICL8038 进行电路分析与测试。

第 3 章主要对功率放大电路，包括 BJT 放大电路、FET 放大电路和集成芯片 MP108 构成的功率放大电路进行工作原理讲解、PSpice 仿真分析与应用设计。

第 4 章主要利用模拟光电耦合器 HCNR200、HCNR201 进行信号隔离电路设计，包括光电耦合器模型建立和实际应用电路设计。

第 5 章对信号转换电路进行工作原理讲解、PSpice 仿真分析和实际设计与测试，包括电流—电压、电压—电流和温度—电压转换电路。

附录 A 为本书电路原理图、电路板和元器件表，附录 B 为常用工具使用方法和元器件特性参数及选型。

通过对典型电子电路工作原理分析、仿真和实际测试，使得读者能够彻底理解已有电路，并且通过计算和仿真分析能够对原有电路进行改进，以便设计出符合实际要求的电子电路——**引进、吸收、应用**！

本书附带资料包括电路图、电路板、元器件表和 PSpice 仿真程序，可通过

PSpice **仿真群 336965207** 进行下载，以供读者学习。由于分析过程中多次对仿真设置进行修改，所以程序初始运行结果并非与书中仿真波形一致，读者务必按照书中内容进行自行设置，或者独立绘制电路进行仿真验证。

为了保持与仿真软件一致，书中电路图及表格中的元器件文字符号和图形符号未按照国标进行修改，请读者注意。

张东辉

2024 年 5 月 18 日

致　谢

师父领进门，修行在个人。非常感谢北方工业大学张卫平恩师将学生领进模拟电路和 PSpice 的世界，恩师的教诲永记心头——天道酬勤、融会贯通；非常感谢北京航天计量测试技术研究所金俊成和虞培德两位研究员对弟子的谆谆教导和悉心培养，使得徒弟领悟到电子电路的博大精深与研发过程精益求精的重要性。

感谢妻子陈红女士在我写作期间对家庭的操劳和对我的关心照顾，妻子无微不至的体贴和精神上的鼓励，使得我能够全心投入写作和工作；感谢儿子嘟嘟在我思路枯竭时提供无限遐想，从而焕发灵感和生机。家人是我努力完成本书的精神源泉和强大后盾。

非常感谢袁贵宾同志对全书文字和仿真程序一丝不苟地校对，并且提出许多非常有建设性的意见。机械工业出版社的编辑江婧婧对于本书的内容提出了一些很好的建议，感谢她为本书的出版所做的努力。

PSpice 仿真群（336965207）的如下仿友：贾格格、谷颜秋、谭露露、李钦、陈昭祎、张远征、严明、张伟鹏等对本书提出了宝贵建议，在此表示最衷心的感谢。

张东辉

2024 年 5 月 18 日

目　录

第1章

运算放大器电路

本章主要讲解同相放大电路、反相放大电路、求和放大电路、差分放大电路、线性增益差分放大电路、通用仪表放大电路、改进型仪表放大电路、峰值检波电路和开关电容放大电路的工作原理与应用设计，并且利用 PSpice 仿真进行验证。

1.1　同相放大电路

同相放大电路由运算放大器和设置增益的电阻构成，具体如图 1.1 所示，表 1.1 为同相放大电路仿真元器件列表，输入信号 V_{IN} 直接连接到运算放大器同相输入端，电阻 R_1 和 R_2 构成输出电压反馈电路。

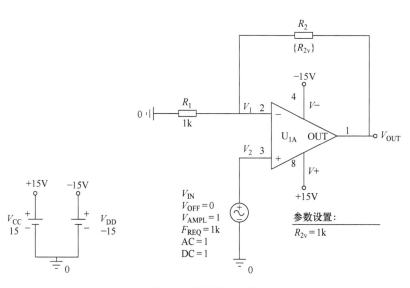

图 1.1　同相放大电路

表 1.1　同相放大电路仿真元器件列表

编号	名称	型号	参数	库	功能注释
R_1	电阻	Rb1	1kΩ	BREAKOUT	反馈电阻
R_2	电阻	Rb1	$\{R_{2v}\}$	BREAKOUT	反馈电阻
U_{1A}	运算放大器	TL072		TEX_INST	放大
V_{IN}	正弦信号源	VSIN	如图 1.1 所示	SOURCE	信号源
V_{CC}	直流电压源	VDC	15V	SOURCE	正供电电源
V_{DD}	直流电压源	VDC	$-15V$	SOURCE	负供电电源
PARAM	参数	PARAM	$R_{2v}=1kΩ$	SPECIAL	参数设置
0	接地	0		SOURCE	绝对零

. model Rb1 RES R = 1 dev = 0. 05：电阻容差 5%

根据放大器正常工作时的"虚短"工作原理，电路中节点电压 $V_1 = V_2$；根据"虚断"工作原理，无电流流入运算放大器反相输入端，所以

$$V_{OUT} \times \frac{R_1}{R_1 + R_2} = V_1 = V_2 = V_{IN} \tag{1.1}$$

整理得

$$V_{OUT} = V_{IN}\left(1 + \frac{R_2}{R_1}\right) \tag{1.2}$$

则同相放大电路放大倍数为

$$A_v = \frac{V_{OUT}}{V_{IN}} = 1 + \frac{R_2}{R_1} \tag{1.3}$$

1.1.1　同相放大电路偏置点分析

利用偏置点仿真分析计算小信号电压增益、输入阻抗、输出阻抗和每个元器件相对输出信号的灵敏度，仿真设置如图 1.2 所示。

偏置点仿真分析结果如下。

（1）小信号特性

电压增益：V(VOUT)/V_VIN = 2. 000E + 00

输入阻抗：INPUT RESISTANCE AT V_VIN = 9. 967E + 11

输出阻抗：OUTPUT RESISTANCE AT V(VOUT) = 2. 631E - 03

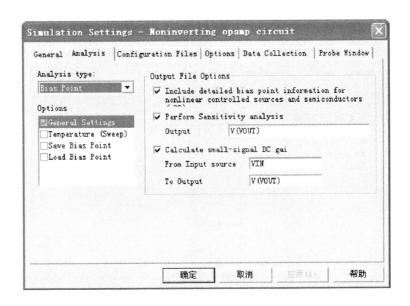

图 1.2 偏置点仿真设置

(2) $V(V_{\mathrm{OUT}})$ 直流灵敏度

ELEMENT NAME	ELEMENT VALUE	ELEMENT SENSITIVITY (VOLTS/UNIT)	NORMALIZED SENSITIVITY (VOLTS/PERCENT)
R_R1	1.000E+03	−1.000E−03	−1.000E−02
R_R2	1.000E+03	1.000E−03	1.000E−02
V_VDD	−1.500E+01	3.199E−05	−4.798E−06
V_VIN	1.000E+00	2.000E+00	2.000E−02
V_VCC	1.500E+01	3.199E−05	4.798E−06

通过仿真分析结果可得：同相放大电路电压增益为 2；输入阻抗为 9.967 × $10^{11}\Omega$；输出阻抗为 $2.631 \times 10^{-3}\Omega$；电阻 R_1 和 R_2 对输出电压最敏感，相对灵敏度分别为 −1% 和 1% 。

1.1.2 同相放大电路直流分析

对电路进行直流仿真分析，具体设置如图 1.3 所示，输入电压 V_{IN} 从 −10V 线性增加至 10V，步进为 1mV，仿真结果如图 1.4 所示：当输出电压范围在 −13.5V ≤ V_{OUT} ≤ 13.5V 时输出电压与输入电压呈线性关系，超出范围时输出饱和。

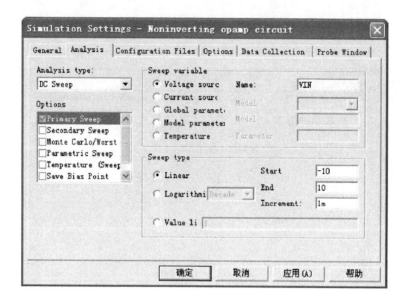

图 1.3　直流仿真设置

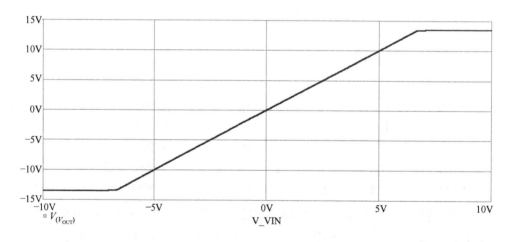

图 1.4　输出电压 V_{OUT} 波形

1.1.3　同相放大电路瞬态分析

对电路进行瞬态仿真分析，具体设置如图 1.5 所示，仿真时间 2ms、最大步长 5μs；瞬态仿真结果如图 1.6 所示，$V(V_2)$ 为输入电压波形，$V(V_{\text{OUT}})$ 为输出电压波形，电路实现 2 倍同相放大功能。

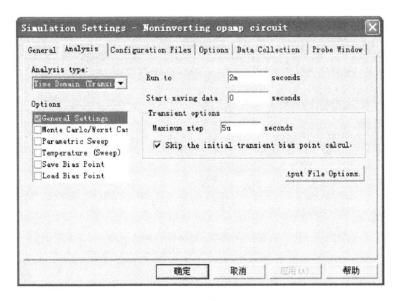

图 1.5 瞬态仿真设置

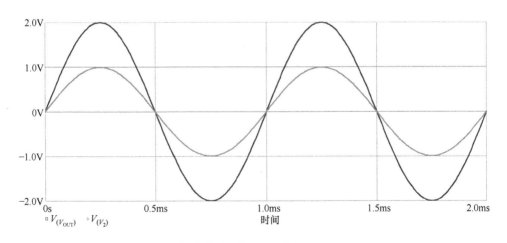

图 1.6 输入和输出电压波形

1.1.4 同相放大电路交流和参数分析

对电路进行交流仿真分析,具体设置如图 1.7 所示,频率范围 10kHz ~ 3MHz(megHz),每十倍频 20 点;对电阻 R_2 进行参数仿真设置,如图 1.8 所示,参数值分别为 1kΩ、3kΩ 和 7kΩ,仿真结果如图 1.9 所示。

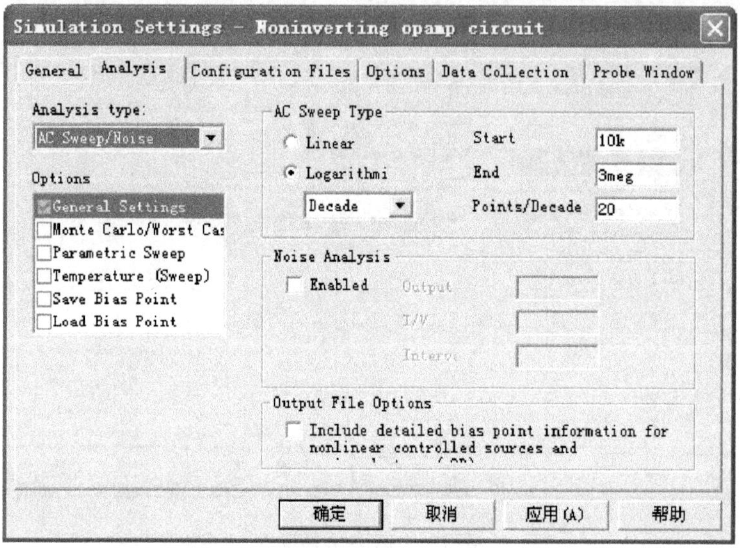

图 1.7　交流仿真设置

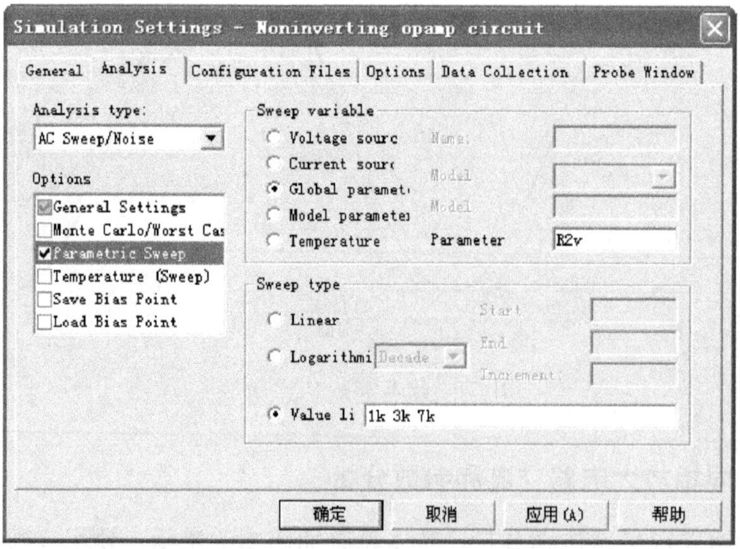

图 1.8　参数仿真设置

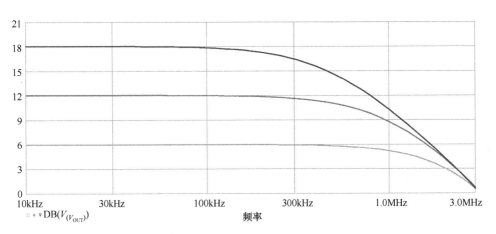

$\square \circ \triangledown \mathrm{DB}(V_{(V_{\mathrm{OUT}})})$
频率

图 1.9 输出电压频率特性曲线：电阻 R_2 从上到下分别为 $7\mathrm{k}\Omega$、$3\mathrm{k}\Omega$ 和 $1\mathrm{k}\Omega$

当电阻 $R_2 = 1\mathrm{k}\Omega$ 时增益为 2，带宽约为 $2\mathrm{MHz}$；当电阻 $R_2 = 3\mathrm{k}\Omega$ 时增益为 4，带宽约为 $1\mathrm{MHz}$；当电阻 $R_2 = 7\mathrm{k}\Omega$ 时增益为 8，带宽约为 $0.5\mathrm{MHz}$；增益带宽积同为 $4\mathrm{MHz}$。

1.1.5 同相放大电路直流和蒙特卡洛分析

当输入直流电压为 $1\mathrm{V}$ 时对电路进行蒙特卡洛仿真分析，具体设置如图 1.10 和图 1.11 所示。电阻容差为平均分布 5%。仿真结果如图 1.12 所示，最大值约为 $2.09\mathrm{V}$，最小值约为 $1.91\mathrm{V}$，仿真次数为 100。

图 1.10 直流仿真设置

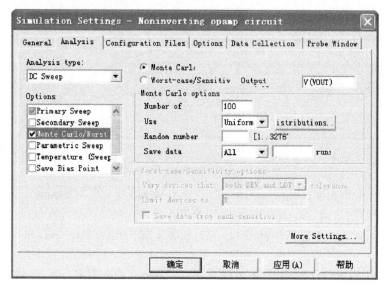

图 1.11　蒙特卡洛仿真设置

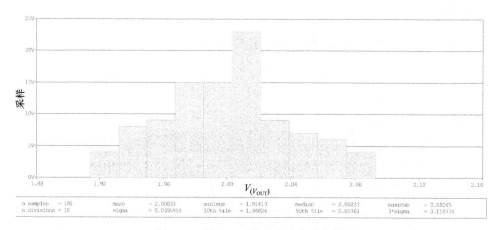

图 1.12　输出电压蒙特卡洛仿真数据

1.1.6　同相放大电路直流和最坏情况分析

由电路可知，当电阻 R_1 取 -5% 容差、R_2 取 $+5\%$ 容差时输出电压最大，最大值为

$$V_{\mathrm{OUT_{max}}} = \frac{1.05 + 0.95}{0.95} V_{\mathrm{IN}} = 2.105 \times 1 = 2.105(\mathrm{V}) \tag{1.4}$$

最坏情况仿真设置和输出电压最大值设置如图 1.13 和图 1.14 所示，输出电压最大值仿真结果如下：

Device	MODEL	PARAMETER	NEW VALUE	
R_R1	Rb1	R	.95	(Decreased)
R_R2	Rb1	R	1.05	(Increased)

WORST CASE SUMMARY

WORST CASE ALL DEVICES

2.1052 at V_VIN = 1

(105.26% of Nominal)

当 R_1 取 95%、R_2 取 105% 时输出电压最大，最大值为 2.1052V，与计算值一致。

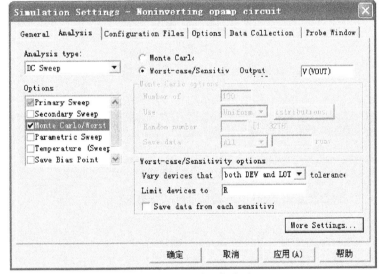

图 1.13　最坏情况仿真设置

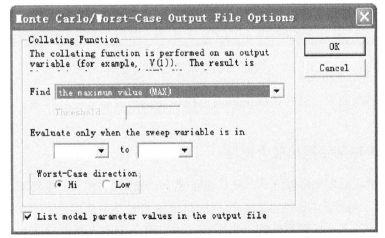

图 1.14　最坏情况输出设置：输出电压最大值

由电路可知，当电阻 R_1 取 $+5\%$ 容差、R_2 取 -5% 容差时输出电压最小，最小值为

$$V_{\mathrm{OUT_{min}}} = \frac{1.05 + 0.95}{1.05} V_{\mathrm{IN}} = 1.905 \times 1 = 1.905(\mathrm{V}) \tag{1.5}$$

最坏情况仿真设置如图 1.15 所示，输出电压最小值仿真结果如下：

Device	MODEL	PARAMETER	NEW VALUE	
R_R1	Rb1	R	1.05	(Increased)
R_R2	Rb1	R	.95	(Decreased)

WORST CASE SUMMARY

WORST CASE ALL DEVICES

1.9047 at V_VIN = 1

(95.238% of Nominal)

当 R_1 取 105%、R_2 取 95% 时输出电压最小，最小值为 1.9047V，与计算值一致。

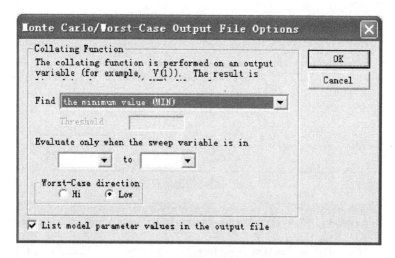

图 1.15 最坏情况输出设置：输出电压最小值

电阻容差越大，最坏情况下输出电压偏离正常值越大，读者可以自行仿真验证。

1.1.7 T形网络同相放大电路

当需要设计闭环增益 $A_{\mathrm{v}} = 100$ 且电阻 $R_1 = 10\mathrm{k}\Omega$ 的同相放大电路时，电阻 R_2 约为 $1\mathrm{M}\Omega$。然而该电阻值在实际应用电路中使用时并不常见，电阻值太大时准确度、稳定度、干扰抑制性均大大降低，所以通常采用 T 形网络提高同相放大

电路的放大倍数。

图 1.16 为 T 形网络同相放大电路，表 1.2 为 T 形网络同相放大电路仿真元器件列表，整理得电路放大倍数：

$$A_{\text{v}} = \frac{V_{\text{OUT}}}{V_{\text{IN}}} = \frac{R_3}{R_1} + \frac{R_3}{R_4} + \frac{R_2 R_3}{R_1 R_4} + 1 + \frac{R_2}{R_1} \tag{1.6}$$

其中，R_1 为 kΩ 级别的电阻，具体大小由输入信号决定，该阻值基本决定运算放大器反馈电流的大小；R_2 通常为 10 倍 R_1 阻值，然后再计算 R_3 和 R_4 阻值。为实现电路的稳定性和抗干扰性能，电阻值通常选择 100kΩ 以内。

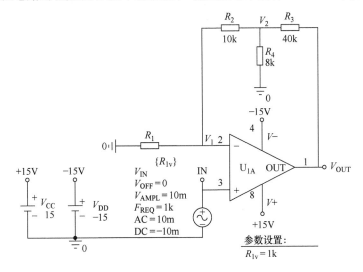

图 1.16　T 形网络同相放大电路

表 1.2　T 形网络同相放大电路仿真元器件列表

编号	名称	型号	参数	库	功能注释
R_1	电阻	Rb1	{R_{1v}}	BREAKOUT	反馈电阻
R_2	电阻	Rb1	10kΩ	BREAKOUT	反馈电阻
R_3	电阻	Rb1	40kΩ	BREAKOUT	反馈电阻
R_4	电阻	Rb1	8kΩ	BREAKOUT	反馈电阻
U$_{1A}$	运算放大器	TL072		TEX_INST	放大
V_{IN}	正弦信号源	VSIN	如图 1.16 所示	SOURCE	信号源
V_{CC}	直流电压源	VDC	15V	SOURCE	正供电电源
V_{DD}	直流电压源	VDC	−15V	SOURCE	负供电电源
PARAM	参数	PARAM	R_{1v} = 1kΩ	SPECIAL	参数设置
0	接地	0		SOURCE	绝对零

. model Rb1 RES R = 1 dev = 0.05；电阻容差5%

图 1.16 中 T 形网络同相放大电路的放大倍数为

$$A_v = \frac{V_{OUT}}{V_{IN}} = \frac{R_3}{R_1} + \frac{R_3}{R_4} + \frac{R_2 R_3}{R_1 R_4} + 1 + \frac{R_2}{R_1} = 106 \tag{1.7}$$

当输入信号为 10mV 时对电路进行仿真测试。

1. 偏置点分析

利用偏置点分析计算小信号电压增益、输入阻抗、输出阻抗和每个元器件相对输出信号的灵敏度，偏置点仿真设置如图 1.17 所示。

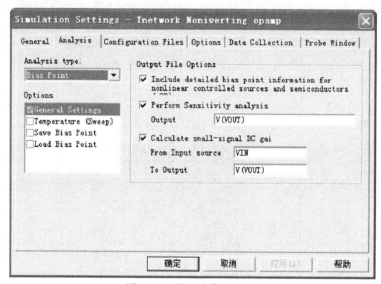

图 1.17　偏置点仿真设置

偏置点仿真分析结果如下。

（1）小信号特性

电压增益：V(VOUT)/V_VIN = 1.059E + 02；约为 106

输入阻抗：INPUT RESISTANCE AT V_VIN = 9.963E + 11

输出阻抗：OUTPUT RESISTANCE AT V(VOUT) = 1.390E − 01

（2）$V_{(V_{OUT})}$ 直流灵敏度

ELEMENT NAME	ELEMENT VALUE	ELEMENT SENSITIVITY (VOLTS/UNIT)	NORMALIZED SENSITIVITY (VOLTS/PERCENT)
R_R2	1.000E + 04	− 5.988E − 05	− 5.988E − 03
R_R3	4.000E + 04	− 2.370E − 05	− 9.481E − 03
R_R4	8.000E + 03	6.861E − 05	5.489E − 03

R_R1	$1.000E+03$	$9.979E-04$	$9.979E-03$
V_VIN	$-1.000E-02$	$1.059E+02$	$-1.059E-02$
V_VCC	$1.500E+01$	$1.685E-03$	$2.527E-04$
V_VDD	$-1.500E+01$	$1.685E-03$	$-2.527E-04$

通过仿真分析结果可得：T形网络同相放大电压增益约为106；输入阻抗为运算放大器正相输入端阻抗；输出阻抗为 $1.390\times10^{-1}\Omega$；电阻 R_1 和 R_3 对输出电压最敏感，相对灵敏度分别约为 1% 和 -1%；电阻 R_2 和 R_4 灵敏度次之；所以电阻 R_1 和 R_3 的准确度和稳定度对电路输出稳定性影响至关重要。

2. 瞬态和参数仿真分析

对电路进行瞬态和参数仿真分析，具体设置如图 1.18 和图 1.19 所示，仿真时间为 2ms，最大步长为 5μs，电阻 R_1 阻值分别为 0.5kΩ 和 1kΩ，对应放大倍数分别为 206 和 106。仿真结果如图 1.20 所示。

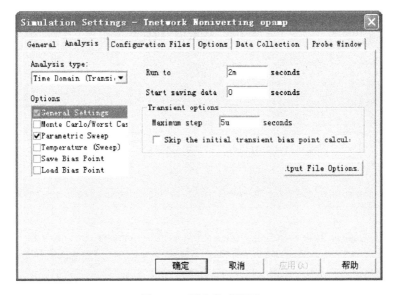

图 1.18　瞬态仿真设置

图 1.20 为瞬态和参数仿真波形，当输入电压 $V_{(\mathrm{IN})}$ 为 10mV 正弦波时，输出电压 $V_{(V_{\mathrm{OUT}})}$ 峰值分别为 2.06V 和 1.06V，电路分别实现 206 倍和 106 倍同相放大。

正如期望所料，所有电阻值均小于100kΩ，但却实现百倍放大。与通常设计题目一样，以上设计不存在唯一解。但由于电阻值存在容许误差，所以放大器的实际增益值将会在一定范围内波动，读者可以进行蒙特卡洛和最坏情况分析来进行仿真分析和验证。

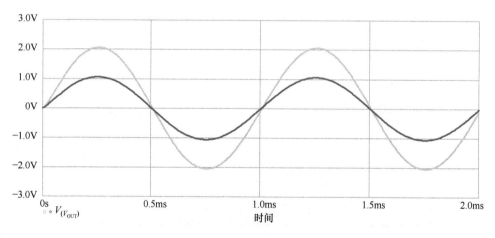

图 1.19　参数仿真设置

图 1.20　输出电压波形

1.2　反相放大电路

　　反相放大电路由运算放大器和设置增益的电阻构成，具体如图 1.21 所示，表 1.3 为反相放大电路仿真元器件列表，运算放大器同相输入端直接接地，输入信号 V_{IN} 通过电阻 R_1 连接到运算放大器反相输入端，电阻 R_1 和 R_2 构成输出电压反馈电路。

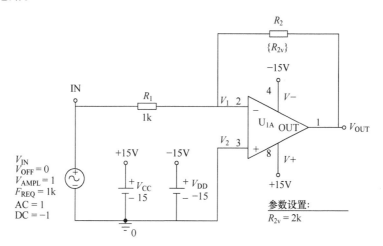

图 1.21 反相放大电路

表 1.3 反相放大电路仿真元器件列表

编号	名称	型号	参数	库	功能注释
R_1	电阻	Rb1	$1k\Omega$	BREAKOUT	输入电阻
R_2	电阻	Rb1	$\{R_{2v}\}$	BREAKOUT	反馈电阻
U_{1A}	运算放大器	TL072		TEX_INST	放大
V_{IN}	正弦信号源	VSIN	如图 1.21 所示	SOURCE	信号源
V_{CC}	直流电压源	VDC	$15\,V$	SOURCE	正供电电源
V_{DD}	直流电压源	VDC	$-15\,V$	SOURCE	负供电电源
PARAM	参数	PARAM	$R_{2v}=2k\Omega$	SPECIAL	参数设置
0	接地	0		SOURCE	绝对零

. model Rb1 RES R = 1 dev = 0.05;电阻容差5%

根据放大器正常工作时的"虚短"工作原理,电路中节点电压 $V_1 = V_2 = 0V$;根据"虚断"工作原理,无电流流入运算放大器反相输入端,所以

$$\frac{V_{OUT}}{R_2} = \frac{0 - V_{IN}}{R_1} \tag{1.8}$$

整理得

$$V_{OUT} = -V_{IN}\frac{R_2}{R_1} \tag{1.9}$$

所以反相放大电路的放大倍数为

$$A_v = \frac{V_{OUT}}{V_{IN}} = -\frac{R_2}{R_1} \tag{1.10}$$

1.2.1 反相放大电路偏置点分析

利用偏置点分析计算小信号电压增益、输入阻抗、输出阻抗和每个元器件相对输出信号的灵敏度，仿真设置如图 1.22 所示。

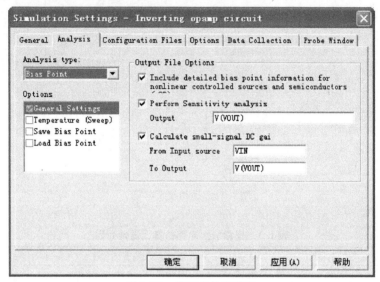

图 1.22 偏置点仿真设置

偏置点仿真分析结果如下。

(1) 小信号特性

电压增益：$V(VOUT)/V\_V_{IN} = -2.000E+00$

输入阻抗：INPUT RESISTANCE AT $V\_V_{IN} = 1.000E+03$

输出阻抗：OUTPUT RESISTANCE AT $V(VOUT) = 3.936E-03$

(2) $V_{(V_{OUT})}$ 直流灵敏度

ELEMENT NAME	LEMENT VALUE	ELEMENT SENSITIVITY (VOLTS/UNIT)	NORMALIZED SENSITIVITY (VOLTS/PERCENT)
R_R2	2.000E+03	1.000E-03	2.000E-02
R_R1	1.000E+03	-2.000E-03	-2.000E-02
V_VDD	-1.500E+01	4.776E-05	-7.163E-06
V_VIN	-1.000E+00	-2.000E+00	2.000E-02
V_VCC	1.500E+01	4.776E-05	7.164E-06

通过仿真分析结果可得：反相放大电路电压增益为 -2；输入阻抗为 $1.000 \times$

$10^3\Omega$，即 R_1 的阻值；输出阻抗为 $3.936\times10^{-3}\Omega$；电阻 R_1 和 R_2 对输出电压最敏感，相对灵敏度分别为 -2% 和 2%。

1.2.2　反相放大电路直流分析

对电路进行直流仿真分析，具体设置如图 1.23 所示，输入电压 V_{IN} 从 $-10\mathrm{V}$ 线性增加至 $10\mathrm{V}$，步进 $1\mathrm{mV}$。仿真结果如图 1.24 所示，输出电压 V_{OUT} 随着输入电压增大而逐渐降低，当输出电压范围在 $-13.5\mathrm{V}\leqslant V_{\mathrm{OUT}}\leqslant13.5\mathrm{V}$ 时输出电压与输入电压呈线性关系，超出范围时输出饱和。

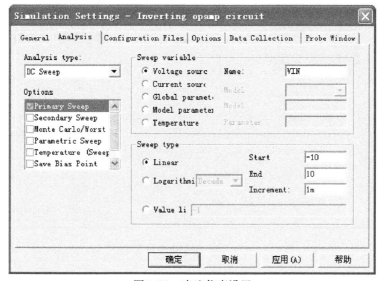

图 1.23　直流仿真设置

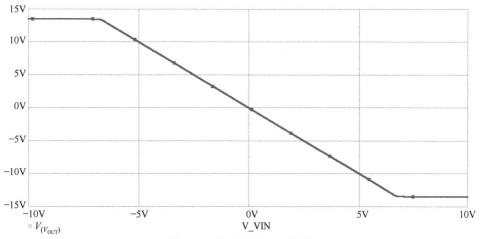

图 1.24　输出电压 V_{OUT} 波形

1.2.3 反相放大电路瞬态分析

对电路进行瞬态仿真分析，具体设置如图 1.25 所示，仿真时间为 2ms，最大步长为 5μs，瞬态仿真结果如图 1.26 所示，$V_{(IN)}$ 为输入电压波形，$V_{(V_{OUT})}$ 为输出电压波形，电路实现 -2 倍反相放大功能。

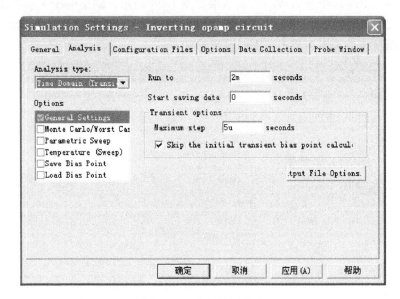

图 1.25　瞬态仿真设置

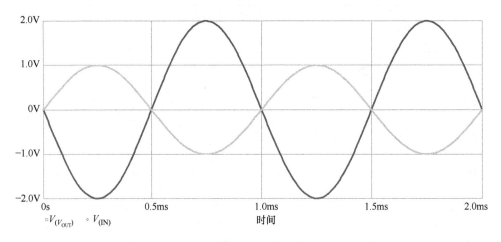

图 1.26　输入和输出电压波形

1.2.4 反相放大电路交流和参数分析

对电路进行交流仿真分析，具体设置如图 1.27 所示，频率范围 10kHz ~ 3MHz，每十倍频 20 点；对电阻 R_2 进行参数仿真分析，具体设置如图 1.28 所示，参数值分别为 2kΩ、4kΩ 和 8kΩ。仿真结果如图 1.29 所示。

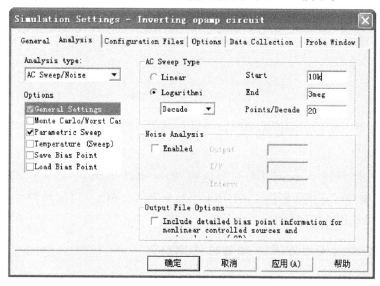

图 1.27 交流仿真设置

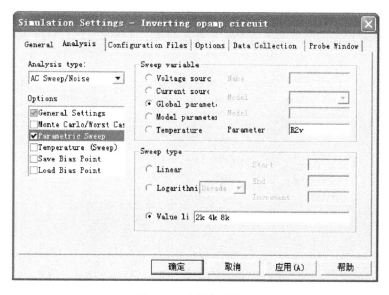

图 1.28 参数仿真设置

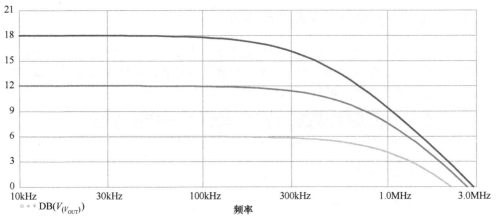

图 1.29　输出电压频率特性曲线：电阻 R_2 从上到下分别为 8kΩ、4kΩ 和 2kΩ

当电阻 $R_2 = 2\text{k}\Omega$ 时增益为 -2，带宽约为 1.32MHz；当电阻 $R_2 = 4\text{k}\Omega$ 时增益为 -4，带宽约为 0.75MHz；当电阻 $R_2 = 8\text{k}\Omega$ 时增益约为 -8，带宽约为 0.4MHz；增益带宽积分别为 2.64MHz、3MHz 和 3.2MHz，误差约为 10%，基本符合增益带宽积为恒定值的设计规则。

1.2.5　反相放大电路直流和蒙特卡洛分析

当输入直流电压为 -1V 时对电路进行蒙特卡洛仿真分析，具体设置如图 1.30 和图 1.31 所示。电阻容差为平均分布 5%，仿真结果如图 1.32 所示，最大值约为 2.19V，最小值约为 1.83V，仿真次数为 100。

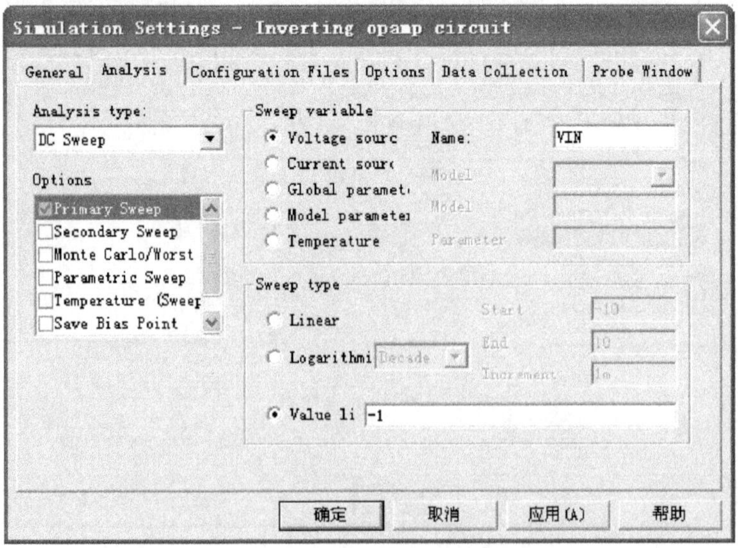

图 1.30　直流扫描仿真设置

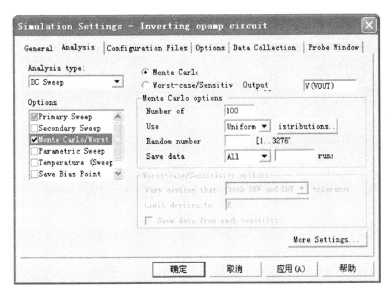

图 1.31　蒙特卡洛仿真设置

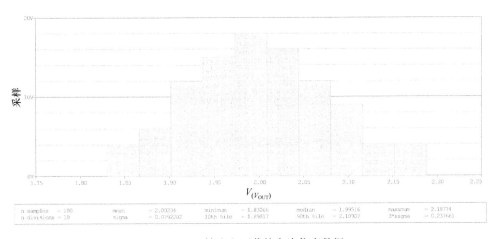

图 1.32　输出电压蒙特卡洛仿真数据

1.2.6　反相放大电路直流和最坏情况分析

由电路可知，当电阻 R_1 取 -5% 容差、R_2 取 $+5\%$ 容差时输出电压最大，最大值为

$$V_{\text{OUT}_{\max}} = -\frac{2.1}{0.95}V_{\text{IN}} = 2.2105 \times 1 = 2.2105(\text{V}) \tag{1.11}$$

最坏情况仿真设置及其输出最大值的设置如图 1.33 和图 1.34 所示，输出最

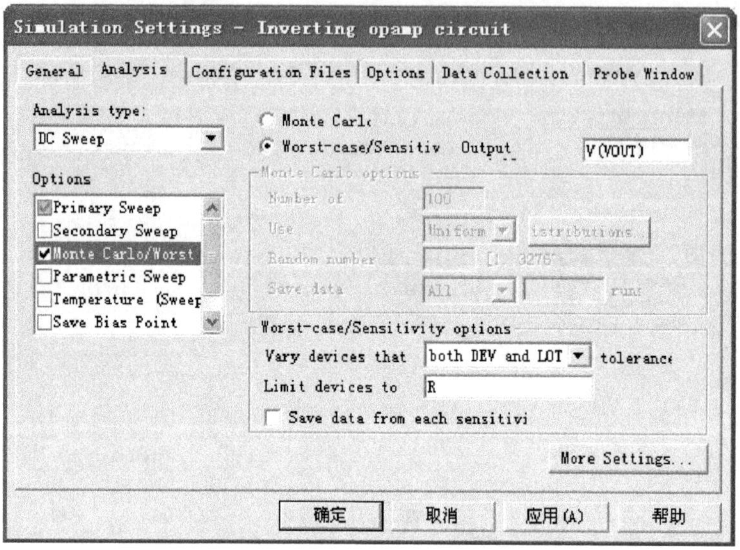

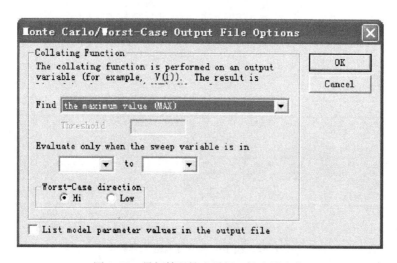

图 1.33　最坏情况仿真设置

图 1.34　最坏情况输出设置：输出最大值

大值仿真结果如下：

Device	MODEL	PARAMETER	NEW VALUE	
R_R2	Rb1	R	1.05	(Increased)
R_R1	Rb1	R	.95	(Decreased)

WORST CASE SUMMARY

WORST CASE ALL DEVICES

$$2.2105 \text{ at } V\_VIN = -1$$

$$(110.53\% \text{ of Nominal})$$

当 R_1 取 95%、R_2 取 105% 时输出电压最大，最大值为 2.2105V，与计算值一致。

由电路可知，当电阻 R_1 取 +5% 容差、R_2 取 -5% 容差时输出电压最小，最小值为

$$V_{OUT_{min}} = -\frac{1.9}{1.05} V_{IN} = 1.8095 \times 1 = 1.8095 (V) \tag{1.12}$$

最坏情况仿真设置的输出最小值如图 1.35 所示，输出最小值仿真结果如下：

Device	MODEL	PARAMETER	NEW VALUE	
R_R2	Rb1	R	.95	(Decreased)
R_R1	Rb1	R	1.05	(Increased)

WORST CASE SUMMARY

WORST CASE ALL DEVICES

$$1.8095 \text{ at } V\_VIN = -1$$

$$(90.476\% \text{ of Nominal})$$

当 R_1 取 105%、R_2 取 95% 时输出电压最小，最小值为 1.8095V，与计算值一致。

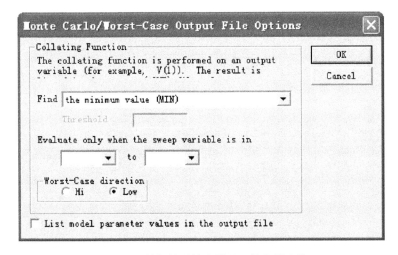

图 1.35 最坏情况输出设置：输出最小值

电阻容差越大，最坏情况下输出电压偏离正常值越大，读者可以自行仿真验证。

1.2.7　T形网络反相放大电路

当需要设计闭环增益 $A_v = -100$ 且输入电阻 $R_i = R_1 = 50\text{k}\Omega$ 的反相放大电路时，要求反馈电阻 R_2 为 $5\text{M}\Omega$。然而该电阻值在实际应用电路中使用并不现实，电阻值太大时准确度、稳定度、干扰抑制性均大大降低，所以通常采用 T 形网络提高反相放大电路的放大倍数。

图 1.36 为 T 形网络反相放大电路，表 1.4 为 T 形网络反相放大电路仿真元器件列表，整理得到电路放大倍数：

$$A_v = \frac{V_{OUT}}{V_{IN}} = -\frac{R_2}{R_1}\left(1 + \frac{R_3}{R_4} + \frac{R_3}{R_2}\right) \tag{1.13}$$

式中，R_1 为输入电阻，由输入信号决定；R_2 通常为 10 倍 R_1 阻值，然后再计算 R_3 和 R_4 阻值。为实现电路的稳定性和抗干扰性能，电阻值通常选择 $100\text{k}\Omega$ 以内。

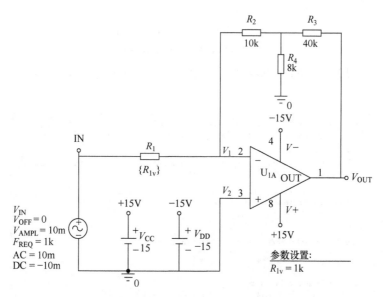

图 1.36　T形网络反相放大电路

表 1.4　T形网络反相放大电路仿真元器件列表

编号	名称	型号	参数	库	功能注释
R_1	电阻	Rb1	$\{R_{1v}\}$	BREAKOUT	输入电阻
R_2	电阻	Rb1	$10\text{k}\Omega$	BREAKOUT	反馈电阻
R_3	电阻	Rb1	$40\text{k}\Omega$	BREAKOUT	反馈电阻
R_4	电阻	Rb1	$8\text{k}\Omega$	BREAKOUT	反馈电阻

（续）

编号	名称	型号	参数	库	功能注释
U_{1A}	运算放大器	TL072		TEX_INST	放大
V_{IN}	正弦信号源	VSIN	如图1.36所示	SOURCE	信号源
V_{CC}	直流电压源	VDC	15V	SOURCE	正供电电源
V_{DD}	直流电压源	VDC	-15V	SOURCE	负供电电源
PARAM	参数	PARAM	$R_{1v} = 1\text{k}\Omega$	SPECIAL	参数设置
0	接地	0		SOURCE	绝对零

. model Rb1 RES R = 1 dev = 0. 05；电阻容差5%

图1.36中T形网络反相放大电路的放大倍数：

$$A_v = -\frac{10 \times 10^3}{1 \times 10^3}\left(1 + \frac{40 \times 10^3}{8 \times 10^3} + \frac{40 \times 10^3}{10 \times 10^3}\right) = -100 \qquad (1.14)$$

当输入信号为10mV时对电路进行仿真测试。

1. 偏置点分析

利用偏置点分析计算小信号电压增益、输入阻抗、输出阻抗和每个元器件相对输出信号的灵敏度，仿真设置如图1.37所示。

图1.37 偏置点仿真设置

偏置点仿真分析结果如下。

（1）小信号特性

电压增益：V(VOUT)/V_VIN = -9.995E +01；约为 -100

输入阻抗：INPUT RESISTANCE AT V_VIN = 1.000E +03

输出阻抗：OUTPUT RESISTANCE AT V(VOUT) = 1.390E − 01

（2）$V_{(V_{OUT})}$直流灵敏度

ELEMENT NAME	ELEMENT VALUE	ELEMENT SENSITIVITY (VOLTS/UNIT)	NORMALIZED SENSITIVITY (VOLTS/PERCENT)
R_R1	1.000E + 03	− 1.000E − 03	− 1.000E − 02
R_R3	4.000E + 04	2.251E − 05	9.002E − 03
R_R2	1.000E + 04	6.001E − 05	6.001E − 03
R_R4	8.000E + 03	− 6.252E − 05	− 5.001E − 03
V_VIN	− 1.000E − 02	− 9.995E + 01	9.995E − 03
V_VCC	1.500E + 01	1.686E − 03	2.529E − 04
V_VDD	− 1.500E + 01	1.686E − 03	− 2.529E − 04

通过仿真分析结果可得：T形网络反相放大电压增益为 − 100；输入阻抗为 $1.000 \times 10^3 \Omega$，即是 R_1 阻值；输出阻抗为 $1.390 \times 10^{-1} \Omega$；电阻 R_1 和 R_3 对输出电压最敏感，相对灵敏度分别为 − 1% 和 0.9%；电阻 R_2 和 R_4 灵敏度次之，所以电阻 R_1 和 R_3 的准确度和稳定度对电路输出稳定性至关重要。

2. 瞬态和参数仿真分析

对电路进行瞬态和参数仿真分析，具体设置如图 1.38 和图 1.39 所示，仿真时间为 2ms、最大步长为 5μs；电阻 R_1 的阻值分别为 1kΩ、0.5kΩ 和 0.25kΩ，对应放大倍数分别为 − 100、− 200 和 − 400。仿真结果如图 1.40 所示。

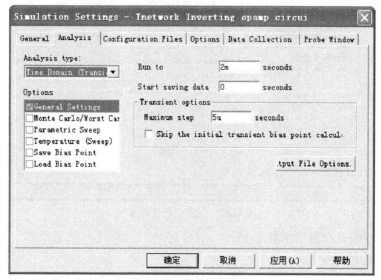

图 1.38　瞬态仿真设置

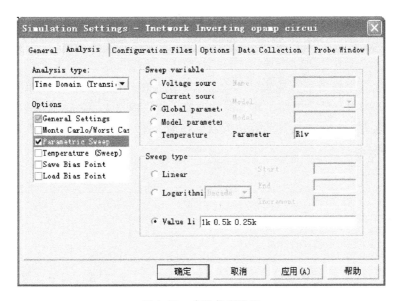

图 1.39 参数仿真设置

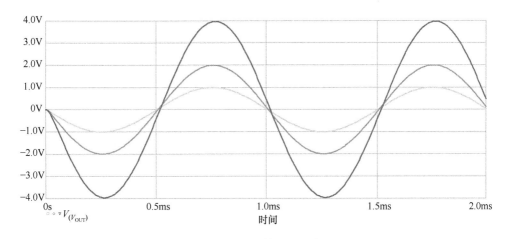

图 1.40 输入和输出电压波形

瞬态和参数仿真波形具体如图 1.40 所示，当输入电压 $V_{(IN)}$ 为 10mV 正弦波时，输出电压 $V_{(V_{OUT})}$ 峰值电压分别为 1V、2V 和 4V，电路分别实现 -100 倍、-200 倍和 -400 倍反相放大。

正如期望所料，所有电阻值均小于 $100k\Omega$ 却实现百倍放大。与通常设计题目一样，以上设计不存在唯一解。但由于电阻值存在容许误差，所以放大器的实际增益值将会在一定范围内波动，读者可以进行蒙特卡洛和最坏情况分析进行验证。

1.3 求和放大电路

求和放大电路由运算放大器和设置求和增益的电阻构成,具体如图 1.41 所示,表 1.5 为求和放大电路仿真元器件列表。输入信号 V_{I1} 和 V_{I2} 为求和信号,分别通过电阻 R_1 和 R_2 连接到运算放大器反相输入端,通过反馈电阻 R_F 构成输出电压反馈电路。

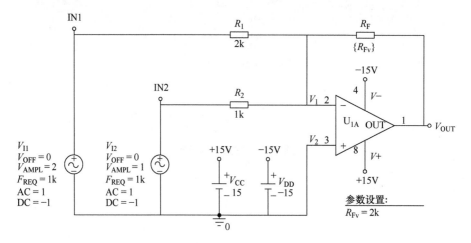

图 1.41 求和放大电路

表 1.5 求和放大电路仿真元器件列表

编号	名称	型号	参数	库	功能注释
R_1	电阻	Rb1	2kΩ	BREAKOUT	输入电阻
R_2	电阻	Rb1	1kΩ	BREAKOUT	输入电阻
R_F	电阻	Rb1	$\{R_{Fv}\}$	BREAKOUT	反馈电阻
U_{1A}	运算放大器	TL072		TEX_INST	放大
V_{I1}	正弦信号源	VSIN	如图 1.41 所示	SOURCE	信号源
V_{I2}	正弦信号源	VSIN	如图 1.41 所示	SOURCE	信号源
V_{CC}	直流电压源	VDC	15V	SOURCE	正供电电源
V_{DD}	直流电压源	VDC	−15V	SOURCE	负供电电源
PARAM	参数	PARAM	$R_{Fv}=2kΩ$	SPECIAL	参数设置
0	接地	0		SOURCE	绝对零

. model Rb1 RES R = 1 dev = 0.05;电阻容差5%

利用叠加原理和"虚短""虚断"分析如图 1.41 所示运算放大电路。首先应用叠加原理求得每个输入单独作用时的输出电压，然后将每个输出电压进行数学求和得到总输出电压。求得输出电压为

$$V_{\mathrm{OUT}} = -\left(\frac{R_{\mathrm{F}}}{R_1}V_{\mathrm{I1}} + \frac{R_{\mathrm{F}}}{R_2}V_{\mathrm{I2}}\right) \tag{1.15}$$

上式表明输出电压为各输入电压乘以放大倍数然后再相加，并且输出电压与输入电压反相。

1.3.1　求和放大电路偏置点分析

利用偏置点分析计算小信号电压增益、输入阻抗、输出阻抗和每个元器件相对输出信号的灵敏度，仿真设置如图 1.42 所示。

图 1.42　V_{I1} 和 V_{I2} 偏置点仿真设置

1. V_{I1} 偏置点仿真分析结果

小信号特性如下：

电压增益：V(VOUT)/V_VIN ＝ － 1.000E ＋00

输入阻抗：INPUT RESISTANCE AT V_VIN ＝ 2.000E ＋03

输出阻抗：OUTPUT RESISTANCE AT V(VOUT) ＝ 5.249E － 03

2. V_{I2} 偏置点仿真分析结果

小信号特性如下：

电压增益：V(VOUT)/V_VIN ＝ － 2.000E ＋00

输入阻抗：INPUT RESISTANCE AT V_VIN ＝1.000E ＋03

输出阻抗：OUTPUT RESISTANCE AT V(VOUT) ＝5.249E － 03

3. $V_{(V_{OUT})}$ 直流灵敏度

ELEMENT NAME	ELEMENT VALUE	ELEMENT SENSITIVITY (VOLTS/UNIT)	NORMALIZED SENSITIVITY (VOLTS/PERCENT)
R_RF	$2.000E+03$	$1.500E-03$	$3.000E-02$
R_R2	$1.000E+03$	$-2.000E-03$	$-2.000E-02$
R_R1	$2.000E+03$	$-5.000E-04$	$-1.000E-02$
V_VI1	$-1.000E+00$	$-1.000E+00$	$1.000E-02$
V_VCC	$1.500E+01$	$6.370E-05$	$9.555E-06$
V_VDD	$-1.500E+01$	$6.370E-05$	$-9.555E-06$
V_VI2	$-1.000E+00$	$-2.000E+00$	$2.000E-02$

通过仿真分析结果可得：输入信号 V_{I1} 的电压增益为 -1，输入阻抗为 $2k\Omega$；输入信号 V_{I2} 的电压增益为 -2，输入阻抗为 $1k\Omega$；电阻 R_F 对输出电压最敏感，其次为 R_2 和 R_1，相对灵敏度分别为 3%、-2% 和 -1%。

1.3.2 求和放大电路瞬态分析

对电路进行瞬态仿真分析，具体设置如图 1.43 所示，仿真时间为 2ms，最大步长为 5μs，仿真结果如图 1.44 所示。

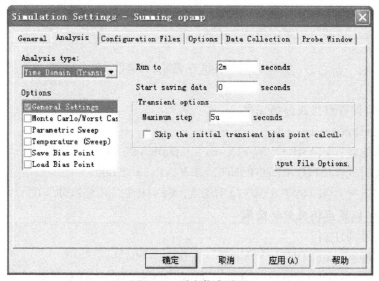

图 1.43 瞬态仿真设置

图 1.44 为瞬态仿真波形，$V_{(IN_1)}$ 和 $V_{(IN_2)}$ 为输入电压波形，$-V_{(V_{OUT})}$ 为输出电压反相波形，V_{OUT} 为

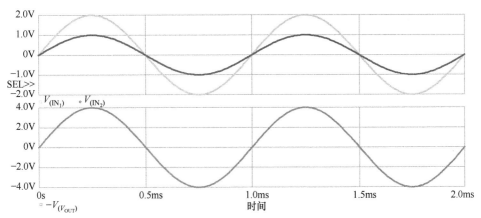

图 1.44 输入和输出电压波形

$$V_{OUT} = -\left(\frac{R_F}{R_1}V_{I1} + \frac{R_F}{R_2}V_{I2}\right) = -V_{I1} - 2(V_{I2}) \tag{1.16}$$

所以输出电压为输入信号 V_{I1} 与 2 倍 V_{I2} 之和的相反数。当峰值 $V_{I1} = 2V$、$V_{I1} = 1V$ 时输出电压峰值为 4V，计算与仿真一致。

1.3.3 求和放大电路交流和参数分析

对电路进行交流仿真分析，具体设置如图 1.45 所示，频率范围 10kHz ~ 3MHz，每十倍频 20 点；对电阻 R_F 进行参数仿真分析，具体设置如图 1.46 所示，参数值分别为 2kΩ 和 4kΩ，仿真结果如图 1.47 所示。

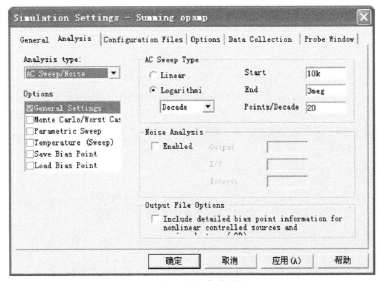

图 1.45 交流仿真设置

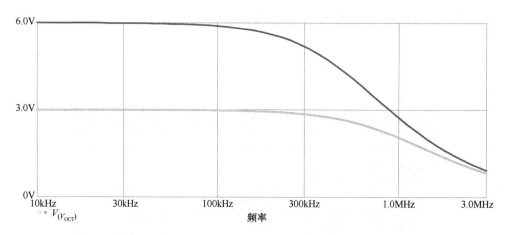

图 1.46　参数仿真设置

图 1.47　输出电压频率特性曲线：电阻 R_F 从上到下分别为 4kΩ 和 2kΩ

当电阻 $R_F = 4\text{k}\Omega$ 时输出电压为

$$V_{\text{OUT}} = -\left(\frac{R_F}{R_1}V_{I1} + \frac{R_F}{R_2}V_{I2}\right) = \frac{4 \times 10^3}{2 \times 10^3} \times 2 + \frac{4 \times 10^3}{1 \times 10^3} \times 1 = 6(\text{V}) \qquad (1.17)$$

当电阻 $R_F = 2\text{k}\Omega$ 时输出电压为

$$V_{\text{OUT}} = -\left(\frac{R_F}{R_1}V_{I1} + \frac{R_F}{R_2}V_{I2}\right) = \frac{2 \times 10^3}{2 \times 10^3} \times 2 + \frac{2 \times 10^3}{1 \times 10^3} \times 1 = 3(\text{V}) \qquad (1.18)$$

计算值与图 1.47 中仿真结果一致。

1.3.4 求和放大电路直流和蒙特卡洛分析

当输入直流电压均为 1V 时对电路进行蒙特卡洛仿真分析，具体设置如图 1.48 和图 1.49 所示。电阻容差为平均分布 5%，仿真结果如图 1.50 所示，最大值约为 3.247V，最小值约为 2.815V，仿真次数为 100。

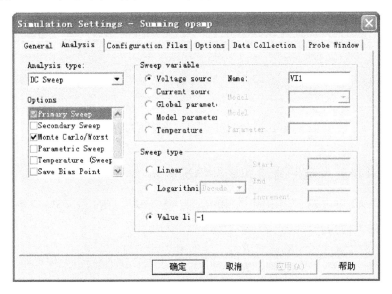

图 1.48 直流仿真设置

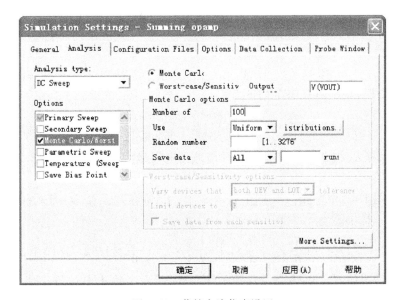

图 1.49 蒙特卡洛仿真设置

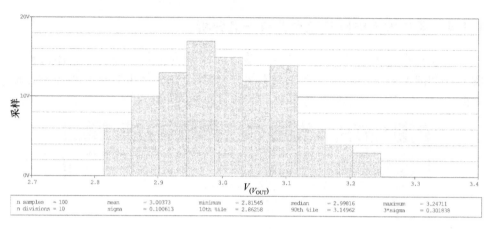

图 1.50 输出电压蒙特卡洛仿真数据

1.3.5 求和放大电路直流和最坏情况分析

对图 1.41 中电路，当电阻 R_1 和 R_2 取 -5% 容差、R_F 取 $+5\%$ 容差时输出电压最大，最大值为

$$V_{OUT_{max}} = -\left(\frac{R_F}{R_1}V_{I1} + \frac{R_F}{R_2}V_{I2}\right) = \frac{2.1}{1.9} \times 1 + \frac{2.1}{0.95} \times 1 = 3.316(\text{V}) \qquad (1.19)$$

最坏情况仿真设置及其输出最大值的设置如图 1.51 和图 1.52 所示，输出电压最大值仿真结果如下：

Device	MODEL	PARAMETER	NEW VALUE	
R_RF	Rb1	R	1.05	(Increased)
R_R2	Rb1	R	.95	(Decreased)
R_R1	Rb1	R	.95	(Decreased)

WORST CASE ALL DEVICES

3.3158 at V_VI1 = −1

(110.53% of Nominal)

当 R_1 和 R_2 取 95%、R_F 取 105% 时输出电压最大，最大值约为 3.316V，与计算值一致。

对于图 1.41 中电路，当电阻 R_1 和 R_2 取 $+5\%$ 容差、R_F 取 -5% 容差时输出电压最小，最小值为

$$V_{OUT_{min}} = -\left(\frac{R_F}{R_1}V_{I1} + \frac{R_F}{R_2}V_{I2}\right) = \frac{1.9}{2.1} \times 1 + \frac{1.9}{1.05} \times 1 = 2.718(\text{V}) \qquad (1.20)$$

最坏情况仿真设置输出最小值如图 1.53 所示，输出电压最小值仿真结果如下：

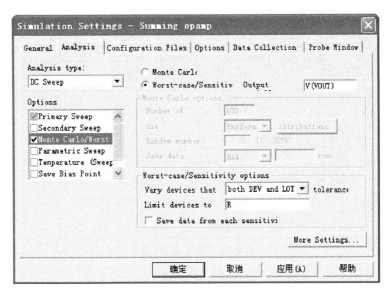

图1.51　最坏情况仿真设置

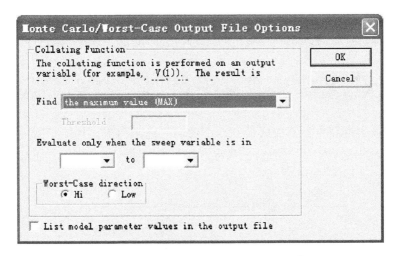

图1.52　最坏情况输出设置：输出最大值

Device	MODEL	PARAMETER	NEW VALUE	
R_RF	Rb1	R	.95	(Decreased)
R_R2	Rb1	R	1.05	(Increased)
R_R1	Rb1	R	1.05	(Increased)

WORST CASE ALL DEVICES

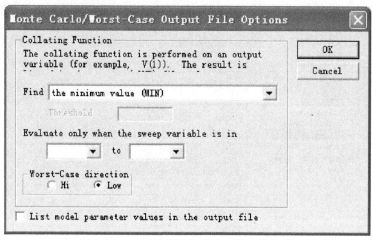

图 1.53　最坏情况输出设置：输出最小值

$$2.7143 \text{ at } V\_VI1 = -1$$

$$(90.476\% \text{ of Nominal})$$

当 R_1 和 R_2 取 105%、R_F 取 95% 时输出电压最小，最小值约为 2.714V，与计算值基本一致。

电阻容差越大，最坏情况下输出电压偏离正常值越大，读者可以自行仿真验证。

1.4　差分放大电路

差分放大电路由运算放大器和匹配的两对电阻构成，具体如图 1.54 所示，元器件列表见表 1.6，理想差分放大电路仅放大两输入信号之差，而对两输入端的共模信号进行抑制。

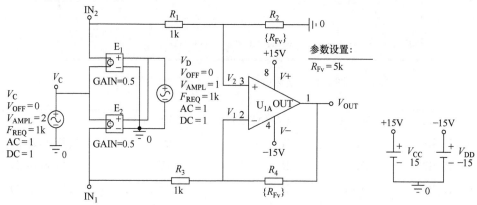

图 1.54　差分放大电路

表1.6 差分放大电路仿真元器件列表

编号	名称	型号	参数	库	功能注释
R_1	电阻	Rb1	1kΩ	BREAKOUT	反馈电阻
R_2	电阻	Rb1	{R_{Fv}}	BREAKOUT	反馈电阻
R_3	电阻	Rb1	1kΩ	BREAKOUT	反馈电阻
R_4	电阻	Rb1	{R_{Fv}}	BREAKOUT	反馈电阻
E_1	压控电压源	E	0.5V	ANALOG	信号隔离
E_2	压控电压源	E	0.5V	ANALOG	信号隔离
U_{1A}	运算放大器	TL072		TEX_INST	放大
V_D	正弦信号源	VSIN	如图1.54所示	SOURCE	差模信号源
V_C	正弦信号源	VSIN	如图1.54所示	SOURCE	共模信号源
V_{CC}	直流电压源	VDC	15V	SOURCE	正供电电源
V_{DD}	直流电压源	VDC	−15V	SOURCE	负供电电源
PARAM	参数	PARAM	R_{Fv}=5kΩ	SPECIAL	参数设置
0	接地	0		SOURCE	绝对零

. model Rb1 RES R = 1 dev = 0.05；电阻容差5%

对图1.54中电路应用叠加原理和"虚短"概念，整理得到输出电压表达式。

当 $\dfrac{R_4}{R_3} = \dfrac{R_2}{R_1}$ 时，输出电压为

$$V_{OUT} = \frac{R_2}{R_1}\left[V_{(IN_2)} - V_{(IN_1)} \right] \tag{1.21}$$

1.4.1 差分放大电路偏置点分析

利用偏置点分析计算小信号电压增益、输入阻抗、输出阻抗和每个元器件相对输出信号的灵敏度，仿真设置如图1.55和图1.56所示。

1. 共模输入偏置点仿真分析结果

（1）小信号特性

电压增益：V(VOUT)/V_VC = −1.371E−04

输入阻抗：INPUT RESISTANCE AT V_VC = 3.000E+03

输出阻抗：OUTPUT RESISTANCE AT V（VOUT）= 7.897E−03

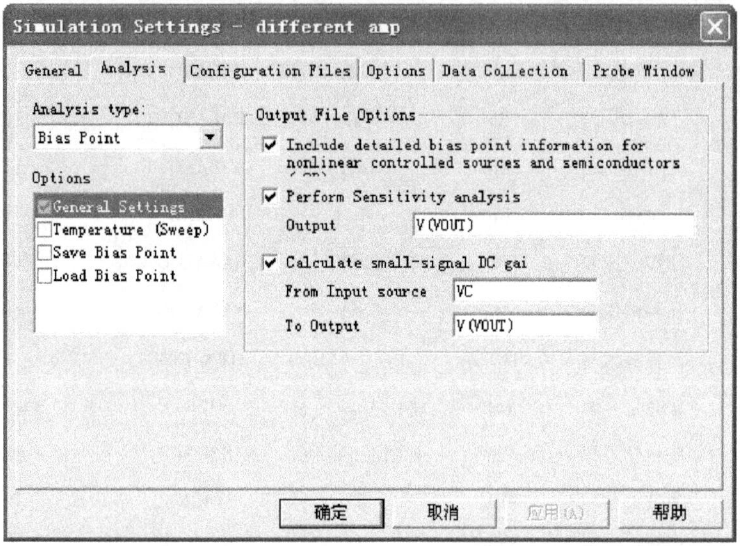

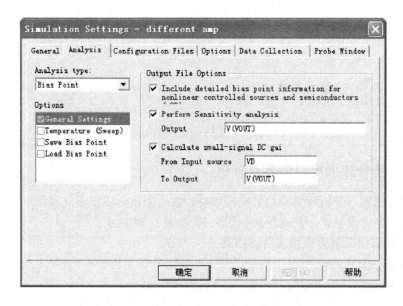

图 1.55   共模输入偏置点仿真设置

图 1.56   差模输入偏置点仿真分析设置

（2）共模直流灵敏度

ELEMENT NAME	ELEMENT VALUE	ELEMENT SENSITIVITY (VOLTS/UNIT)	NORMALIZED SENSITIVITY (VOLTS/PERCENT)
R_R2	5.000E + 03	2.500E − 04	1.250E − 02
R_R4	5.000E + 03	7.499E − 04	3.750E − 02
R_R3	1.000E + 03	− 3.750E − 03	− 3.750E − 02
R_R1	1.000E + 03	− 1.250E − 03	− 1.250E − 02
V_VC	1.000E + 00	− 1.371E − 04	− 1.371E − 06
V_VCC	1.500E + 01	9.617E − 05	1.443E − 05
V_VDD	− 1.500E + 01	9.617E − 05	− 1.443E − 05
V_VD	1.000E + 00	5.000E + 00	5.000E − 02

2. 差模偏置点仿真分析结果

（1）小信号特性

电压增益：V(VOUT)/V_VD = 5.000E + 00

输入阻抗：INPUT RESISTANCE AT V_VIN = 1.000E + 20 （由于通过压控电压源隔离，所以该值数据无效）

输出阻抗：OUTPUT RESISTANCE AT V(VOUT) = 7.897E − 03

（2）差模直流灵敏度

ELEMENT NAME	ELEMENT VALUE	ELEMENT SENSITIVITY (VOLTS/UNIT)	NORMALIZED SENSITIVITY (VOLTS/PERCENT)
R_R2	5.000E + 03	2.500E − 04	1.250E − 02
R_R4	5.000E + 03	7.499E − 04	3.750E − 02
R_R3	1.000E + 03	− 3.750E − 03	− 3.750E − 02
R_R1	1.000E + 03	− 1.250E − 03	− 1.250E − 02
V_VC	1.000E + 00	− 1.371E − 04	− 1.371E − 06
V_VCC	1.500E + 01	9.617E − 05	1.443E − 05
V_VDD	− 1.500E + 01	9.617E − 05	− 1.443E − 05
V_VD	1.000E + 00	5.000E + 00	5.000E − 02

通过仿真分析结果可得：当电阻匹配时共模输入信号 V_C 电压增益为 $A_{cm} = -1.371 \times 10^{-4}$，差模信号 V_D 电压增益为 $A_{dm} = 5.000$，共模抑制比为

$$\mathrm{CMRR_{dB}} = 20\lg\left|\frac{A_{\mathrm{dm}}}{A_{\mathrm{cm}}}\right| = 20\lg\left|\frac{5}{0.1371 \times 10^{-3}}\right| = 91.2(\mathrm{dB}) \qquad (1.22)$$

电阻 R_3 和 R_4 对输出电压最敏感，其次为 R_1 和 R_2，相对灵敏度分别为 -3.750%、3.750%、-1.25% 和 1.25%。

1.4.2 差分放大电路瞬态分析

对电路进行瞬态仿真分析，将共模信号 V_C 幅值设置为 0，具体设置如图 1.57 所示，仿真时间为 $2\mathrm{ms}$，最大步长为 $5\mathrm{\mu s}$，仿真结果如图 1.58 所示。

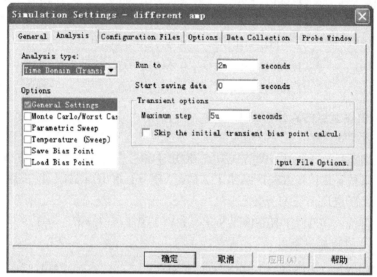

图 1.57 瞬态仿真设置

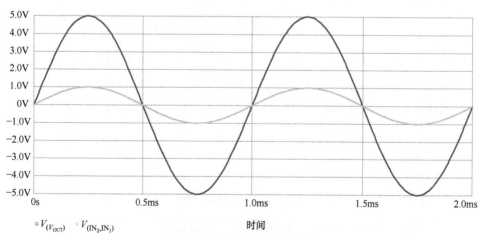

$\square V_{(V_{\mathrm{OUT}})}$ $\circ V_{(\mathrm{IN}_2,\mathrm{IN}_1)}$ 时间

图 1.58 输入和输出电压波形

瞬态仿真波形如图 1.58 所示，$V_{(\mathrm{IN}_2,\mathrm{IN}_1)}$ 为等效输入电压波形，$V_{(V_{\mathrm{OUT}})}$ 为输出电压波形。

$\dfrac{R_4}{R_3} = \dfrac{R_2}{R_1}$ 时，输出电压为

$$V_{\mathrm{OUT}} = \frac{R_2}{R_1}\big[\,V_{(\mathrm{IN}_2)} - V_{(\mathrm{IN}_1)}\,\big] = 5 \times \big[\,V_{(\mathrm{IN}_2)} - V_{(\mathrm{IN}_1)}\,\big] \tag{1.23}$$

即输入信号放大 5 倍。通过上述仿真分析与计算可得，当输入信号为 1V 峰值时输出电压峰值为 5V，差分电路实现 5 倍放大功能，计算与仿真一致。

对电路进行瞬态仿真分析，将差模信号 V_{D} 幅值设置为 0，共模信号 V_{C} 设置为 1V，具体设置如图 1.57 所示，瞬态仿真结果如图 1.59 所示：$V_{(V_{\mathrm{OUT}})}$ 为输出电压波形，当 $\dfrac{R_4}{R_3} = \dfrac{R_2}{R_1}$ 时，表示差分放大电路匹配，共模放大倍数近似为 0，从图中可得当输入共模信号为峰值 1V 时，输出电压峰峰值为 300μV，该电路能够对共模信号实现抑制。

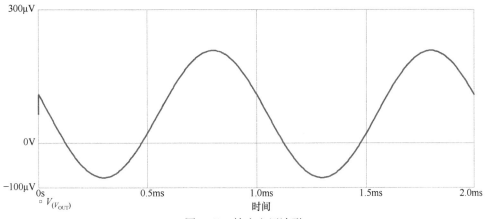

图 1.59 输出电压波形

1.4.3 差分放大电路交流和参数分析

对电路进行交流仿真分析，如图 1.60 所示，频率范围 10kHz ~ 3MHz，每十倍频 20 点；对 R_{Fv} 进行参数仿真分析，如图 1.61 所示，参数值分别为 5kΩ 和 10kΩ，仿真结果如图 1.62 所示。

当电阻 $R_{\mathrm{Fv}} = 5\mathrm{k}\Omega$ 时输出电压为

$$V_{\mathrm{OUT}} = \frac{R_2}{R_1}\big[\,V_{(\mathrm{IN}_2)} - V_{(\mathrm{IN}_1)}\,\big] = \frac{5 \times 10^3}{1 \times 10^3} \times 1 = 5\,(\mathrm{V}) \tag{1.24}$$

当电阻 $R_{\mathrm{Fv}} = 10\mathrm{k}\Omega$ 时输出电压为

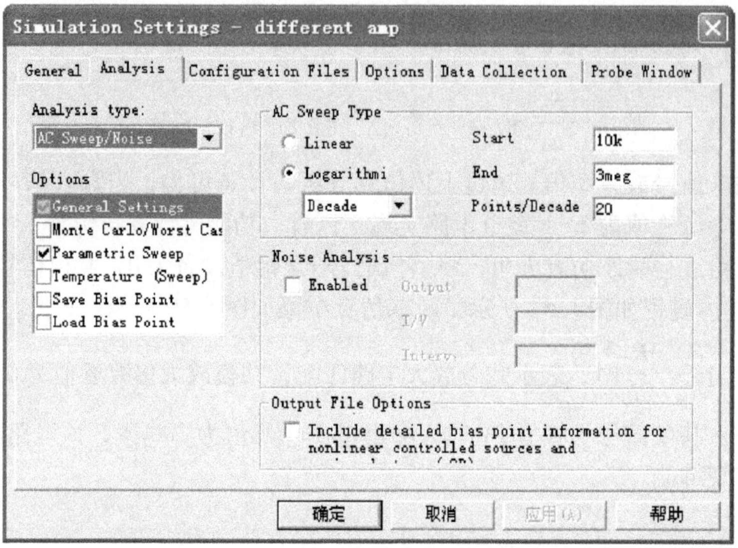

图 1.60　交流仿真设置

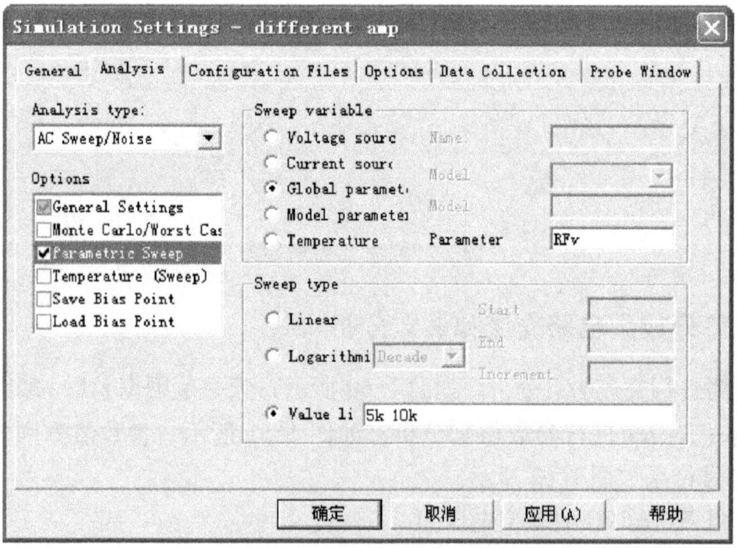

图 1.61　参数仿真设置

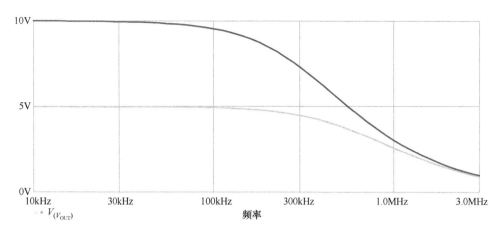

$$V_{(V_{OUT})}$$ 频率

图 1.62 输出电压频率特性曲线：R_{Fv} 从上到下分别为 5kΩ 和 10kΩ

$$V_{OUT} = \frac{R_2}{R_1}\left[V_{(IN_2)} - V_{(IN_1)} \right] = \frac{10 \times 10^3}{1 \times 10^3} \times 1 = 10(V) \tag{1.25}$$

计算值与图 1.62 中仿真结果一致。

1.4.4 差分放大电路直流和蒙特卡洛分析

当差模输入直流电压为 1V、共模输入为 0 时，对电路进行蒙特卡洛仿真分析，具体设置如图 1.63 和图 1.64 所示。电阻容差为平均分布 5%，仿真结果如图 1.65 所示，最大值约为 5.368V，最小值约为 4.573V，仿真次数为 100。

图 1.63 直流仿真设置

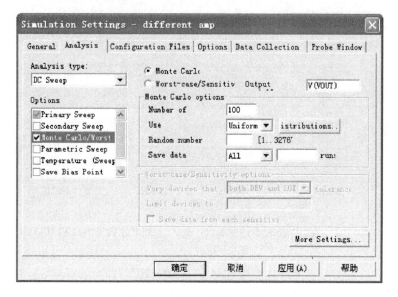

图 1.64 蒙特卡洛仿真设置

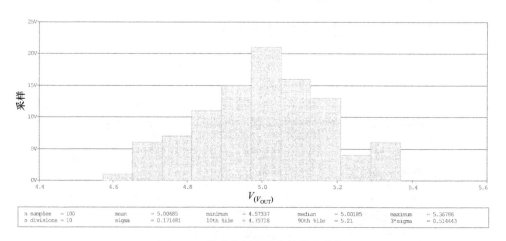

图 1.65 输出电压蒙特卡洛仿真数据

1.4.5 差分放大电路直流和最坏情况分析

对于图 1.54 中的电路，当电阻 R_2 和 R_4 取 5% 容差、R_1 和 R_3 取 −5% 容差时输出电压最大，最大值为

$$V_{\mathrm{OUT}} = \frac{R_2}{R_1}\left[V_{(\mathrm{IN}_2)} - V_{(\mathrm{IN}_1)} \right] = \frac{5.25 \times 10^3}{0.95 \times 10^3} \times 1 = 5.526(\mathrm{V}) \qquad (1.26)$$

最坏情况仿真设置及其输出最大值的设置如图 1.66 和图 1.67 所示，输出最

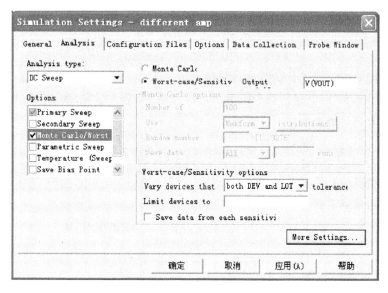

图 1.66 最坏情况仿真设置

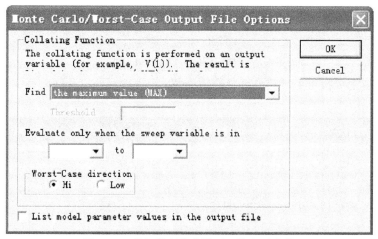

图 1.67 最坏情况输出设置：输出最大值

大值仿真结果如下：

Device	MODEL	PARAMETER	NEW VALUE	
R_R2	Rb1	R	1.05	(Increased)
R_R4	Rb1	R	1.05	(Increased)
R_R3	Rb1	R	.95	(Decreased)
R_R1	Rb1	R	.95	(Decreased)

WORST CASE ALL DEVICES

$$5.526 \text{ at } V\_VD = 1$$

$$(110.53\% \text{ of Nominal})$$

通过以上分析可见，仿真和计算值一致。

对于图 1.54 中电路，当电阻 R_2 和 R_4 取 -5% 容差、R_1 和 R_3 取 5% 容差时输出电压最小，最小值为

$$V_{\text{OUT}} = \frac{R_2}{R_1} [V_{(\text{IN}_2)} - V_{(\text{IN}_1)}] = \frac{4.75 \times 10^3}{1.05 \times 10^3} \times 1 = 4.524(\text{V}) \qquad (1.27)$$

最坏情况仿真设置及其输出最小值的设置如图 1.66 和图 1.68 所示，输出最小值仿真结果如下：

Device	MODEL	PARAMETER	NEW VALUE	
R_R2	Rb1	R	.95	(Decreased)
R_R4	Rb1	R	.95	(Decreased)
R_R3	Rb1	R	1.05	(Increased)
R_R1	Rb1	R	1.05	(Increased)

WORST CASE ALL DEVICES

$$4.5236 \text{ at } V\_VD = 1$$

$$(90.476\% \text{ of Nominal})$$

通过以上分析可见，仿真和计算值一致。

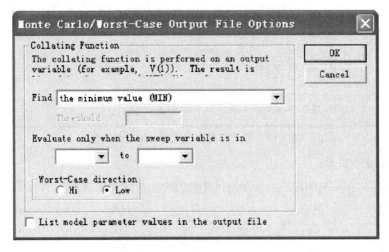

图 1.68　最坏情况输出设置：输出最小值

1.5 线性增益差分放大电路

线性增益差分放大电路如图 1.69 所示，元器件列表见表 1.7，理想差分放大电路仅对两信号差值进行放大，而对两输入端的共模信号进行抑制，放大增益通过电阻 R_G 进行调节。

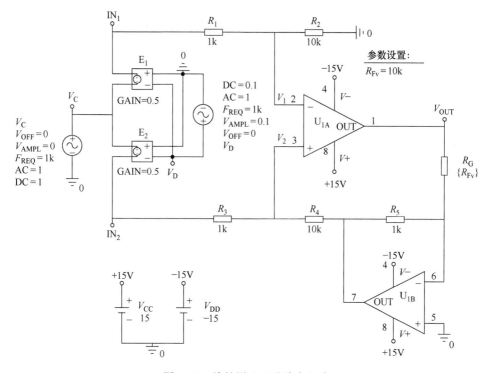

图 1.69　线性增益差分放大电路

表 1.7　线性增益差分放大电路仿真元器件列表

编号	名称	型号	参数	库	功能注释
R_1	电阻	Rb1	$1k\Omega$	BREAKOUT	差分放大
R_2	电阻	Rb1	$10k\Omega$	BREAKOUT	差分放大
R_3	电阻	Rb1	$1k\Omega$	BREAKOUT	差分放大
R_4	电阻	Rb1	$10k\Omega$	BREAKOUT	差分放大
E_1	压控电压源	E	$0.5V$	ANALOG	信号隔离
E_2	压控电压源	E	$0.5V$	ANALOG	信号隔离
U_{1A}	运算放大器	TL072		TEX_INST	差分放大

（续）

编号	名称	型号	参数	库	功能注释
U_{1B}	运算放大器	TL072		TEX_INST	线性增益控制
V_D	正弦信号源	VSIN	如图 1.69 所示	SOURCE	差模信号源
V_C	正弦信号源	VSIN	如图 1.69 所示	SOURCE	共模信号源
V_{CC}	直流电压源	VDC	15 V	SOURCE	正供电电源
V_{DD}	直流电压源	VDC	−15 V	SOURCE	负供电电源
PARAM	参数	PARAM	$R_{Fv} = 10\text{k}\Omega$	SPECIAL	参数设置
0	接地	0		SOURCE	绝对零

. model Rb1 RES R = 1 dev = 0.05：电阻容差5%

对上图电路应用叠加原理和"虚短"概念，整理得到输出电压表达式。

当 $\dfrac{R_4}{R_3} = \dfrac{R_2}{R_1}$ 时，输出电压：

$$V_{\text{OUT}} = \frac{R_2 R_G}{R_1 R_5}\left[V_{(\text{IN}_2)} - V_{(\text{IN}_1)} \right] = \frac{R_2 R_G}{R_1 R_5} V_D \tag{1.28}$$

1.5.1　线性增益差分放大电路偏置点分析

利用偏置点分析计算小信号电压增益，仿真设置如图 1.70 所示。

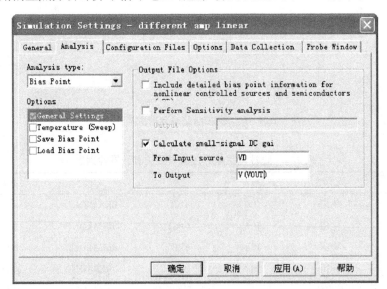

图 1.70　差模输入偏置点仿真分析设置

差模偏置点仿真分析结果如下。

小信号特性：

电压增益：$V(VOUT)/V\_VD = 9.995E+01$

电压增益计算值 $\dfrac{V_{OUT}}{V_D} = \dfrac{R_2 R_G}{R_1 R_5} = 100$，计算值与仿真误差为万分之五，该误差主要由运算放大器输入电阻以及偏置电压、电流引起。

1.5.2　线性增益差分放大电路瞬态分析

对电路进行瞬态仿真分析，将共模信号 V_C 幅值设置为 0，仿真设置如图 1.71 所示，仿真时间为 2ms，最大步长为 5μs，仿真结果如图 1.72 所示。

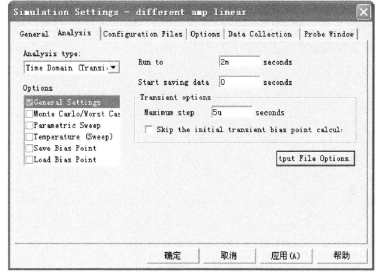

图 1.71　瞬态仿真设置

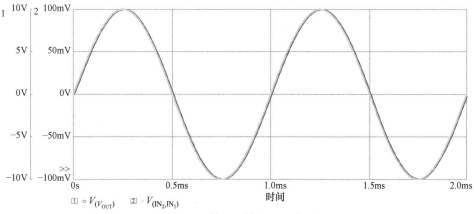

图 1.72　输入和输出电压波形

图 1.72 为瞬态仿真波形，$V_{(\text{IN}_2,\text{IN}_1)}$ 为等效输入电压波形，$V_{(V_{\text{OUT}})}$ 为输出电压波形。

当 $\dfrac{R_4}{R_3} = \dfrac{R_2}{R_1}$ 时，输出电压：

$$V_{\text{OUT}} = 100\left[V_{(\text{IN}_2)} - V_{(\text{IN}_1)} \right] \qquad (1.29)$$

即输入信号放大 100 倍。从图 1.72 可得，当输入信号为 0.1V 峰值时，输出电压峰值约为 10V，差分电路实现 100 倍放大功能，计算与仿真一致。

对电路进行瞬态仿真分析，将差模信号 V_{D} 幅值设置为 0，共模信号 V_{C} 设置为 1V，仿真设置如图 1.71 所示，瞬态仿真结果如图 1.73 所示，$V_{(V_{\text{OUT}})}$ 为输出电压波形，当 $\dfrac{R_4}{R_3} = \dfrac{R_2}{R_1}$ 时，表示差分放大电路匹配，共模放大倍数近似为 0，当共模输入信号为峰值 1V，电路放大倍数为 100 倍时，输出电压峰峰值约为 5mV，该电路能够对共模信号实现抑制。

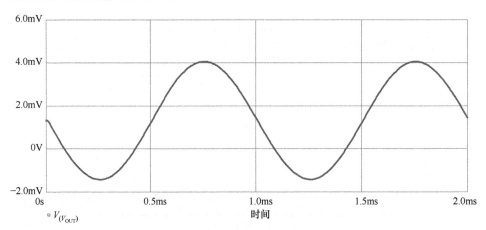

图 1.73　输出电压波形

1.5.3　线性增益差分放大电路交流分析

对电路进行交流仿真分析，如图 1.74 所示，频率范围为 1Hz ～ 3MHz，每十倍频 20 点，仿真结果如图 1.75 所示。

当电阻 $R_{\text{Fv}} = 10\text{k}\Omega$ 时输出电压 $V_{\text{OUT}} = 100 \times 0.1 = 10$（V）。计算值与图 1.75 中仿真结果一致，但是由于该电路放大倍数为 100，所以带宽相对比较窄。

1.5.4　线性增益差分放大电路直流分析

当差模输入直流电压为 0.1V、共模输入为 0 时，对电路进行直流仿真分析，仿真设置如图 1.76 所示，电阻 R_G 的阻值从 $1k\Omega$ 线性增大至 $10k\Omega$，则放大倍数从 10 线性增大至 100，从而输出电压从 1V 线性增大至 10V，仿真结果如图 1.77 和图 1.78 所示，仿真与计算一致。

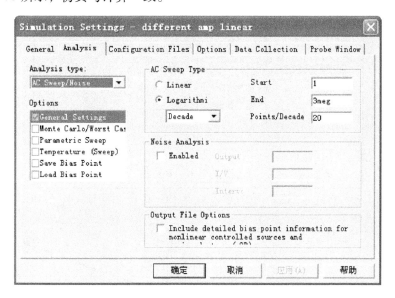

图 1.74　交流仿真设置：差模输入 V_D 的 AC = 0.1、共模输入 V_C 的 AC = 0

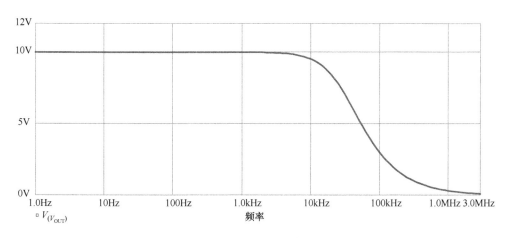

图 1.75　输出电压波形

1.5.5　线性增益差分放大电路直流和最坏情况分析

最坏情况仿真设置及其输出最大值的设置如图 1.79 和图 1.80 所示，输出最大值仿真结果如下：

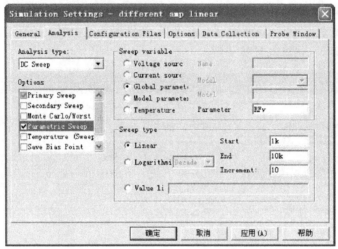

图 1.76　直流仿真设置：差模输入 V_D 的 DC = 0.1，共模输入 V_C 的 DC = 0

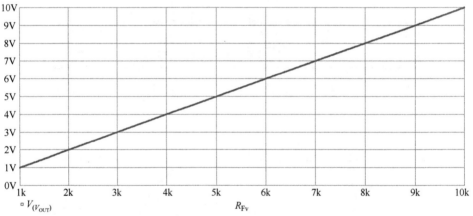

图 1.77　电阻 R_G 线性变化时输出电压特性曲线

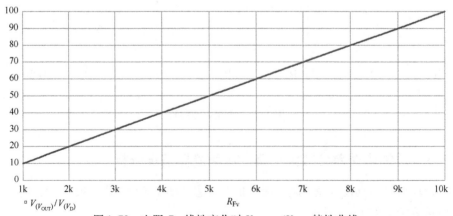

图 1.78　电阻 R_G 线性变化时 $V_{(V_{OUT})}/V_{(V_D)}$ 特性曲线

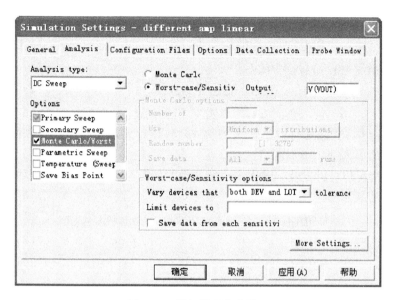

图 1.79 最坏情况仿真设置

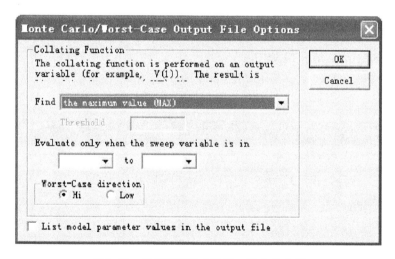

图 1.80 最坏情况输出设置：输出最大值

Device	MODEL	PARAMETER	NEW VALUE	
R_R3	Rb1	R	.95	(Decreased)
R_R4	Rb1	R	1.05	(Increased)
R_RG	Rb1	R	1.05	(Increased)
R_R1	Rb1	R	1.05	(Increased)

R_R5	Rb1	R	.95	(Decreased)
R_R2	Rb1	R	.95	(Decreased)

WORST CASE ALL DEVICES

13. 362 at V_VD = . 1

(133. 7 % of Nominal)

当 $V_D = 0.1V$ 直流时输出最大值为 13.362V；此时 R_2、R_3、R_5 取 −5% 容差，R_1、R_4、R_G 取 +5% 容差。

最坏情况仿真设置及其输出最小值的设置如图 1.79 和图 1.81 所示，输出最小值仿真结果如下：

Device	MODEL	PARAMETER	NEW VALUE	
R_R3	Rb1	R	1. 05	(Increased)
R_R4	Rb1	R	.95	(Decreased)
R_RG	Rb1	R	.95	(Decreased)
R_R1	Rb1	R	.95	(Decreased)
R_R5	Rb1	R	1. 05	(Increased)
R_R2	Rb1	R	1. 05	(Increased)

WORST CASE ALL DEVICES

6. 7523 at V_VD = . 1

(67. 565% of Nominal)

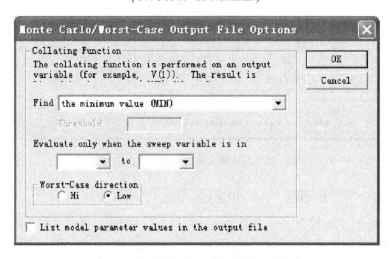

图 1.81　最坏情况输出设置：输出最小值

当 $V_D = 0.1V$ 直流时输出最小值为 6.7523V；此时 R_2、R_3、R_5 取 +5% 容

差，R_1、R_4、R_G 取 -5% 容差。

只需调节单电阻 R_G 即可线性调节电路放大倍数，但是普通差分放大电路需要调节 R_2 和 R_4 双电阻，而且两电阻值必须完全相同，所以可调线性增益放大电路在增益调节方面具有很大优势。当电阻容差均为 5% 时，普通差分放大电路输出电压变化量约为 $\pm 10\%$，但是可调增益差分放大电路输出电压变化量却为 $\pm 33\%$，所以设计电路时需要综合考虑，取长补短。

1.6 通用仪表放大电路

通用仪表放大电路由两级构成，具体如图 1.82 所示，元器件见表 1.8。仪表放大电路也是差分放大器，主要用于精确放大具有较大共模信号的差模信号，具有以下特性：①极高的共模和差模输入阻抗；②极低的输出阻抗；③稳定、精确的电压增益；④极高的共模抑制比。

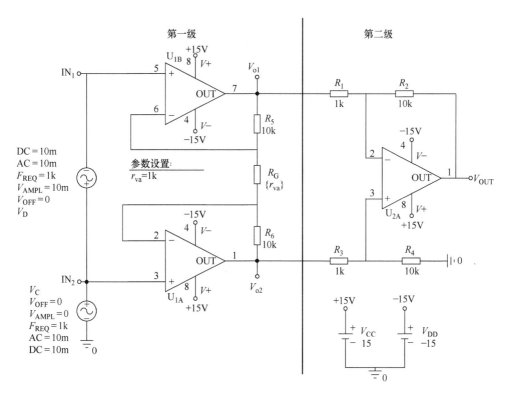

图 1.82 通用仪表放大电路

表 1.8　通用仪表放大电路仿真元器件列表

编号	名称	型号	参数	库	功能注释
R_1	电阻	Rb1	1kΩ	BREAKOUT	差分放大
R_2	电阻	Rb1	10kΩ	BREAKOUT	差分放大
R_3	电阻	Rb1	1kΩ	BREAKOUT	差分放大
R_4	电阻	Rb1	10kΩ	BREAKOUT	差分放大
R_5	电阻	Rb1	10kΩ	BREAKOUT	第一级放大
R_6	电阻	Rb1	10kΩ	BREAKOUT	第一级放大
R_G	电阻	Rb1	$\{r_{va}\}$	BREAKOUT	增益调节
U_{1A}	运算放大器	TL072		TEX_INST	跟随、放大
U_{1B}	运算放大器	TL072		TEX_INST	跟随、放大
U_{2A}	运算放大器	TL072		TEX_INST	差分放大
V_D	正弦信号源	VSIN	如图 1.82 所示	SOURCE	差模信号源
V_C	正弦信号源	VSIN	如图 1.82 所示	SOURCE	共模信号源
V_{CC}	直流电压源	VDC	15V	SOURCE	正供电电源
V_{DD}	直流电压源	VDC	−15V	SOURCE	负供电电源
PARAM	参数	PARAM	$r_{va} = 1$kΩ	SPECIAL	参数设置
0	接地	0		SOURCE	绝对零

. model Rb1 RES R = 1 dev = 0.05：电阻容差 5%

第一级电路中设定 $R_5 = R_6$。正常工作时电阻 R_G 两端电压为 $V_{(IN_1)} - V_{(IN_2)}$，流过电阻 R_5 和 R_6 的电流与 R_G 相同，应用欧姆定律得到

$$V_{o1} - V_{o2} = (R_5 + R_G + R_6)[V_{(IN_1)} - V_{(IN_2)}]/R_G \tag{1.30}$$

即

$$V_{o1} - V_{o2} = \left(1 + \frac{2R_5}{R_G}\right)[V_{(IN_1)} - V_{(IN_2)}] \tag{1.31}$$

通过公式可得此级为差分输入、差分输出放大器。

运算放大器 U_{2A} 构成差分放大电路，当 $R_1 = R_3$、$R_2 = R_4$ 时

$$V_{OUT} = \frac{R_2}{R_1}(V_{o1} - V_{o2}) \tag{1.32}$$

将两级结合整理得

$$V_{OUT} = \left(1 + \frac{2R_5}{R_G}\right)\frac{R_2}{R_1} \times [V_{(IN_1)} - V_{(IN_2)}] \tag{1.33}$$

所以仪表放大电路的总增益为

$$A = \left(1 + \frac{2R_5}{R_G}\right)\frac{R_2}{R_1} \tag{1.34}$$

1.6.1 通用仪表放大电路偏置点分析

利用偏置点分析计算小信号电压增益、输入阻抗、输出阻抗和每个元器件相对输出信号的灵敏度，仿真设置如图1.83和图1.84所示。

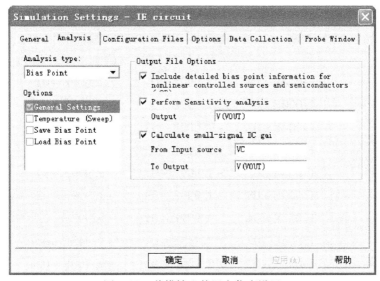

图1.83 共模输入偏置点仿真设置

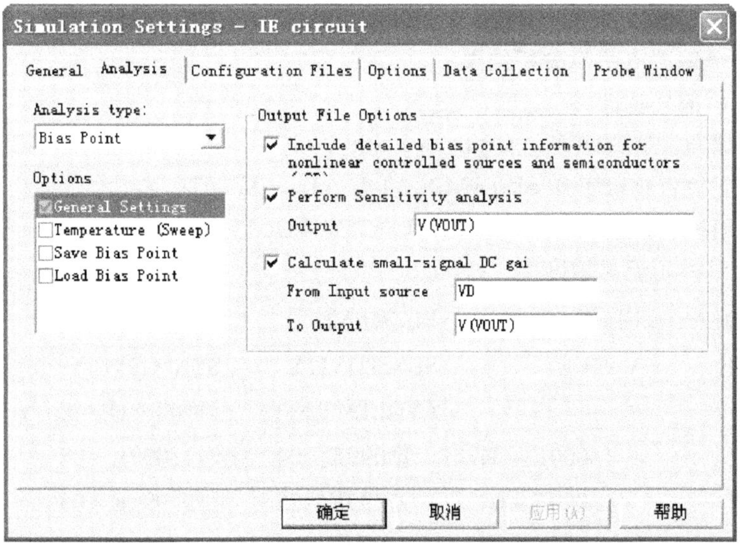

图1.84 差模输入偏置点仿真设置

1. 共模输入偏置点仿真分析结果

（1）小信号特性

电压增益：$V(VOUT)/V\_VC = -2.745E-04$

输入阻抗：INPUT RESISTANCE AT $V\_VC = 4.984E+11$

输出阻抗：OUTPUT RESISTANCE AT $V(VOUT) = 1.444E-02$

（2）共模直流灵敏度

ELEMENT NAME	ELEMENT VALUE	ELEMENT SENSITIVITY (VOLTS/UNIT)	NORMALIZED SENSITIVITY (VOLTS/PERCENT)
R_R2	1.000E+04	2.000E-04	2.000E-02
R_R4	1.000E+04	9.999E-06	9.999E-04
R_R1	1.000E+03	-2.000E-03	-2.000E-02
R_R6	1.000E+04	9.997E-05	9.997E-03
R_R3	1.000E+03	-9.999E-05	-9.999E-04
R_RG	1.000E+03	-1.999E-03	-1.999E-02
R_R5	1.000E+04	9.997E-05	9.997E-03
V_VC	1.000E-02	-2.745E-04	-2.745E-08
V_VD	1.000E-02	2.100E+02	2.100E-02
V_VCC	1.500E+01	1.756E-04	2.635E-05
V_VDD	-1.500E+01	1.756E-04	-2.635E-05

2. 差模偏置点仿真分析结果

（1）小信号特性

电压增益：$V(VOUT)/V\_VD = 2.100E+02$

输入阻抗：INPUT RESISTANCE AT $V\_VD = 9.967E+11$

输出阻抗：OUTPUT RESISTANCE AT $V(VOUT) = 1.447E-02$

（2）差模直流灵敏度

ELEMENT NAME	ELEMENT VALUE	ELEMENT SENSITIVITY (VOLTS/UNIT)	NORMALIZED SENSITIVITY (VOLTS/PERCENT)
R_R2	1.000E+04	1.099E-04	1.099E-02
R_R4	1.000E+04	9.999E-05	9.999E-03
R_R1	1.000E+03	-1.099E-03	-1.099E-02

R_R6	$1.000\text{E}+04$	$9.997\text{E}-05$	$9.997\text{E}-03$
R_R3	$1.000\text{E}+03$	$-9.999\text{E}-04$	$-9.999\text{E}-03$
R_RG	$1.000\text{E}+03$	$-1.999\text{E}-03$	$-1.999\text{E}-02$
R_R5	$1.000\text{E}+04$	$9.997\text{E}-05$	$9.997\text{E}-03$
V_VC	$1.000\text{E}+00$	$-2.758\text{E}-04$	$-2.758\text{E}-06$
V_VD	$1.000\text{E}-02$	$2.100\text{E}+02$	$2.100\text{E}-02$
V_VCC	$1.500\text{E}+01$	$1.764\text{E}-04$	$2.646\text{E}-05$
V_VDD	$-1.500\text{E}+01$	$1.764\text{E}-04$	$-2.646\text{E}-05$

通过仿真分析结果可得：当电阻匹配时共模输入信号 V_C 电压增益为 $A_{cm}=-2.745\times10^{-4}$，差模信号 V_D 电压增益为 $A_{dm}=2.100\times10^2$，共模抑制比为

$$\text{CMRR}_{dB}=20\lg\left|\frac{A_{dm}}{A_{cm}}\right|=20\lg\left|\frac{210}{0.2745\times10^{-3}}\right|=117.7(\text{dB}) \qquad (1.35)$$

电阻 R_G 对输出电压最敏感，约为 -2%；电阻 R_2、R_4、R_5 和 R_6 灵敏度约为 1%；电阻 R_1 和 R_3 灵敏度约为 -1%。

1.6.2　通用仪表放大电路瞬态分析

对电路进行瞬态仿真分析，将共模信号 V_C 幅值设置为 0，仿真设置如图 1.85 所示，仿真时间为 2ms，最大步长为 5μs，仿真结果如图 1.86 所示。

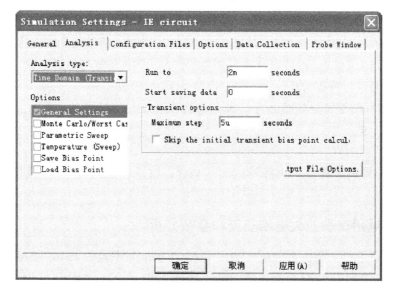

图 1.85　瞬态仿真设置

瞬态仿真波形与数据如图 1.86 所示，$V_{(IN_2, IN_1)}$ 为等效输入电压波形，$V_{(V_{OUT})}$ 为输出电压波形。

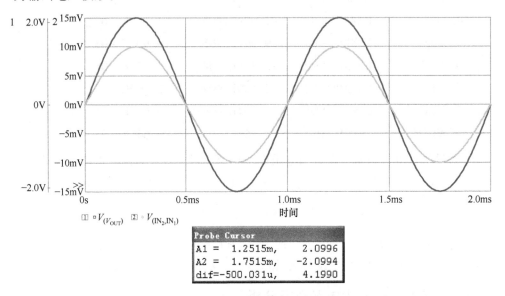

图 1.86　输入和输出电压波形及最值

当 $\dfrac{R_4}{R_3} = \dfrac{R_2}{R_1} = 10$、$\dfrac{R_5}{R_G} = 10$ 时输出电压为

$$V_{OUT} = (1 + 20) \times 10 \left[V_{(IN_2)} - V_{(IN_1)} \right] = 210 \left[V_{(IN_2)} - V_{(IN_1)} \right] \qquad (1.36)$$

即输入信号放大 210 倍。从图 1.86 可得，当输入信号为 10mV 峰值时输出电压峰值约为 2.1V，差分电路实现 210 倍放大功能，计算与仿真一致。

对电路进行瞬态仿真分析，将差模信号 V_D 幅值设置为 0，共模信号 V_C 设置为 1V，仿真设置如图 1.85 所示，瞬态仿真结果如图 1.87 所示，$V_{(V_{OUT})}$ 为输出电压波形，当 $\dfrac{R_4}{R_3} = \dfrac{R_2}{R_1}$ 差分放大电路匹配时共模放大倍数近似为 0；从图可见当输入信号为 1V 峰值时输出电压峰峰值为 550μV，所以该电路能够对共模信号实现抑制。

1.6.3　通用仪表放大电路交流和参数分析

对电路进行交流仿真分析，如图 1.88 所示，频率范围 10Hz ~ 3MHz，每十倍频 20 点；对 r_{va} 进行参数仿真分析，如图 1.89 所示，参数值分别为 1kΩ 和 2kΩ，仿真结果如图 1.90 所示。

当电阻 $r_{va} = 1$kΩ 时输出电压：

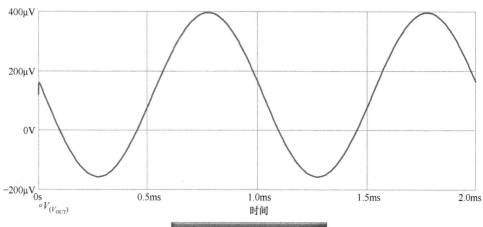

图 1.87 输出电压波形及最值

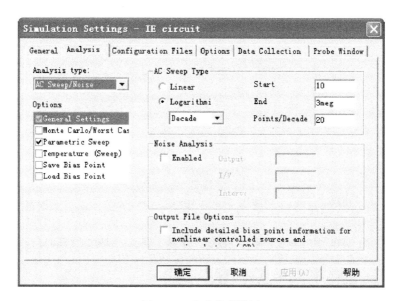

图 1.88 交流仿真设置

$$V_{OUT} = 210\left[V_{(IN_2)} - V_{(IN_1)}\right] = 210 \times 10 \times 10^{-3} V = 2.1 V \tag{1.37}$$

当电阻 $r_{va} = 2k\Omega$ 时输出电压：

$$V_{OUT} = 110\left[V_{(IN_2)} - V_{(IN_1)}\right] = 110 \times 10 \times 10^{-3} V = 1.1 V \tag{1.38}$$

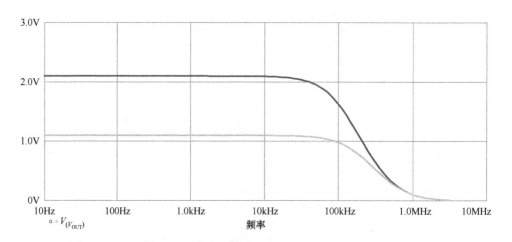

图 1.89　参数仿真设置

图 1.90　输出电压频率特性曲线：R_{Fv} 从上到下分别为 $2k\Omega$ 和 $1k\Omega$

计算值与图 1.90 中仿真结果一致。

1.6.4　通用仪表放大电路直流和蒙特卡洛分析

当差模输入直流电压为 10mV、共模输入为 0 时，对电路进行蒙特卡洛仿真分析，仿真设置如图 1.91 和图 1.92 所示。电阻容差为平均分布 5%，仿真结果如图 1.93 所示，最大值约为 2.311V，最小值约为 1.866V，仿真次数为 100。

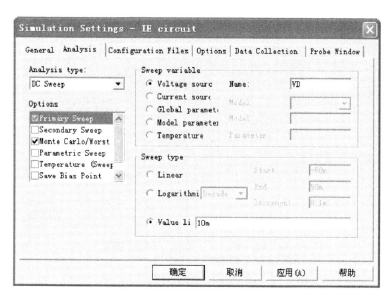

图 1.91 直流仿真设置

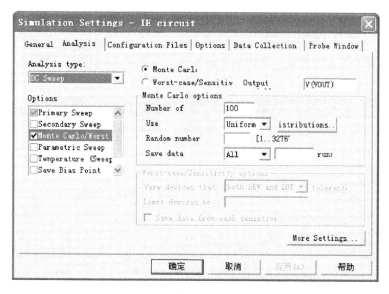

图 1.92 蒙特卡洛仿真设置

1.6.5 通用仪表放大电路直流和最坏情况分析

当电路中电阻 R_2、R_4、R_5 和 R_6 取 5% 容差、R_1、R_3 和 R_G 取 −5% 容差时输出电压最大，最大值为

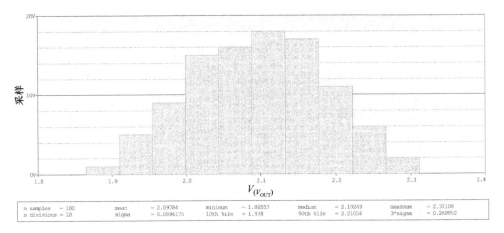

图 1.93 输出电压蒙特卡洛仿真数据

$$V_{\mathrm{OUT}} = \left(1 + \frac{2R_5}{R_{\mathrm{G}}} \times \frac{1.05}{0.95}\right) \times \frac{R_2}{R_1} \times \frac{1.05}{0.95} \times 10\mathrm{mV}$$

$$= \left(1 + \frac{2 \times 10 \times 10^3}{1 \times 10^3} \times \frac{1.05}{0.95}\right) \times \frac{10 \times 10^3}{1 \times 10^3} \times \frac{1.05}{0.95} \times 10\mathrm{mV}$$

$$= 2.554\mathrm{V} \tag{1.39}$$

最坏情况仿真设置及其输出最大值的设置如图 1.94 和图 1.95 所示,输出最大值仿真结果如下:

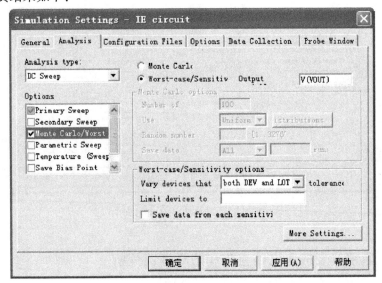

图 1.94 最坏情况仿真设置

Device	MODEL	PARAMETER	NEW VALUE	
R_R2	Rb1	R	1.05	(Increased)
R_R4	Rb1	R	1.05	(Increased)
R_R1	Rb1	R	.95	(Decreased)
R_R6	Rb1	R	1.05	(Increased)
R_R3	Rb1	R	.95	(Decreased)
R_RG	Rb1	R	.95	(Decreased)
R_R5	Rb1	R	1.05	(Increased)

WORST CASE ALL DEVICES

2.5533 at V_VD = .01

(121.6% of Nominal)

通过以上分析可得，仿真和计算值一致。

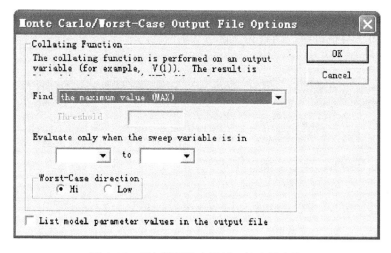

图 1.95 最坏情况输出设置：输出最大值

当电路中电阻 R_2、R_4、R_5 和 R_6 取 -5% 容差、R_1、R_3 和 R_G 取 5% 容差时输出电压最小，最小值为

$$V_{\text{OUT}} = \left(1 + \frac{2R_5}{R_G} \times \frac{95}{1.05}\right) \times \frac{R_2}{R_1} \times \frac{0.95}{1.05} \times 10\text{mV} \tag{1.40}$$

$$= \left(1 + \frac{2 \times 10 \times 10^3}{1 \times 10^3} \times \frac{0.95}{1.05}\right) \times \frac{10 \times 10^3}{1 \times 10^3} \times \frac{0.95}{1.05} \times 10\text{mV}$$

$$= 1.728\text{V}$$

最坏情况仿真设置及其输出最小值的设置如图 1.94 和图 1.96 所示，输出最

小值仿真结果如下:

Device	MODEL	PARAMETER	NEW VALUE	
R_R2	Rb1	R	.95	(Decreased)
R_R4	Rb1	R	.95	(Decreased)
R_R1	Rb1	R	1.05	(Increased)
R_R6	Rb1	R	.95	(Decreased)
R_R3	Rb1	R	1.05	(Increased)
R_RG	Rb1	R	1.05	(Increased)
R_R5	Rb1	R	.95	(Decreased)

WORST CASE ALL DEVICES

$$1.7274 \text{ at } V\_VD = .01$$

$$(82.272\% \text{ of Nominal})$$

通过以上分析可得,仿真和计算值一致。

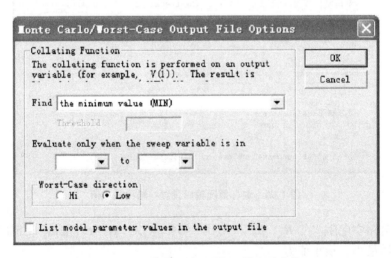

图1.96 最坏情况输出设置:输出最小值

1.7 改进型仪表放大电路

对通用仪表放大电路第一级和第二级进行调整可得改进型仪表放大电路,具体如图1.97所示,元器件见表1.9。该改进型仪表放大器电路未使用差分电路而实现单端对地输出,使得电路更加简单。

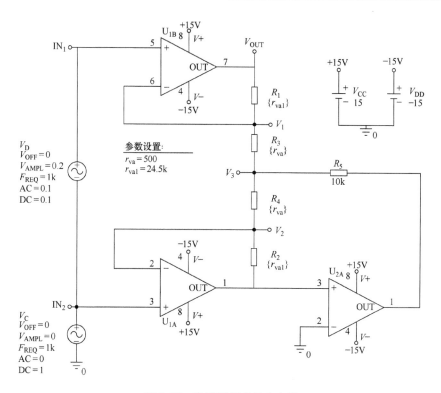

图 1.97 改进型仪表放大电路

表 1.9 改进型仪表放大电路仿真元器件列表

编号	名称	型号	参数	库	功能注释
R_1	电阻	Rb1	$\{r_{va1}\}$	BREAKOUT	放大
R_2	电阻	Rb1	$\{r_{va1}\}$	BREAKOUT	放大
R_3	电阻	Rb1	$\{r_{va}\}$	BREAKOUT	放大、调零
R_4	电阻	Rb1	$\{r_{va}\}$	BREAKOUT	放大、调零
R_5	电阻	Rb1	$10k\Omega$	BREAKOUT	偏置调节
U_{1A}	运算放大器	TL072		TEX_INST	跟随、放大
U_{1B}	运算放大器	TL072		TEX_INST	跟随、放大
U_{2A}	运算放大器	TL072		TEX_INST	偏置调节
V_D	正弦信号源	VSIN	如图 1.97 所示	SOURCE	差模信号源
V_C	正弦信号源	VSIN	如图 1.97 所示	SOURCE	共模信号源
V_{CC}	直流电压源	VDC	15V	SOURCE	正供电电源
V_{DD}	直流电压源	VDC	−15V	SOURCE	负供电电源
PARAM	参数	PARAM	$r_{va}=500\Omega$ $r_{va1}=24.5k\Omega$	SPECIAL	参数设置
0	接地	0		SOURCE	绝对零
. model Rb1 RES R = 1 dev = 0.05：电阻容差5%					

正常工作时 $R_1 = R_2$、$R_3 = R_4$，根据电路和运算放大器工作原理可得

$$V_2 = \frac{R_2}{R_2 + R_4}V_3 \Rightarrow V_3 = \left(1 + \frac{R_4}{R_2}\right)V_2 \tag{1.41}$$

$$\frac{V_{OUT} - V_1}{R_1} = \frac{V_1 - V_3}{R_3}$$

通过上式消除 V_3 得

$$V_{OUT} = \left(1 + \frac{R_1}{R_3}\right)(V_1 - V_2) \tag{1.42}$$

因为 $V_{(IN_1)} = V_1$、$V_{(IN_2)} = V_2$；所以

$$V_{OUT} = \left(1 + \frac{R_1}{R_3}\right)\left[V_{(IN_1)} - V_{(IN_2)}\right] \tag{1.43}$$

所以放大器增益为 $A = \left(1 + \frac{R_1}{R_3}\right)$。

1.7.1 改进型仪表放大电路偏置点分析

利用偏置点分析，计算小信号电压增益、输入阻抗、输出阻抗和每个元器件相对输出信号的灵敏度，仿真设置如图 1.98 和图 1.99 所示。

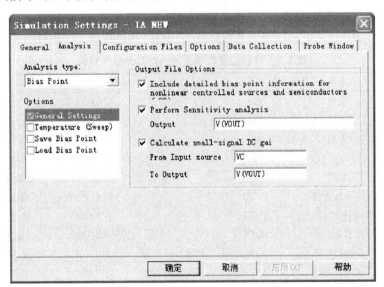

图 1.98 共模输入偏置点仿真设置

1. 共模输入偏置点仿真分析结果

（1）小信号特性

电压增益：V(VOUT)/V_VC = 4.655E-06

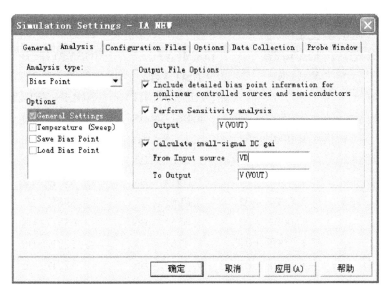

图 1.99 差模输入偏置点仿真设置

输入阻抗：INPUT RESISTANCE AT V_VC = 4.984E + 11

输出阻抗：OUTPUT RESISTANCE AT V(VOUT) = 6.577E − 02

（2）共模直流灵敏度

ELEMENT NAME	ELEMENT VALUE	ELEMENT SENSITIVITY (VOLTS/UNIT)	NORMALIZED SENSITIVITY (VOLTS/PERCENT)
R_R2	2.450E + 04	4.081E − 05	9.998E − 03
R_R5	1.000E + 04	− 5.157E − 10	− 5.157E − 08
R_R4	5.000E + 02	− 2.000E − 03	− 9.998E − 03
R_R1	2.450E + 04	1.591E − 04	3.898E − 02
R_R3	5.000E + 02	− 7.796E − 03	− 3.898E − 02
V_VC	1.000E + 00	4.655E − 06	4.655E − 08
V_VCC	1.500E + 01	− 1.415E − 05	− 2.122E − 06
V_VDD	− 1.500E + 01	− 1.415E − 05	2.122E − 06
V_VD	1.000E − 01	4.999E + 01	4.999E − 02

2. 差模偏置点仿真分析结果

（1）小信号特性

电压增益：V(VOUT)/V_VD = 4.999E + 01

输入阻抗：INPUT RESISTANCE AT V_VD = 9.965E + 11

输出阻抗：OUTPUT RESISTANCE AT V(VOUT) = 6.577E − 02

（2）差模直流灵敏度

ELEMENT NAME	ELEMENT VALUE	ELEMENT SENSITIVITY (VOLTS/UNIT)	NORMALIZED SENSITIVITY (VOLTS/PERCENT)
R_R2	2.450E + 04	4.081E − 05	9.998E − 03
R_R5	1.000E + 04	− 5.157E − 10	− 5.157E − 08
R_R4	5.000E + 02	− 2.000E − 03	− 9.998E − 03
R_R1	2.450E + 04	1.591E − 04	3.898E − 02
R_R3	5.000E + 02	− 7.796E − 03	− 3.898E − 02
V_VC	1.000E + 00	4.655E − 06	4.655E − 08
V_VCC	1.500E + 01	− 1.415E − 05	− 2.122E − 06
V_VDD	− 1.500E + 01	− 1.415E − 05	2.122E − 06
V_VD	1.000E − 01	4.999E + 01	4.999E − 02

通过仿真分析结果可得：当电阻匹配时共模输入信号 V_C 电压增益为 $A_{cm} = 4.655 \times 10^{-6}$，差模信号 V_D 电压增益为 $A_{dm} = 4.999 \times 10 \approx 50$，共模抑制比为

$$\mathrm{CMRR_{dB}} = 20\lg \left| \frac{A_{dm}}{A_{cm}} \right| = 20\lg \left| \frac{50}{4.655 \times 10^{-6}} \right| = 140.6 (\mathrm{dB}) \tag{1.44}$$

电阻 R_1 和 R_3 对输出电压最敏感，约为 3.9% 和 − 3.9%；电阻 R_2 和 R_4 灵敏度相对弱一些，约为 1% 和 − 1%。

1.7.2 改进型仪表放大电路瞬态分析

对电路进行瞬态仿真分析，将共模信号 V_C 幅值设置为 0，仿真设置如图 1.100 所示，仿真时间为 2ms，最大步长为 1μs，仿真结果如图 1.101 所示。

瞬态仿真波形具体如图 1.101 所示，$V_{(IN_2, IN_1)}$ 为输入电压波形，$V_{(V_{OUT})}$ 为输出电压波形。

当 $R_1 = R_2$、$R_3 = R_4$ 并且 $\frac{R_1}{R_3} = \frac{24.5 \times 10^3}{500} = 49$ 时输出电压为

$$V_{OUT} = \left(1 + \frac{R_1}{R_3}\right) \left[V_{(IN_1)} - V_{(IN_2)}\right] = 50\left[V_{(IN_1)} - V_{(IN_2)}\right] \tag{1.45}$$

即输入信号放大 50 倍。由图 1.101 可得，当输入信号为 0.2V 峰值时输出电压峰值约为 10V，电路实现 50 倍放大功能，计算与仿真一致。

对电路进行瞬态仿真分析，将差模信号 V_D 幅值设置为 0，共模信号 V_C 设置为 1V，仿真设置如图 1.100 所示，瞬态仿真结果如图 1.102 所示，$V_{(V_{OUT})}$ 为输出电压波形，当 $R_1 = R_2$、$R_3 = R_4$ 放大电路匹配时共模放大倍数近似为 0。从

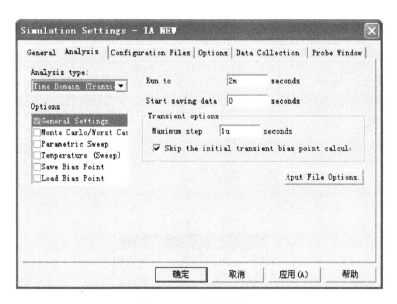

图 1.100 瞬态仿真设置

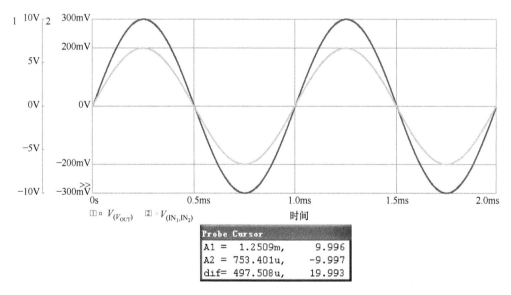

Probe Cursor	
A1 = 1.2509m,	9.996
A2 = 753.401u,	-9.997
dif= 497.508u,	19.993

图 1.101 输入和输出电压波形及最值

图 1.102可得，当输入共模信号为1V峰值时，输出电压峰峰值为1.1mV，该电路能够对共模信号实现抑制。

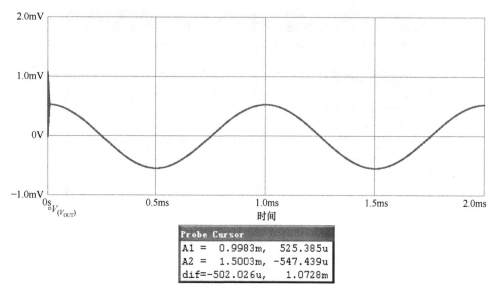

图 1.102 输出电压波形及最值

1.7.3 改进型仪表放大电路交流分析

对电路进行交流仿真分析，具体设置如图 1.103 所示，频率范围 10Hz ~ 3MHz，每十倍频 20 点，仿真结果如图 1.104 所示。

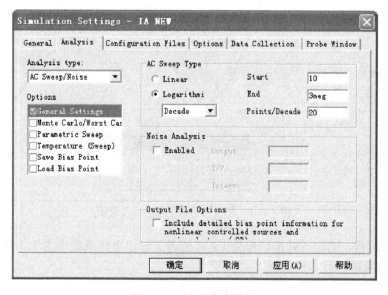

图 1.103 交流仿真设置

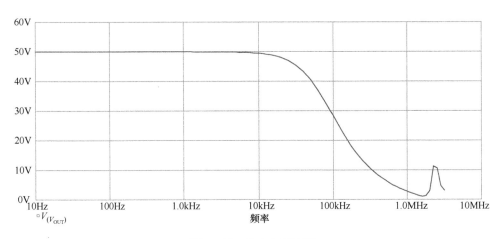

图 1.104 输出电压波形

根据电路参数，放大倍数为 50，当输入交流为 1V 时输出电压为 50V，计算值与图 1.104 中仿真结果一致。

1.7.4 改进型仪表放大电路直流和蒙特卡洛分析

当差模输入直流电压为 0.1V、共模输入为 0 时，对电路进行蒙特卡洛仿真分析，仿真设置如图 1.105 和图 1.106 所示。电阻容差为平均分布 5%，仿真结果如图 1.107 所示，最大值约为 5.372V，最小值约为 4.694V，仿真次数为 100。

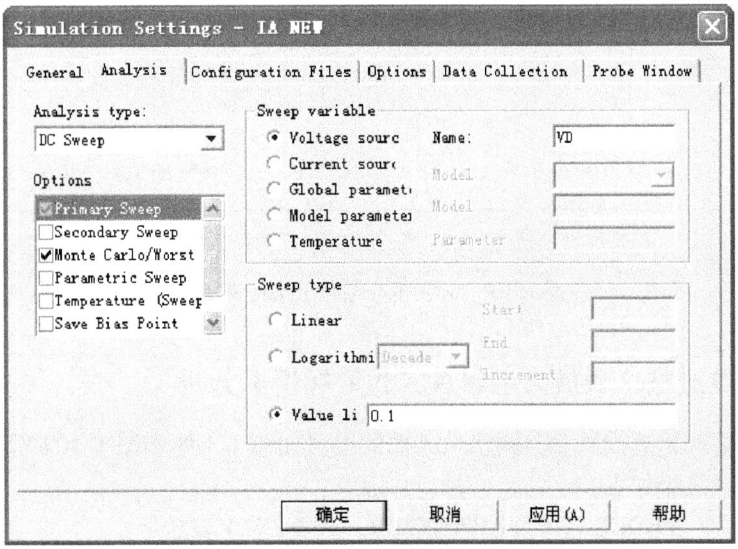

图 1.105 直流仿真设置

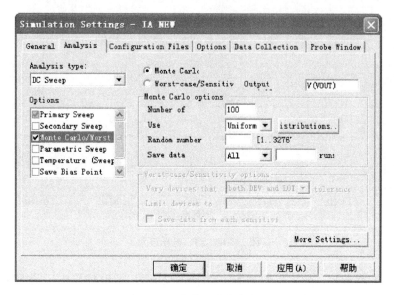

图 1.106　蒙特卡洛仿真设置

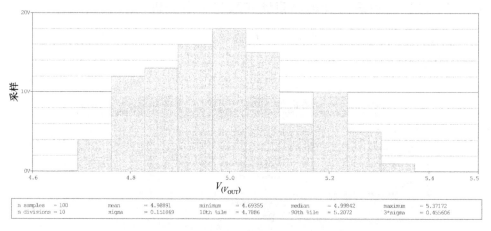

图 1.107　输出电压蒙特卡洛仿真数据

1.7.5　改进型仪表放大电路直流和最坏情况分析

　　最坏情况仿真设置及其输出最大值的设置如图 1.108 和图 1.109 所示，输出最大值仿真结果如下：

Device	MODEL	PARAMETER	NEW VALUE	
R_R2	Rb1	R	1.05	(Increased)
R_R5	Rb1	R	1	(Unchanged)

R_R4	Rb1	R	.95	(Decreased)
R_R1	Rb1	R	1.05	(Increased)
R_R3	Rb1	R	.95	(Decreased)

WORST CASE ALL DEVICES

$$5.5143 \text{ at } V\_VD = .01$$

$$(110.31\% \text{ of Nominal})$$

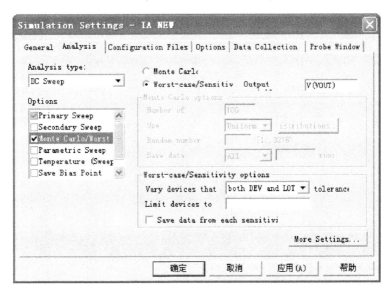

图 1.108 最坏情况仿真设置

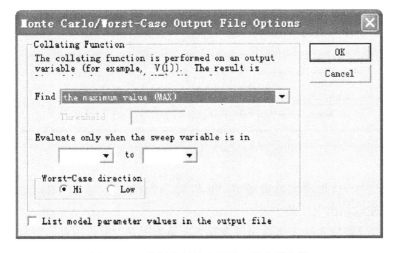

图 1.109 最坏情况输出设置：输出最大值

通过以上分析可得，当电阻 R_3 和 R_4 取 -5% 容差、R_1、R_2 和 R_5 取 5% 容差时输出电压最大。

最坏情况仿真设置及其输出最小值的设置如图 1.108 和图 1.110 所示，输出最小值仿真结果如下：

Device	MODEL	PARAMETER	NEW VALUE	
R_R2	Rb1	R	.95	(Decreased)
R_R5	Rb1	R	1	(Unchanged)
R_R4	Rb1	R	1.05	(Increased)
R_R1	Rb1	R	.95	(Decreased)
R_R3	Rb1	R	1.05	(Increased)

WORST CASE ALL DEVICES

4.5323 at V_VD =.01

(90.669% of Nominal)

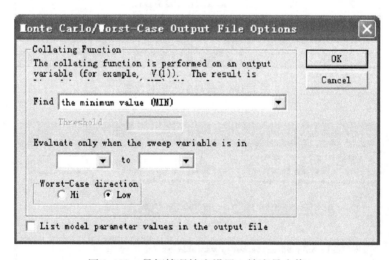

图 1.110 最坏情况输出设置：输出最小值

通过以上分析可得，当电阻 R_1 和 R_2 取 -5% 容差、R_3 和 R_4 取 5% 容差、R_5 保持不变时输出电压最小。

改进型仪表放大电路比通用仪表放大电路使用更少的元器件，并且实现差分到单端放大，另外当电阻容差均为 5% 时，输出电压范围更加集中，当放大倍数在百倍以内时非常实用。

1.8 峰值检波电路

峰值检波电路的作用为提取输入信号峰值,并且输出 $V_{out} = V_{in(peak)}$。为实现此目标,使 V_{out} 跟踪 V_{in} 直至输入达到峰值,该峰值将会一直保持,直至下一新的更大峰值出现,此时电路将会使用新的峰值作为输出 V_{out}。图 1.111 为峰值检波电路图,表 1.10 为峰值检波电路仿真元器件列表。峰值检波电路主要用于测试和测量仪器仪表电路中,用于信号峰值提取与保持。

1.8.1 峰值检波电路工作原理

峰值检波电路图及元器件表具体如图 1.111 和表 1.10 所示,电容 C_H 用于保持最近峰值电压,充当电压存储器;当新的峰值出现时二极管 D_2 作为单相电流开关对 C_H 进行充电;当新的峰值电压出现时,运算放大器 U_1 使得电容 C_H 的电压跟随输入电压;运算放大器 U_2 对电容 C_H 电压进行缓冲,以防止电容放电。D_1 和 R_1 防止 U_1 在检测到峰值后出现饱和,因此当新的峰值出现时可加快恢复速度。

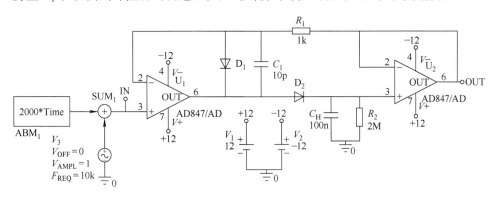

图 1.111 峰值检波电路

表 1.10 峰值检波电路仿真元器件列表

编号	名称	型号	参数	库	功能注释
R_1	电阻	R	$1k\Omega$	Analog	防止饱和
R_2	电阻	R	$2M\Omega$	Analog	防止悬空
C_1	电容	C	$10pF$	Analog	防止震荡
C_H	电容	C	$100nF$	Analog	电压存储器
D_1	二极管	D1N4148		DIODE	防止饱和
D_2	二极管	D1N4148		DIODE	单向开关
U_1	运算放大器	AD847		AD	电压跟随

（续）

编号	名称	型号	参数	库	功能注释
U_2	运算放大器	AD847		AD	保持、跟随
SUM_1	加法器	SUM		ABM	求和
ABM_1	行为模型	ABM	2000 ∗ Time	ABM	输入信号源
V_3	正弦信号源	VSIN	如图 1.111 所示	SOURCE	输入信号源
V_1	直流电压源	VDC	12V	SOURCE	正供电电源
V_2	直流电压源	VDC	− 12V	SOURCE	负供电电源
0	接地	0		SOURCE	绝对零

　　峰值检波电路工作原理：当新峰值到达 U_1 的正相输入端时，U_1 的输出为正，D_1 截止 D_2 导通，U_1 利用反馈回路 D_2—U_2—R 使得输入端之间保持虚短。由于无电流流经 R，使得 U_1 和 U_2 的输出端电压一致，此模式称为跟踪模式。

　　经历峰值之后，U_1 输入电压开始下降，从而 U_1 输出电压下降，D_2 截止 D_1 导通，为 U_1 提供反馈回路。因为运算放大器输入端"虚短"，运算放大器 U_2 输出电压与电容 C_H 电压一致，此模式称为保持模式。在此期间，电阻 R_1 为 D_1 提供电流通路，使得 U_1 工作在正常反馈状态。通常电阻 R_1 的阻值为千欧数量级；电容 C_H 的容值通常为百纳法数量级；通过与二极管 D_1 或电阻 R_1 并联皮法数量级电容使得电路工作更加稳定。

1.8.2　峰值检波电路性能测试

　　瞬态仿真时间为 1ms，最大仿真步长为 1μs，具体设置如图 1.112 所示。

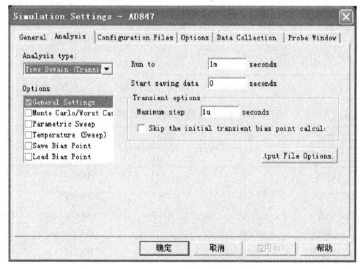

图 1.112　瞬态仿真设置

图 1.113 为仿真波形，输入信号 $V_{(IN)}$ 为频率和峰峰值恒定、偏置电压线性增加的正弦波，输出波形 $V_{(OUT)}$ 为输入信号的峰值波形。通过仿真分析可得，该电路能够实现信号峰值检波功能。

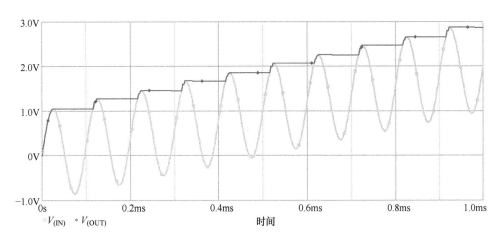

图 1.113 输入和输出波形

通过将二极管 D_1 和 D_2 翻转方向，可以对输入信号的负峰值进行检波，电路如图 1.114 所示，其中行为模型 ABM_2 的设置更改为 $-2000*Time$，其他参数均保持不变。仿真波形如图 1.115 所示，输入信号 $V_{(IN_N)}$ 为频率和峰峰值恒定、偏置电压线性减小的正弦波，输出波形 $V_{(OUT_N)}$ 为输入信号的峰值波形。通过仿真分析可得，该电路实现输入信号负峰值检波功能。

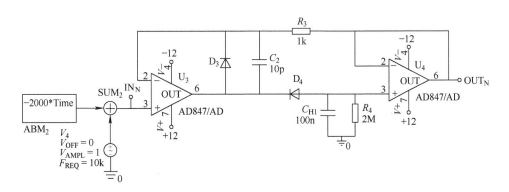

图 1.114 负峰值检波电路

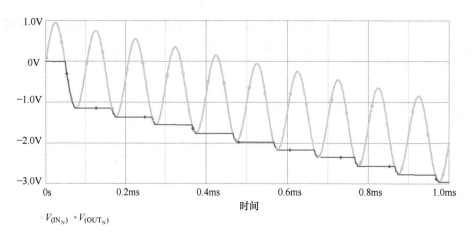

图 1.115　输入和输出波形

1.9　开关电容放大电路

1.9.1　开关电容分压放大电路

开关电容二分之一分压放大电路由 4 支可控开关与电容组成，具体如图 1.116 所示，表 1.11 为开关电容分压放大电路仿真元器件列表；开关 S_1 和 S_3 同时开通和关闭，开关 S_2 和 S_4 同时开通和关闭，两路开关相差 $180°$；脉冲电压源 V_1 和 V_2 为开关驱动信号，用于驱动 4 只开关。当 S_1 和 S_3 开通、S_2 和 S_4 关闭时电容 C_1 和 C_2 构成串联分压电路，电容 C_1 和 C_2 两端电压分别为输入电压的一半；当 S_1 和 S_3 关闭、S_2 和 S_4 开通时电容 C_1 和 C_2 两端电压并联输出，均为输入电压的一半；当输入信号为交流时，为保证输出信号满足失真要求，驱动信号频率应为输入信号频率的 50 倍以上。

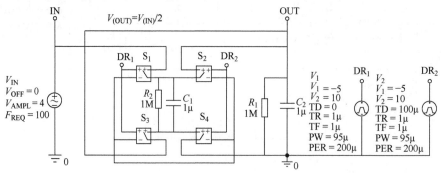

图 1.116　开关电容分压放大电路

表 1.11　开关电容分压放大电路仿真元器件列表

编号	名称	型号	参数	库	功能注释
R_1	电阻	R	1 M	Analog	防止悬空
R_2	电阻	R	1 M	Analog	防止悬空
C_1	电容	C	1 μF	Analog	分压、保持
C_2	电容	C	1 μF	Analog	分压、保持
S_1、S_3	开关	Sbreak	见备注	BREAKOUT	左臂开关
S_2、S_4	开关	Sbreak	见备注	BREAKOUT	右臂开关
V_1	脉冲电压源	VPULSE	如图 1.116 所示	SOURCE	左臂驱动信号
V_2	脉冲电压源	VPULSE	如图 1.116 所示	SOURCE	右臂驱动信号
V_{IN}	正弦信号源	VSIN	如图 1.116 所示	SOURCE	输入信号源
0	接地	0		SOURCE	绝对零

. model Sbreak VSWITCH Roff = 1000meg Ron = 1 Voff = 0 Von = 5

开关电容分压放大电路仿真设置如图 1.117 所示，输入信号周期为 10ms，为保证仿真精度，最大仿真步长设置为 1μs。图 1.118 为开关电容分压放大电路仿真输入和输出电压波形，输入信号为 $V_{(IN)}$，峰值为 4V，频率 100Hz；输出信号为 $V_{(OUT)}$，峰值为 2V，频率 100Hz，该电路实现二分之一分压功能。

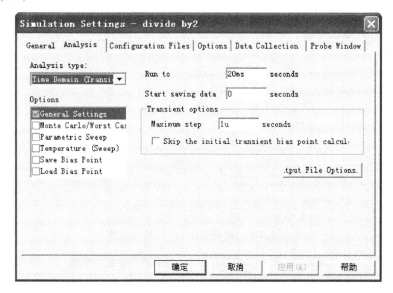

图 1.117　开关电容分压放大电路仿真设置

1.9.2　开关电容倍压放大电路

开关电容二倍压放大电路如图 1.119 所示，表 1.12 为开关电容二倍压放大电路仿真元器件列表；开关 S_1 和 S_3 同时开通和关闭，开关 S_2 和 S_4 同时开通和关闭，两路开关相差 $180°$；脉冲电压源 V_1 和 V_2 为开关驱动信号，用于驱动 4 只开关。当 S_2 和 S_4 开通、S_1 和 S_3 关闭时电容 C_1 两端电压等于输入电压；当 S_2 和 S_4 关闭、S_1 和 S_3 开通时，电容 C_2 两端电压等于输入电压和 C_1 两端电压之和，即输出电压为输入电压的 2 倍；当输入信号为交流时，为保证输出信号满足失真要求，驱动信号频率应为输入信号频率的 50 倍以上。

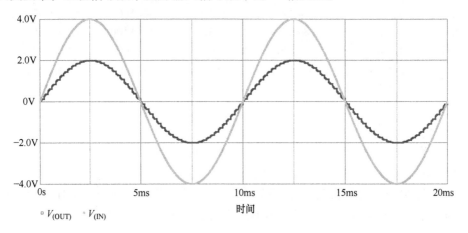

图 1.118　开关电容分压放大电路输入、输出电压波形

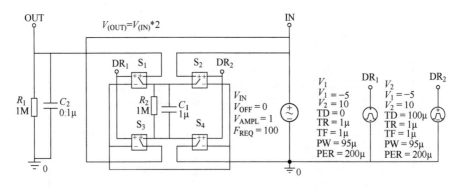

图 1.119　开关电容二倍压放大电路

表 1.12　开关电容二倍压放大电路仿真元器件列表

编号	名称	型号	参数	库	功能注释
R_1	电阻	R	$1\text{M}\Omega$	Analog	防止悬空
R_2	电阻	R	$1\text{M}\Omega$	Analog	防止悬空
C_1	电容	C	$1\mu\text{F}$	Analog	倍压、保持
C_2	电容	C	$0.1\mu\text{F}$	Analog	输出保持

（续）

编号	名称	型号	参数	库	功能注释
S_1、S_3	开关	Sbreak	见备注	BREAKOUT	左臂开关
S_2、S_4	开关	Sbreak	见备注	BREAKOUT	右臂开关
V_1	脉冲电压源	VPULSE	如图 1.119 所示	SOURCE	左臂驱动信号
V_2	脉冲电压源	VPULSE	如图 1.119 所示	SOURCE	右臂驱动信号
V_{IN}	正弦信号源	VSIN	如图 1.119 所示	SOURCE	输入信号源
0	接地	0		SOURCE	绝对零
. model Sbreak VSWITCH Roff = 1000meg Ron = 1 Voff = 0 Von = 5					

开关电容二倍压放大电路仿真设置如图 1.120 所示，输入信号周期为 10ms，为保证仿真精度，最大仿真步长设置为 1μs。图 1.121 为开关电容二倍压放大电路仿真输入和输出电压波形，输入信号为 $V_{(IN)}$，峰值为 1V，频率为 100Hz；输出信号为 $V_{(OUT)}$，峰值为 2V，频率为 100Hz，该电路实现二倍压放大功能。

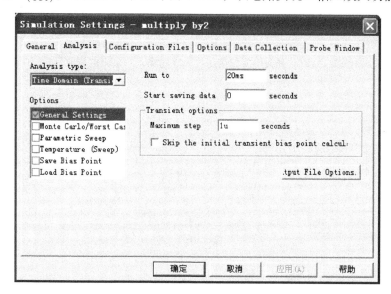

图 1.120　开关电容二倍压放大电路仿真设置

1.9.3　开关电容差分转单端放大电路

开关电容差分转单端 1000 倍放大电路由开关电容与运算放大器电路构成，具体如图 1.122 所示，表 1.13 为开关电容差分转单端 1000 倍放大电路仿真元器件列表；开关 S_1 和 S_3 同时开通和关闭，开关 S_2 和 S_4 同时开通和关闭，两路开关相差 180°；脉冲电压源 V_1 和 V_2 为开关驱动信号，用于驱动 4 只开关。当 S_2

和 S_4 开通、S_1 和 S_3 关闭时电容 C_1 两端电压等于输入电压；当 S_2 和 S_4 关闭、S_1 和 S_3 开通时电容 C_1 两端电压等于电容 C_2 两端电压，4 只开关实现差分到单端转换；运算放大器 U_1 及其电阻 R_3 和 R_4 构成 1000 倍同相放大电路；当输入信号为交流时，为保证输出信号满足失真要求，驱动信号频率应为输入信号频率的 50 倍以上。

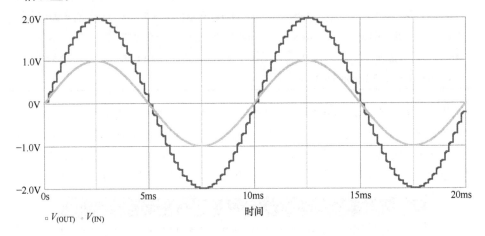

图 1.121　开关电容二倍压放大电路输入、输出电压波形

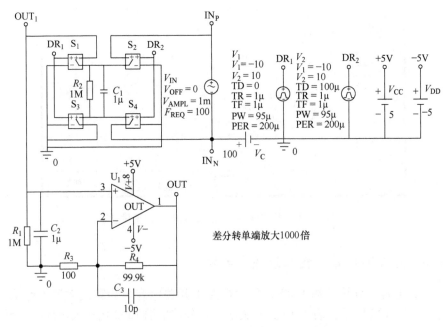

图 1.122　开关电容差分转单端 1000 倍放大电路

表 1.13　开关电容差分转单端 1000 倍放大电路仿真元器件列表

编号	名称	型号	参数	库	功能注释
R_1	电阻	R	$1\,M\Omega$	Analog	防止悬空
R_2	电阻	R	$1\,M\Omega$	Analog	防止悬空
R_3	电阻	R	$100\,\Omega$	Analog	同相放大
R_4	电阻	R	$99.9\,k\Omega$	Analog	同相放大
C_1	电容	C	$1\,\mu F$	Analog	差分保持
C_2	电容	C	$1\,\mu F$	Analog	单端保持
C_3	电容	C	$10\,pF$	Analog	高频率波
S_1、S_3	开关	Sbreak	见备注	BREAKOUT	左臂开关
S_2、S_4	开关	Sbreak	见备注	BREAKOUT	右臂开关
V_1	脉冲电压源	VPULSE	如图 1.122 所示	SOURCE	左臂驱动信号
V_2	脉冲电压源	VPULSE	如图 1.122 所示	SOURCE	右臂驱动信号
V_{IN}	正弦信号源	VSIN	如图 1.122 所示	SOURCE	输入信号源
V_{CC}	直流电压源	VDC	$5\,V$	SOURCE	运算放大器供电
V_{DD}	直流电压源	VDC	$-5\,V$	SOURCE	运算放大器供电
V_C	直流电压源	VDC	$100\,V$	SOURCE	共模电压
0	接地	0		SOURCE	绝对零

.model Sbreak VSWITCH Roff = 1000meg Ron = 0.1 Voff = 0 Von = 5

开关电容差分转单端 1000 倍放大电路仿真设置如图 1.123 所示，输入信号

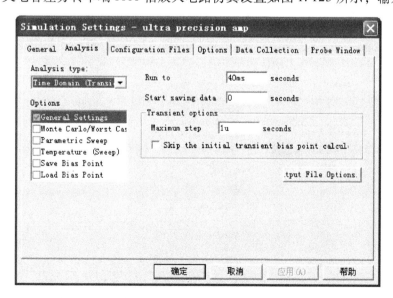

图 1.123　开关电容差分转单端 1000 倍放大电路仿真设置

周期为10ms，为保证仿真精度，最大仿真步长设置为1μs。图1.124为开关电容差分转单端1000倍放大电路仿真输入和输出电压波形，输入差分正弦波信号为 $V_{(IN_P, IN_N)}$，峰值为1mV，频率100Hz；输出信号为 $V_{(OUT)}$，峰值为1V，频率为100Hz；该电路实现差分转单端1000倍放大功能。

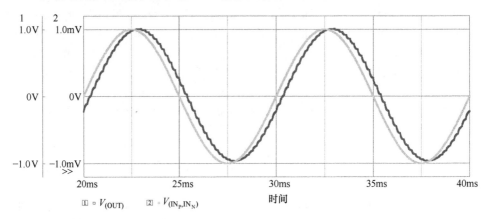

图1.124　开关电容差分转单端1000倍放大电路输入、输出电压波形

共模信号 V_C 分别为 -100V、0 和 100V 的参数仿真设置如图1.125所示，图1.126为共模信号 V_C 变化时输入、输出电压波形。从图1.126可得当输入差模信号确定、输入共模信号变化时输出电压仅对差模信号进行放大，对共模信号具有极高的抑制能力。

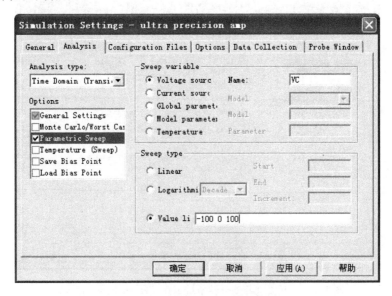

图1.125　共模信号 V_C 参数设置

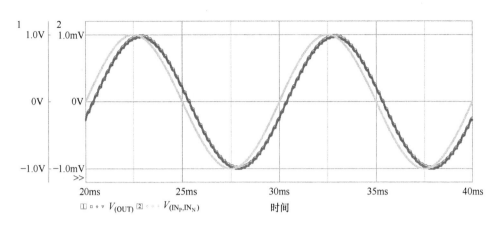

图 1.126　共模信号 V_C 变化时输入、输出电压波形

第 2 章

波形发生电路

本章主要对运算放大器构成的正弦波、三角波和方波发生电路进行工作原理讲解、PSpice 仿真分析和实际设计与测试，另外对集成波形发生芯片 555 和 ICL8038 进行电路分析与测试。

2.1 正弦波发生电路

2.1.1 文氏桥正弦波振荡电路

典型文氏桥正弦波振荡电路由运算放大器、电阻、电容、二极管构成，具体如图 2.1 所示，当电阻 $R_2 > 2R_1$ 时电路开始起振，并且振荡幅值不断增大，二极

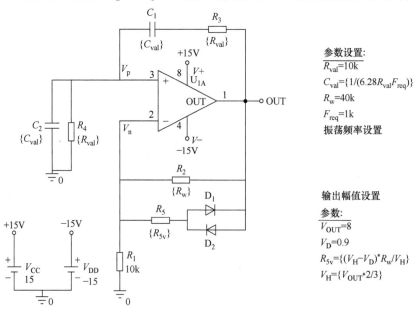

参数设置：
$\overline{R_{val}=10k}$
$C_{val}=\{1/(6.28R_{val}F_{req})\}$
$R_w=40k$
$F_{req}=1k$
振荡频率设置

输出幅值设置
参数：
$\overline{V_{OUT}=8}$
$V_D=0.9$
$R_{5v}=\{(V_H-V_D)^*R_w/V_H\}$
$V_H=\{V_{OUT}*2/3\}$

图 2.1 文氏桥正弦波振荡电路

管 VD$_1$ 和 VD$_2$ 进入交替半周期导通状态；当二极管完全导通且 $R_2 \parallel R_5 < 2R_1$ 时电路正常运行；在输出电压达到最大值之前振幅将自动稳定在二极管导通的某个中间状态，使得电阻 R_2、R_5 和二极管构成的等效电阻为 R_1 阻值的 2 倍，所以电阻 R_5 和二极管 VD$_1$、VD$_2$ 实现输出限幅功能。电阻 $R_3 = R_4 = R_{val}$，电容 $C_1 = C_2 = C_{val}$，振荡频率 $F_{req} = \dfrac{1}{2\pi R_{val} C_{val}}$，此时 $C_{val} = \dfrac{1}{2\pi F_{req} R_{val}}$，即电阻阻抗等于电容容抗。

文氏桥正弦波振荡电路输出幅值参数中 V_{OUT} 为输出电压，V_D 为二极管导通压降，V_H 为振荡输出时电阻 R_2 两端的电压，因为 R_2 电压为 R_1 电压的两倍，所以 $V_H = \dfrac{2}{3} V_{OUT}$；$R_{5v}$ 为电阻 R_5 的参数值，因为电阻 $R_2 = \lvert R_w \rvert = 40\text{k}\Omega$、$R_1 = 10\text{k}\Omega$，振荡工作时等效 $R_2 = 2R_1 = 20\text{k}\Omega$，所以 R_5 与二极管的串联电阻值应为 $40\text{k}\Omega$，根据电阻分压原理求得 R_5 电阻值为 $R_{5v} = \dfrac{(V_H - V_D) R_w}{V_H}$。

文氏桥正弦波振荡电路仿真元器件列表见表 2.1。首先对电路进行瞬态仿真分析，仿真设置和仿真波形分别如图 2.2 和图 2.3 所示。

表 2.1 文氏桥正弦波振荡电路仿真元器件列表

编号	名称	型号	参数	库	功能注释
R_1	电阻	R	$10\text{k}\Omega$	ANALOG	反馈电阻
R_2	电阻	R	$40\text{k}\Omega$	ANALOG	反馈电阻
R_3、R_4	电阻	R	$\lvert R_{val} \rvert$	ANALOG	频率设置
R_5	电阻	R	$\lvert R_{5v} \rvert$	ANALOG	输出限幅
C_1、C_2	电容	C	$\lvert C_{val} \rvert$	ANALOG	频率设置
D_1、D_2	二极管	D1N914		DIODE	输出限幅
U_{1A}	运算放大器	TL072		TEX_INST	放大
V_{CC}	直流电压源	VDC	15V	SOURCE	正供电电源
V_{DD}	直流电压源	VDC	−15V	SOURCE	负供电电源
PARAM	参数	PARAM	如图2.1所示	SPECIAL	参数设置
0	接地	0		SOURCE	绝对零

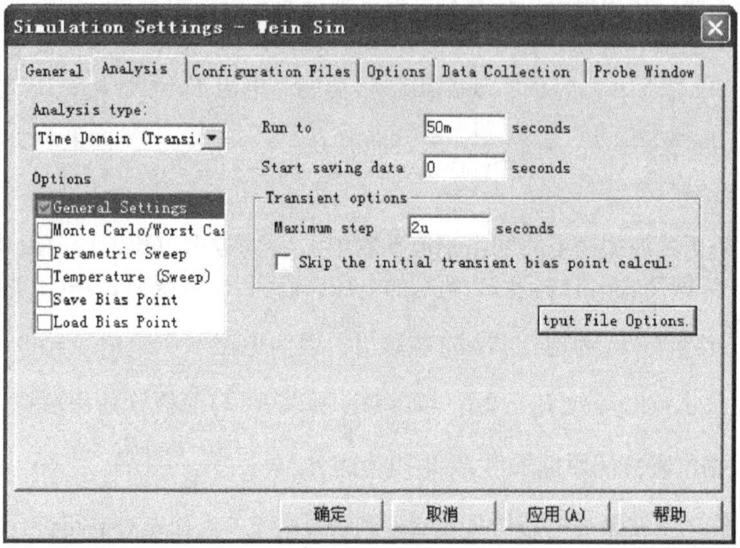

图 2.2　文氏桥正弦波振荡电路瞬态仿真设置

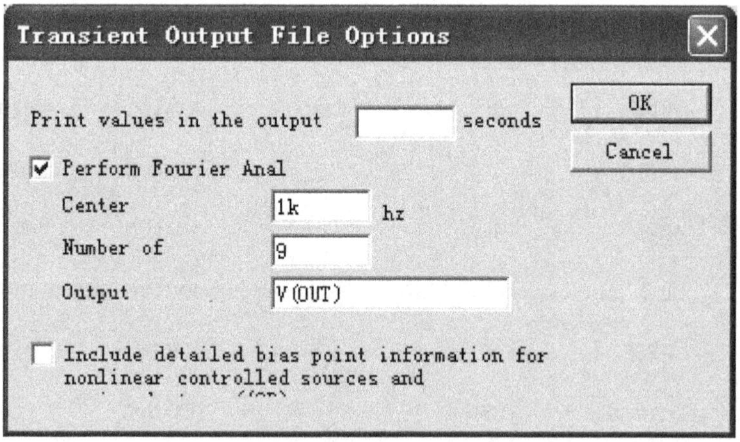

图 2.3　傅里叶仿真设置

　　文氏桥正弦波振荡电路需要短暂的起振时间，所以在开始约 10ms 时间内电压逐渐增大，然后通过 R_5、二极管 D_1 和 D_2 进行稳压输出，正弦波电压仿真波形具体如图 2.4 所示，稳定后输出正弦波幅值约为 8.5V，与设置值 $V_{OUT}=8V$ 误差约为 6%。

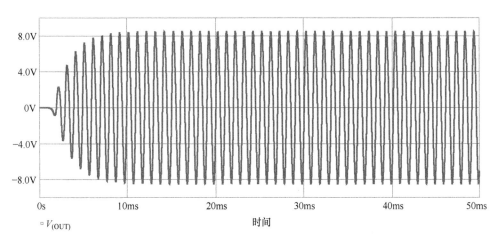

图 2.4 输出正弦波电压波形

FOURIER COMPONENTS OF TRANSIENT RESPONSE V(OUT)

DC COMPONENT = 3.411124E − 02

HARMONIC NO	FREQUENCY (Hz)	FOURIER COMPONENT	NORMALIZED COMPONENT	PHASE (DEG)	NORMALIZED PHASE (DEG)
1	1.000E + 03	8.578E + 00	1.000E + 00	− 5.698E + 01	0.000E + 00
2	2.000E + 03	4.051E − 02	4.723E − 03	− 3.908E + 01	7.488E + 01
3	3.000E + 03	2.178E − 01	2.539E − 02	1.370E + 02	3.079E + 02
4	4.000E + 03	7.947E − 03	9.264E − 04	− 2.415E + 01	2.038E + 02
5	5.000E + 03	1.086E − 01	1.266E − 02	3.119E + 01	3.161E + 02
6	6.000E + 03	8.870E − 03	1.034E − 03	1.335E + 01	3.552E + 02
7	7.000E + 03	6.586E − 02	7.678E − 03	− 7.076E + 01	3.281E + 02
8	8.000E + 03	8.291E − 03	9.665E − 04	− 1.938E + 01	4.365E + 02
9	9.000E + 03	3.998E − 02	4.661E − 03	1.698E + 02	6.826E + 02

TOTAL HARMONIC DISTORTION = 3.017968E + 00 PERCENT

傅里叶仿真分析数据如上所示，频率为1kHz，幅值为8.58V，总谐波失真约3.0%，直流分量为34mV。

频率设置为1kHz和2kHz时的参数设置和仿真波形分别如图2.5和图2.6所

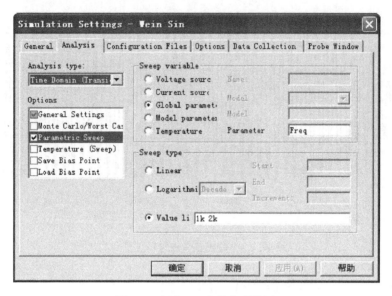

图 2.5　频率 F_{req} 参数仿真设置

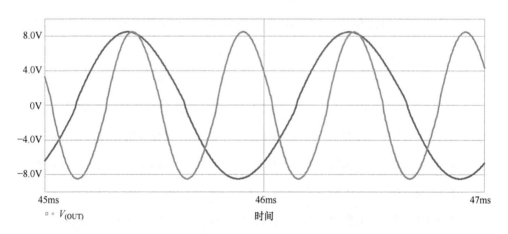

图 2.6　频率分别为 1kHz 和 2kHz 时的输出波形

示，通过设置频率值直接改变谐振参数，得到所需正弦波振荡波形。

　　输出电压 V_{OUT} 为 2V、4V 和 6V 时的参数设置和仿真波形分别如图 2.7 和图 2.8 所示，通过设置输出电压值直接改变正弦波输出电压幅值，但是如果仅改变电阻 R_5 的参数值，波形将会发生较大失真，所以最佳幅值调节方式为电阻 R_2 和 R_5 参数同时调整。

　　文氏桥振荡电路中 R_5 及其 D_1 和 D_2 实现输出限幅功能，当 $R_5 = 100M\Omega$ 即 R_5 断开时仿真波形如图 2.9 所示，正弦波发生严重失真并且限幅，所以限幅电

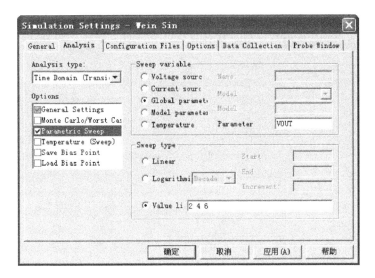

图 2.7　输出电压 V_{OUT} 分别为 2V、4V 和 6V 时的参数设置

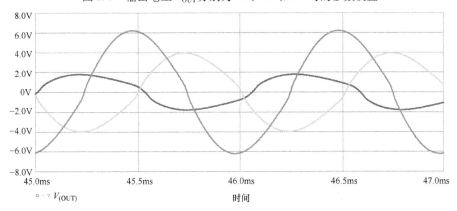

图 2.8　输出电压 V_{OUT} 分别为 2V、4V 和 6V 时的输出波形

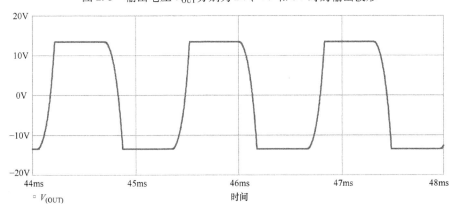

图 2.9　$R_5 = 100\text{M}\Omega$ 时的仿真波形

路非常重要。通过增加与 D_1 和 D_2 的串联二极管数量提高输出正弦波幅值，具体电路和仿真波形如图 2.10 和图 2.11 所示。

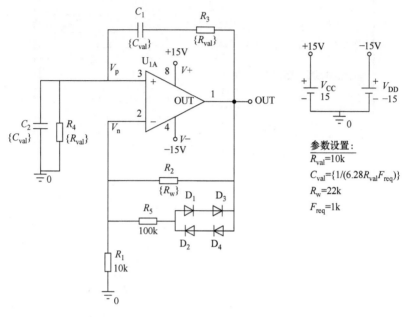

图 2.10 限幅二极管串联文氏桥正弦波振荡电路

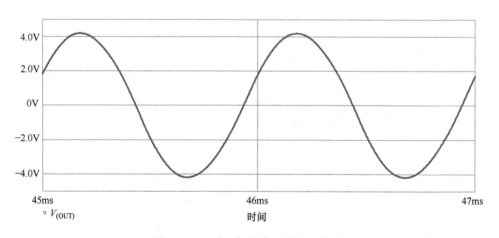

图 2.11 两个二极管串联时电压波形

图 2.11 为两个二极管串联时的正弦波波形，幅值近似为 4.2V，约为单个二极管幅值电压的 2 倍。

不同 R_w 时的设置和输出电压波形如图 2.12 和图 2.13 所示，其中 $V_{(OUT)} @ 1$ 为 $R_w = 18\text{k}\Omega$ 时的仿真波形，为一条直线，因为 $R_2 < 2R_1$；$V_{(OUT)} @ 2$ 为 $R_w =$

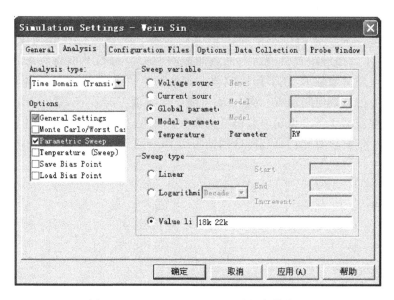

图 2.12　$R_w = 18k\Omega$ 和 $22k\Omega$ 时的参数设置

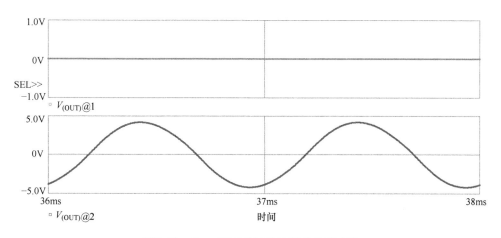

图 2.13　$R_w = 18k\Omega$ 和 $22k\Omega$ 时的仿真波形

$22k\Omega$ 时的仿真波形，为标准正弦波，因为 $R_2 > 2R_1$；所以文氏桥振荡电路的起振条件非常重要。另外 R_2 和 R_5 电阻值直接影响正弦波波形质量，实际应用时一定要根据具体频率和峰值幅值严格选择电阻及其电容参数值。该电路输出电压对二极管 D_1 和 D_2 正向压降 V_D 非常灵敏，实际设计时应该首先测试 V_D 参数，然后再具体计算其他电阻值。

2.1.2 低通滤波器正弦波振荡电路

低通滤波器正弦波振荡电路由运算放大器、阻容和稳压管构成，具体如图 2.14 所示，通过四阶巴特沃斯低通滤波器对方波进行滤波得到正弦波信号。通过改变电阻参数值 R_v 调节振荡频率，改变稳压管 D_1 和 D_2 稳压值 B_v 调节正弦波幅值。滤波器电阻值 $R_1 = R_2 = R_3 = R_4$、电容值 $C_2 = C_3 = 2C_1 = 2C_4$。

低通滤波器正弦波振荡电路仿真元器件列表见表 2.2。首先对电路进行瞬态仿真分析，仿真设置和仿真波形分别如图 2.15 ~图 2.17 所示。

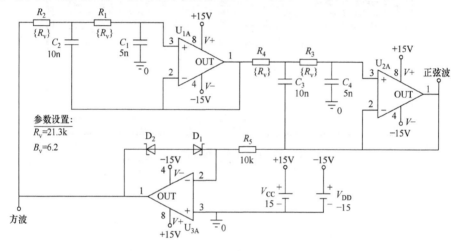

图 2.14 低通滤波器正弦波振荡电路

表 2.2 低通滤波器正弦波振荡电路仿真元器件列表

编号	名称	型号	参数	库	功能注释
$R_1 \sim R_4$	电阻	R	$\{R_v\}$	ANALOG	滤波电阻
R_5	电阻	R	$10k\Omega$	ANALOG	限流电阻
C_1、C_4	电容	C	5nF	ANALOG	滤波电容
C_2、C_3	电容	C	10nF	ANALOG	滤波电容
D_1、D_2	稳压管	D1N4735		DIODE	输出限幅
U_{1A}、U_{2A}	运算放大器	TL072		TEX_INST	滤波
U_{3A}	运算放大器	TL072		TEX_INST	比较
V_{CC}	直流电压源	VDC	15V	SOURCE	正供电电源
V_{DD}	直流电压源	VDC	$-15V$	SOURCE	负供电电源
PARAM	参数	PARAM	如图 2.14 所示	SPECIAL	参数设置
0	接地	0		SOURCE	绝对零

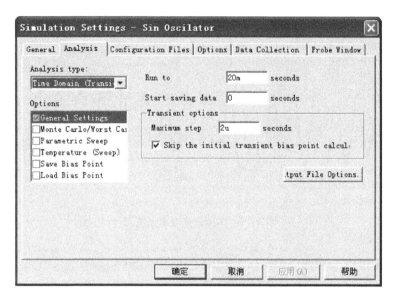

图 2.15 低通滤波器正弦波振荡电路瞬态仿真设置

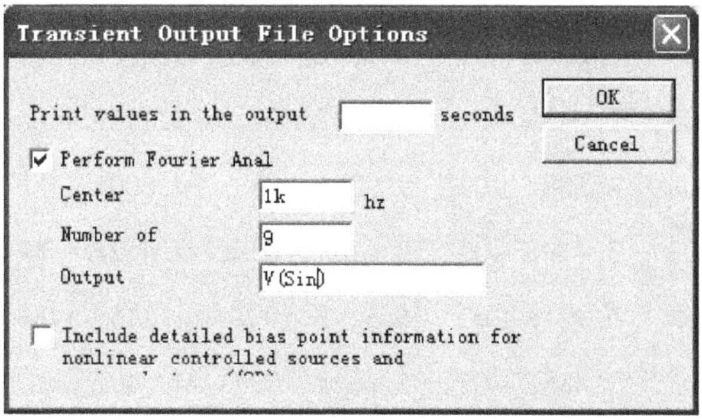

图 2.16 傅里叶仿真设置

低通滤波器振荡电路需要短暂的起振时间，所以在开始约 5 ms 时间内电压逐渐增大，然后通过稳压管 D_1 和 D_2 进行稳压输出，输出方波通过四阶巴特沃斯低通滤波器进行滤波，最后输出标准正弦波，具体正弦波形如图 2.17 所示。

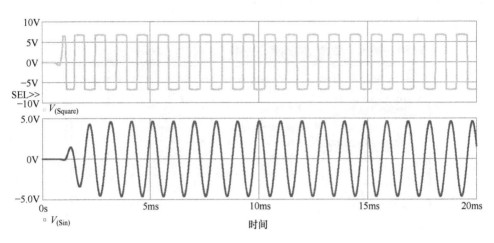

图 2.17　输出正弦波电压波形

FOURIER COMPONENTS OF TRANSIENT RESPONSE V(SIN)

DC COMPONENT = 4.009470E − 02

HARMONIC NO	FREQUENCY (Hz)	FOURIER COMPONENT	NORMALIZED COMPONENT	PHASE (DEG)	NORMALIZED PHASE (DEG)
1	1.000E + 03	4.550E + 00	1.000E + 00	1.549E + 02	0.000E + 00
2	2.000E + 03	1.258E − 01	2.766E − 02	− 1.338E + 01	− 3.232E + 02
3	3.000E + 03	1.043E − 01	2.292E − 02	− 1.717E + 01	− 4.819E + 02
4	4.000E + 03	4.508E − 02	9.907E − 03	− 4.600E + 00	− 6.242E + 02
5	5.000E + 03	3.479E − 02	7.645E − 03	− 7.452E + 00	− 7.820E + 02
6	6.000E + 03	2.971E − 02	6.529E − 03	− 1.215E + 00	− 9.306E + 02
7	7.000E + 03	2.486E − 02	5.464E − 03	− 4.749E − 01	− 1.085E + 03
8	8.000E + 03	2.221E − 02	4.881E − 03	1.856E − 01	− 1.239E + 03
9	9.000E + 03	1.962E − 02	4.312E − 03	1.031E + 00	− 1.393E + 03

TOTAL HARMONIC DISTORTION = 3.951806E + 00 PERCENT

　　傅里叶仿真分析数据如上所示，频率为 1kHz，幅值为 4.55V，总谐波失真约 4.0%，直流分量为 40mV。

　　R_v = 10kΩ 和 20kΩ 时对应频率分别为 2.15kHz 和 1.1kHz，频率与电阻值近

似呈线性对应关系，仿真波形与数据如图 2.18 和图 2.19 所示。

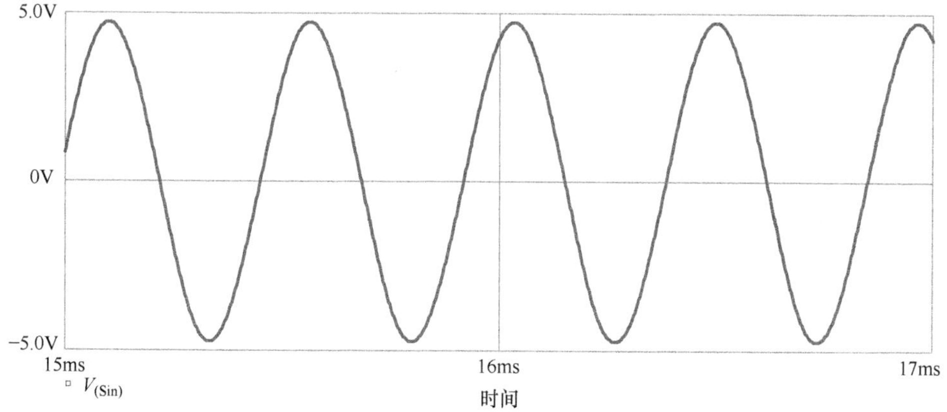

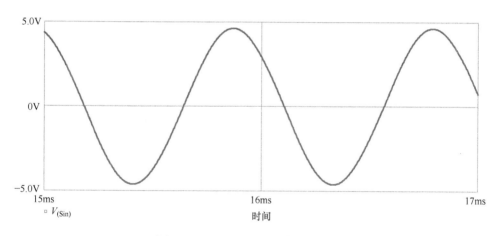

图 2.18　$R_v = 10\text{k}\Omega$ 时频率 2.15kHz

图 2.19　$R_v = 20\text{k}\Omega$ 时频率为 1.1kHz

稳压管 D_1 和 D_2 参数如下，通过改变稳压管稳压参数 B_v 调节输出电压幅值。

. model D1N4735	D(Is = 1.168f Rs = .9756 Ikf = 0 N = 1 Xti = 3 Eg = 1.11 Cjo = 140p M = .3196
+	Vj = .75 Fc = .5 Isr = 2.613n Nr = 2 **Bv** = { **Bv** } Ibv = 4.9984 Nbv = .32088
+	Ibvl = 184.78u Nbvl = .19558 Tbvl = 443.55u)
*	Motorola pid = 1N4735 case = DO – 41
*	Vz = 6.2 @ 41mA, Zz = 9 @ 1mA, Zz = 3.4 @ 5mA, Zz = 1.85 @ 20mA

稳压管稳压值 B_v = 4.1V、6.2V 和 8.2V 时的正弦波幅值分别如图 2.20 ~ 图 2.22 所示，可通过改变稳压管型号粗略调节输出正弦波幅值。该振荡电路能够实现频率和幅值双重调节，设计时根据频率值计算电阻和电容值，并且选定满足频率范围的运算放大器。

```
Probe Cursor
A1 =    16.899m,        3.1655
A2 =    15.002m,        2.9116
dif=    1.8971m,      253.964m
```

图 2.20 B_v = 4.1V 时
输出正弦幅值约为 3.2V

```
Probe Cursor
A1 =    16.873m,        4.6129
A2 =    14.999m,        3.9342
dif=    1.8741m,      678.609m
```

图 2.21 B_v = 6.2V 时
输出正弦幅值约为 4.6V

```
Probe Cursor
A1 =    15.876m,        5.9841
A2 =    15.001m,        4.6845
dif=    875.185u,       1.2996
```

图 2.22 B_v = 8.2V 时
输出正弦幅值约为 6.0V

2.2 三角波/方波振荡电路

2.2.1 三角波/方波振荡电路 1

三角波和方波振荡电路由双运算放大器、阻容和稳压管构成，具体如图 2.23 所示；U_{1A} 及附属电路为同相输入滞回比较器，实现方波输出功能；U_{1B} 及其附属电路为积分运算电路，同相输入滞回比较器的输出为积分运算电路输入，实现方波到三角波的转换；振荡频率计算公式为 $F_{req} \approx \dfrac{R_2}{4R_5R_3C_1}$，$R_3$ 与电阻 R_7 和 R_8 等效串联，而 R_7 和 R_8 参数通过 R_v 进行调节，所以实际频率与计算频率存在一定

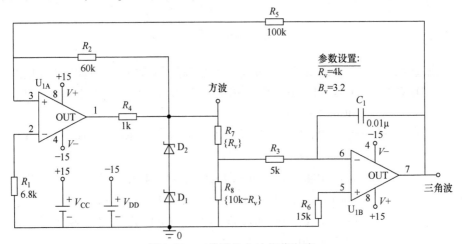

图 2.23 三角波和方波振荡电路

误差，实际设计时使得 F_{req} 略高于实际频率，然后通过调节 R_7 和 R_8 电阻值满足频率要求；输出方波和三角波幅值通过稳压管 D_1 和 D_2 稳压参数 B_v 进行设置。

三角波和方波振荡电路仿真元器件列表见表 2.3。首先对电路进行瞬态仿真分析，仿真设置和仿真波形分别如图 2.24 和图 2.25 所示。

表 2.3 三角波和方波振荡电路仿真元器件列表

编号	名称	型号	参数	库	功能注释
R_1	电阻	R	6.8kΩ	ANALOG	接地电阻
R_2	电阻	R	60kΩ	ANALOG	反馈电阻
R_3	电阻	R	5kΩ	ANALOG	积分电阻
R_4	电阻	R	1kΩ	ANALOG	限流电阻
R_5	电阻	R	100kΩ	ANALOG	反馈电阻
R_6	电阻	R	15kΩ	ANALOG	接地电阻
R_7	电阻	R	$\{R_v\}$	ANALOG	频率调节
R_8	电阻	R	$\{10k\Omega - R_v\}$	ANALOG	频率调节
C_1	电容	C	0.01μF	ANALOG	积分电容
D_1、D_2	稳压管	D1N4735		DIODE	输出限幅
U_{1A}	运算放大器	TL072		TEX_INST	比较
U_{1B}	运算放大器	TL072		TEX_INST	积分
V_{CC}	直流电压源	VDC	15V	SOURCE	正供电电源
V_{DD}	直流电压源	VDC	-15V	SOURCE	负供电电源
PARAM	参数	PARAM	如图 2.23 所示	SPECIAL	参数设置
0	接地	0		SOURCE	绝对零

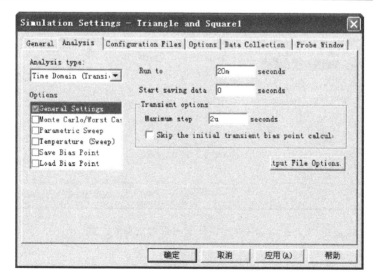

图 2.24 瞬态仿真设置

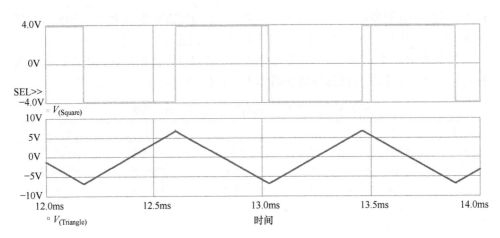

图 2.25 三角波和方波电压波形

三角波上升沿对应方波低电平，三角波下降沿对应方波高电平，两者频率一致，两者具体电压波形与时序如图 2.25 所示。

当 $R_v = 4\text{k}\Omega$ 时波形周期约为 $856\mu\text{s}$、$R_v = 2\text{k}\Omega$ 时波形周期约为 $577\mu\text{s}$，通过调节 R_v（即电阻 R_7 和 R_8 阻值）实现波形频率调节，参数设置、仿真波形和周期数据分别如图 2.26 ~ 图 2.29 所示。

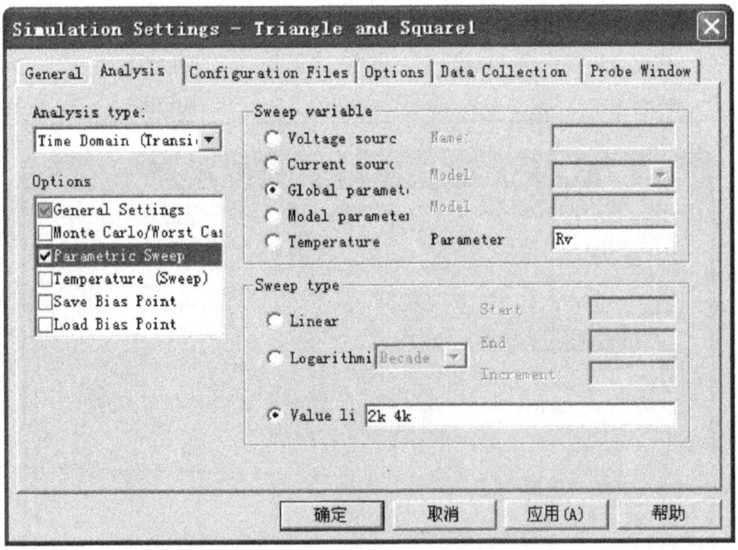

图 2.26 $R_v = 2\text{k}\Omega$ 和 $4\text{k}\Omega$ 时的参数设置

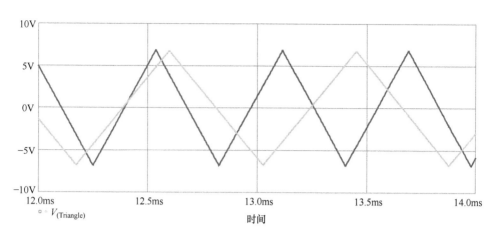

图 2.27 $R_v = 2\text{k}\Omega$ 和 $4\text{k}\Omega$ 时的三角波波形

```
Probe Cursor
A1 =    12.598m,      6.7429
A2 =    13.454m,      6.7150
dif=-856.307u,      27.887m
```

```
Probe Cursor
A1 =    12.539m,      6.8131
A2 =    13.116m,      6.7700
dif=-577.209u,      43.029m
```

图 2.28 $R_v = 4\text{k}\Omega$ 时

波形周期约为 $856\mu s$

图 2.29 $R_v = 2\text{k}\Omega$ 时

波形周期约为 $577\mu s$

稳压管 D_1 和 D_2 模型如下，通过改变稳压管稳压参数 B_v 调节输出电压幅值。

. model D1N4735	D（Is = 1.168f Rs = .9756 Ikf = 0 N = 1 Xti = 3 Eg = 1.11 Cjo = 140p M = .3196
+	Vj = .75 Fc = .5 Isr = 2.613n Nr = 2 **Bv** = { **Bv** } Ibv = 4.9984 Nbv = .32088
+	Ibvl = 184.78u Nbvl = .19558 Tbv1 = 443.55u）
*	Motorola pid = 1N4735 case = DO − 41
*	Vz = 6.2 @ 41mA, Zz = 9 @ 1mA, Zz = 3.4 @ 5mA, Zz = 1.85 @ 20mA

$B_v = 3.2\text{V}$ 和 4.2V 时的三角波峰峰值分别为 13.52V 和 16.78V，仿真设置、仿真波形和具体数据分别对应图 2.30、图 2.31、图 2.32 和图 2.33，通过改变稳压管型号粗略调节输出正弦波幅值；另外通过调整 R_2 和 R_5 电阻值也能改变输出电压，但是频率也会随之改变。该振荡电路能够实现频率和幅值双重调节，设计时根据频率值计算电阻和电容值，并且选定满足频率范围的运算放大器。

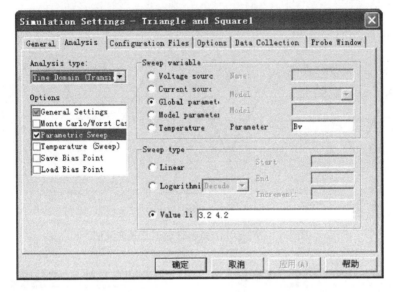

图 2.30 $B_v = 3.2V$ 和 4.2V 时的参数设置

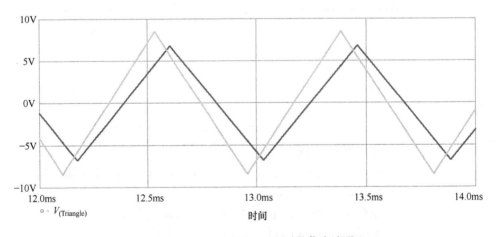

图 2.31 $B_v = 3.2V$ 和 4.2V 时的仿真波形

Probe Cursor	
A1 = 12.532m,	8.4209
A2 = 12.961m,	-8.3584
dif=-428.727u,	16.779

Probe Cursor	
A1 = 12.607m,	6.7181
A2 = 13.032m,	-6.7977
dif=-425.514u,	13.516

图 2.32 $B_v = 4.2V$ 时
的波形峰峰值约为 16.78V

图 2.33 $B_v = 3.2V$ 时
的波形峰峰值约为 13.52V

2.2.2 三角波/方波振荡电路 2

另外一种三角波和方波振荡电路由双运算放大器、电阻和电容、二极管和稳压管构成，具体如图 2.34 所示，U_{1B} 及附属电路为同相输入滞回比较器，实现方波输出功能；U_{1A} 及其附属电路为积分运算电路，同相输入滞回比较器的输出为积分运算电路输入，实现方波到三角波转换；振荡频率计算公式为 $F_{req} = \dfrac{R_2/R_1}{4RC}$；输出方波和三角波幅值通过稳压管 D_1 和 D_2 稳压参数 B_v 进行设置。

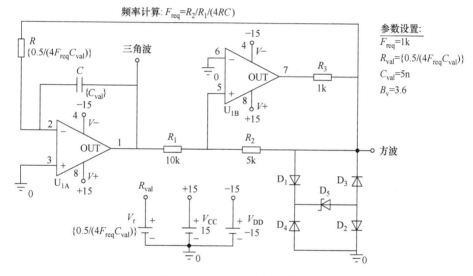

图 2.34　三角波和方波振荡电路

三角波和方波振荡电路仿真元器件列表见表 2.4。首先对电路进行瞬态仿真分析，仿真设置和仿真波形分别如图 2.35 和图 2.36 所示，三角波上升沿对应方波低电平，三角波下降沿对应方波高电平，两者频率一致。

表 2.4　三角波和方波振荡电路仿真元器件列表

编号	名称	型号	参数	库	功能注释
R_1	电阻	R	$10k\Omega$	ANALOG	比较电压、频率
R_2	电阻	R	$5k\Omega$	ANALOG	比较电压、频率
R_3	电阻	R	$1k\Omega$	ANALOG	限流电阻
R	电阻	R	$\{0.5/(4F_{req}C_{val})\}$	ANALOG	积分电阻
C	电容	C	$5nF$	ANALOG	积分电容
$D_1 \sim D_4$	稳压管	D1N4148		DIODE	输出限幅

(续)

编号	名称	型号	参数	库	功能注释
D_5	稳压管	D1N4729		DIODE	输出限幅
U_{1A}	运算放大器	TL072		TEX_INST	积分
U_{1B}	运算放大器	TL072		TEX_INST	比较
V_{CC}	直流电压源	VDC	15V	SOURCE	正供电电源
V_{DD}	直流电压源	VDC	−15V	SOURCE	负供电电源
V_r	直流电压源	VDC	$\{0.5/(4F_{req}C_{val})\}$	SOURCE	电阻R参数计算
PARAM	参数	PARAM	如图2.34所示	SPECIAL	参数设置
0	接地	0		SOURCE	绝对零

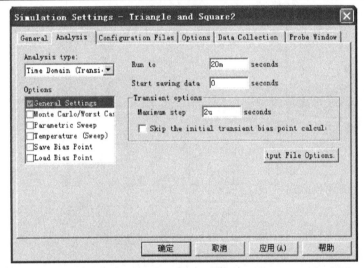

图2.35 瞬态仿真设置

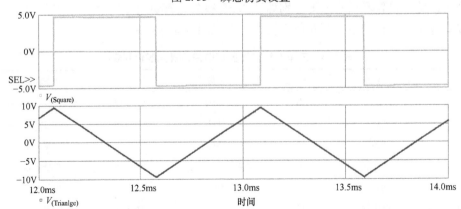

图2.36 三角波和方波电压

$F_{req}=2\text{kHz}$ 时波形周期约为 $513.4\mu\text{s}$、$F_{req}=1\text{kHz}$ 时波形周期约为 1.015ms，参数仿真设置、仿真波形和周期数据分别如图 2.37、图 2.38 和图 2.39、图 2.40 所示，可得设置频率与仿真数据基本一致。

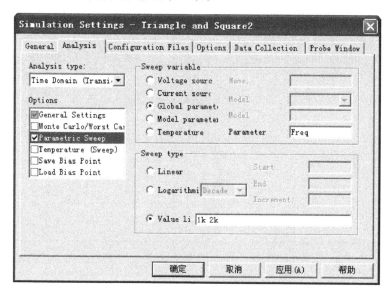

图 2.37　$F_{req}=1\text{kHz}$ 和 2kHz 时的参数设置

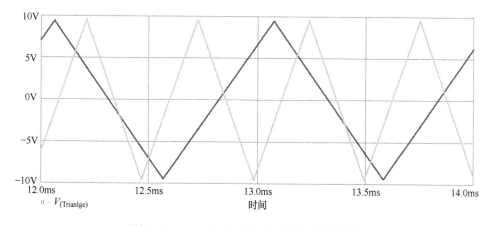

图 2.38　$F_{req}=1\text{kHz}$ 和 2kHz 时的三角波波形

当频率 $F_{req}=1\text{kHz}$ 时电阻 R 参数值约为 $25\text{k}\Omega$，当频率 $F_{req}=2\text{kHz}$ 时电阻 R 参数值约为 $12.5\text{k}\Omega$，具体如图 2.41 所示。当电容 C 参数值固定时，电阻 R 参数值与频率 F_{req} 成反比。通过采用直流电压源 V_{DC} 对设置参数进行直接计算和测试，对于仿真电路非常实用。

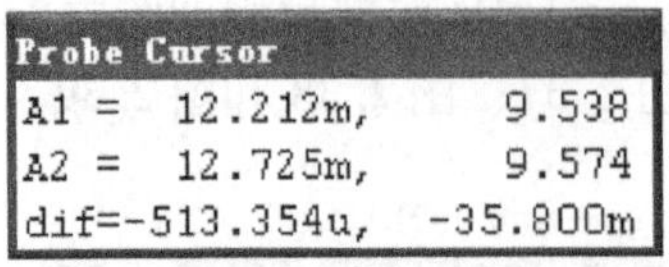

Probe Cursor
A1 = 12.212m, 9.538
A2 = 12.725m, 9.574
dif=-513.354u, -35.800m

图 2.39　$F_{req}=2kHz$ 时波形周期约为 513.4μs

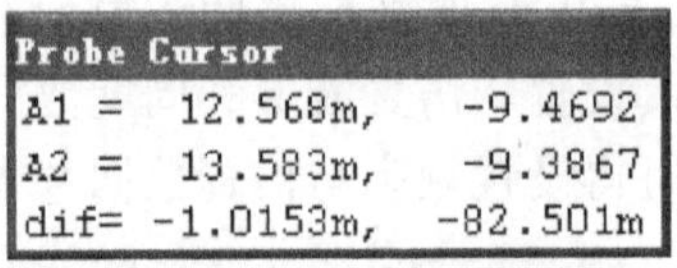

Probe Cursor
A1 = 12.568m, -9.4692
A2 = 13.583m, -9.3867
dif= -1.0153m, -82.501m

图 2.40　$F_{req}=1kHz$ 时波形周期约为 1.015ms

30kV
25kV
20kV
15kV
10kV
12.0ms
12.5ms
13.0ms
13.5ms
14.0ms
V(Rval)
时间

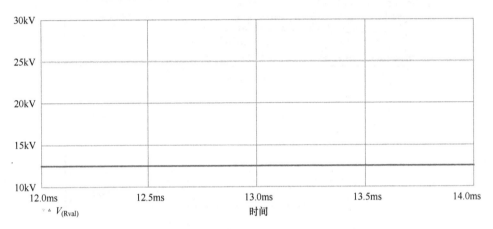

图 2.41　$F_{req}=1kHz$ 和 2kHz 时的电阻 R 参数值

稳压管 VD_5 模型如下，通过改变稳压管稳压参数 B_v 调节输出电压幅值。

```
.model D1N4729  D(Is = 2.306f Rs = 2.741 Ikf = 0 N = 1 Xti = 3 Eg = 1.11 Cjo =
                300p M = .4641
+               Vj = .75 Fc = .5 Isr = 2.405n Nr = 2 Bv = {Bv} Ibv = 1.1936
                Nbv = 2.2747
+               Ibvl = 19.94m Nbvl = 12.64 Tbv1 = -555.56u)
*               Vz = 3.6 @ 69mA, Zz = 330 @ 1mA, Zz = 52 @ 5mA, Zz =
                7.3 @ 20mA
```

B_v 值与两个二极管的正向导通值之和为方波峰值，即 $B_v+2\times0.6V$。图 2.42 和图 2.43 为 $B_v=2.4V$ 和 3.6V 时的参数设置和方波波形，对应峰值分别为 3.51V 和 4.68V（见图 2.44 和图 2.45），与计算值 3.6V 和 4.8V 基本一致，通过改变稳压管型号能够粗略调节输出正弦波的幅值。另外通过调整 R_2 和 R_1 电阻值也能改变输出电压，但是频率也会随之改变。该振荡电路能够实现频率和幅度双重调节，设计时根据频率值计算电阻和电容值，并且选定满足频率范围的运算放大器。

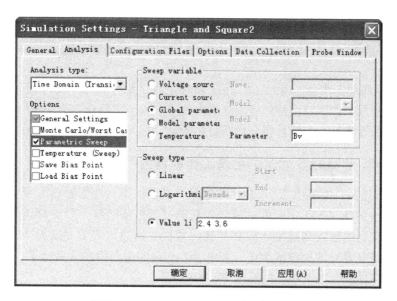

图 2.42　$B_v = 2.4\text{V}$ 和 3.6V 时的参数设置

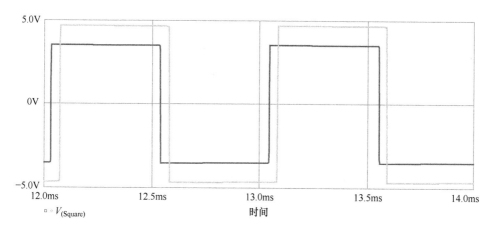

图 2.43　$B_v = 2.4\text{V}$ 和 3.6V 时的方波波形

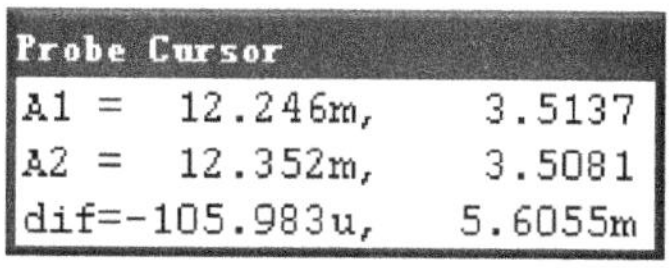

Probe Cursor		
A1 =	12.246m,	3.5137
A2 =	12.352m,	3.5081
dif=-105.983u,		5.6055m

Probe Cursor		
A1 =	12.267m,	4.6759
A2 =	12.286m,	4.6744
dif= -18.803u,		1.5368m

图 2.44　$B_v = 2.4\text{V}$ 时
方波峰值约为 3.51V

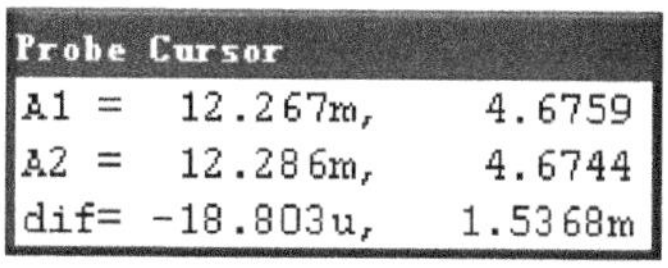

图 2.45　$B_v = 3.6\text{V}$ 时
方波峰值约为 4.68V

2.3 555 振荡电路

555 为通用振荡器芯片，主要用于精确定时、脉冲发生、时序定时、延时、脉宽调制、脉冲调制及线性斜坡发生器电路等。本节主要对 555 构成的振荡电路进行工作原理讲解、参数计算与仿真分析验证。

2.3.1 555 非稳态多谐振荡电路工作原理分析

555 方波振荡电路由 555C 芯片和电阻、电容构成，具体如图 2.46 所示，此电路为典型的使用 555 定时器构成的非稳态多谐振荡电路。图 2.46 所示电路中的阈值比较器的输入和触发比较器的输入短接，通过电容 C 的电压与阈值电压比较控制对电容 C 的充电或放电，当电容 C 充电时电路输出为高电平，当电容 C 放电时电路输出为低电平，循环往复。

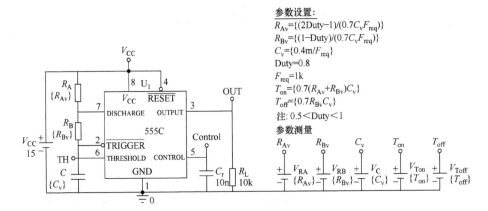

图 2.46 555 振荡电路

输出脉冲高电平时间为 $T_{on} = 0.7(R_A + R_B)C$

输出脉冲低电平时间为 $T_{off} = 0.7R_B C$

振荡周期为 $T = T_{on} + T_{off} = 0.7(R_A + 2R_B)C$

振荡频率为 $F_{req} = \dfrac{1}{T} = \dfrac{1}{0.7(R_A + 2R_B)C}$

占空比为 $Duty = \dfrac{T_{on}}{T} = \dfrac{R_A + R_B}{R_A + 2R_B}$，所以 $0.5 < Duty < 1$

通常根据振荡频率 F_{req} 选择电阻 C 的容值，本设计采用 $C = 0.4\text{m}/F_{req}$。

2.3.2 频率和占空比设置

555 振荡电路仿真元器件见表 2.5，通过参数直接设置振荡波形的频率和占空比。

表2.5　555 振荡电路仿真元器件列表

编号	名称	型号	参数	库	功能注释
R_A	电阻	R	$\{R_{Av}\}$	ANALOG	占空比、频率
R_B	电阻	R	$\{R_{Bv}\}$	ANALOG	占空比、频率
R_L	电阻	R	10kΩ	ANALOG	等效负载
C	电容	C	$\{C_v\}$	ANALOG	频率
C_r	电容	C	10nF	ANALOG	滤波
U_1	555	OPA27	555C	ANL_MICS	振荡器
V_{CC}	直流电压源	VDC	15V	SOURCE	供电电源
V_{RA}	直流电压源	VDC	$\{R_{Av}\}$	SOURCE	电阻 R_A 参数提取
V_{RB}	直流电压源	VDC	$\{R_{Bv}\}$	SOURCE	电阻 R_B 参数提取
V_C	直流电压源	VDC	$\{C_v\}$	SOURCE	电容 C 参数提取
V_{Ton}	直流电压源	VDC	$\{T_{on}\}$	SOURCE	脉冲高电平时间
V_{Toff}	直流电压源	VDC	$\{T_{off}\}$	SOURCE	脉冲低电平时间
PARAM	参数	PARAM	如图2.46所示	SPECIAL	参数设置
0	接地	0		SOURCE	绝对零

第1步：偏置点仿真分析，根据设置参数计算电阻和电容值。仿真设置和数据如图2.47所示。

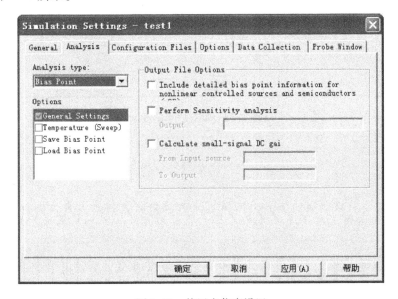

图2.47　偏置点仿真设置

NODE	VOLTAGE	NODE	VOLTAGE	NODE	VOLTAGE
(CV)	400. 0E – 09	(RAV)	2142. 9000	(RBV)	714. 2900

NODE	VOLTAGE	NODE	VOLTAGE
(TON)	800. 0E – 06	(TOFF)	200. 0E – 06

通过仿真数据可得电容值 $C_v = 400\text{nF}$，电阻 $R_{Av} = 2142.9\Omega$，电阻 $R_{Bv} = 714.29\Omega$，$T_{on} = 800\mu s$，$T_{off} = 200\mu s$。

第 2 步：瞬态仿真分析，验证电路功能。

图 2.48 为瞬态仿真设置，图 2.49 为仿真波形，从上到下分别为频率 1kHz、

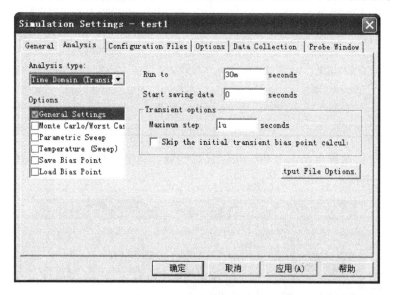

图 2.48　瞬态仿真设置

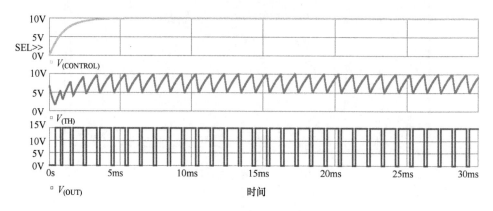

图 2.49　仿真波形

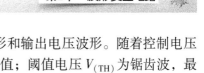

占空比为 0.8 时的控制电压波形、阈值电压波形和输出电压波形。随着控制电压 $V_{(\text{CONTROL})}$ 升高输出逐渐增加，最后稳定到设定值；阈值电压 $V_{(\text{TH})}$ 为锯齿波，最小值为 $\frac{1}{3}V_{\text{CC}}$，最大值为 $\frac{2}{3}V_{\text{CC}}$，当阈值电压达到最大值时输出脉冲变为低电平，当阈值电压达到最小值时输出脉冲变为高电平。

第 3 步：V_{CC} 参数仿真分析

555 振荡电路的频率和占空比与供电电源 V_{CC} 无关，对电路进行瞬态和参数仿真分析，瞬态仿真设置同上，参数仿真设置如图 2.50 所示，当供电电源 V_{CC} 分别为 5V、10V 和 15V 时测试输出脉冲频率和占空比变化。

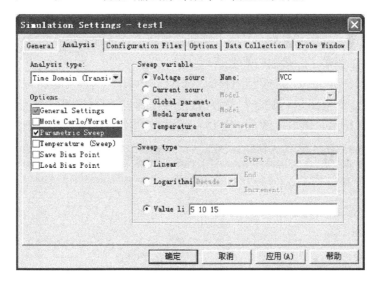

图 2.50　V_{CC} 参数仿真设置

图 2.51 和图 2.52 分别为瞬态、参数仿真分析波形和仿真数据，输出脉冲电

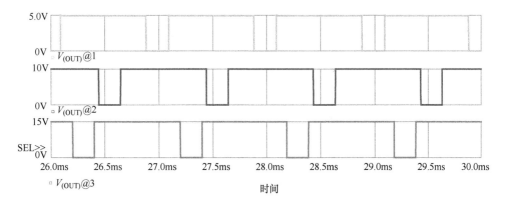

图 2.51　输出电压波形

Evaluate	Measurement	1	2	3
☑	DutyCycle_XRange(V(OUT), 25m, 30m)	792.00693m	795.98262m	797.58481m
☑	1/Period_XRange(V(OUT), 25m, 30m)	999.97711	1.00500k	1.00703k

图 2.52　仿真数据

压高电平随电源电压 V_{CC} 变化而变化；利用占空比测量函数 DutyCycle_XRange (V(OUT)，25m，30m) 和频率测量函数 1/Period_XRange(V (OUT)，25m，30m) 对仿真波形数据进行测量，具体数据如图 2.52 所示，本设计占空比设置值为 0.8，仿真计算值分别约为 0.792、0.796、0.798，误差小于 1% ；频率分别约为 999.98Hz、1005Hz、1007Hz，误差小于 1% 。

通过以上计算和仿真分析可得，当电阻 R_A、R_B 和电容 C 的参数值确定之后，供电电源 V_{CC} 电压值改变时输出脉冲频率和占空比基本保持不变。

第 4 步：频率 F_{req} 参数仿真分析

当改变频率参数 F_{req} 分别为 1kHz、2kHz 和 3kHz，其他值保持恒定时测试电路工作特性，对电路进行瞬态和参数仿真分析，瞬态仿真设置同上，参数仿真设置如图 2.53 所示，供电电源 V_{CC} 为 15V，测试输出脉冲频率和占空比变化。

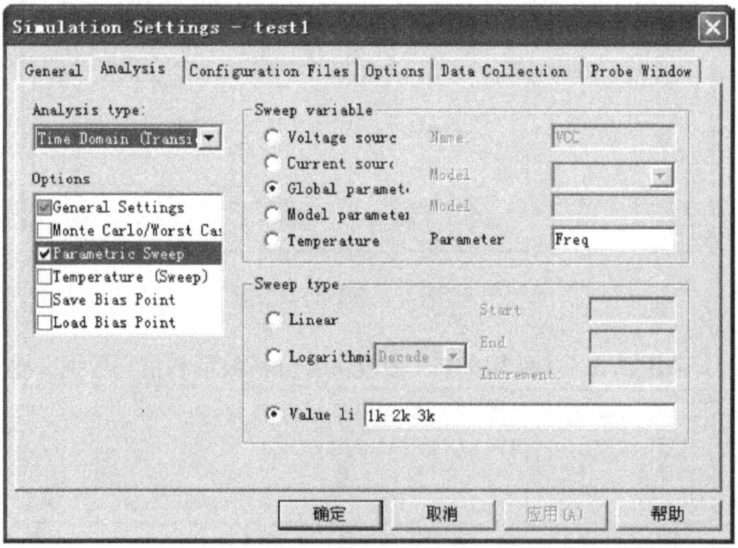

图 2.53　F_{req} 参数仿真设置

图 2.54 和图 2.55 分别为瞬态、参数仿真分析波形和仿真数据，输出脉冲高电平为 V_{CC} 保持恒定；利用占空比测量函数 DutyCycle_XRange (V (OUT)，25m，30m)、频率测量函数 1/Period_XRange (V (OUT)，25m，30m)、电容 C 参数测量函数 Max (V (Cv))、电阻 R_A 参数测量函数 Max (V (RAv)) 和电阻 R_B 参数测量

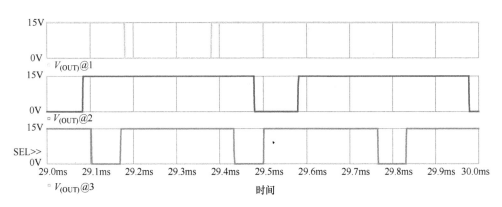

图 2.54　输出电压波形

Evaluate	Measurement	1	2	3
☑	DutyCycle_XRange(V(OUT), 25m, 30m)	797.58481m	797.19184m	797.58772m
☑	1/Period_XRange(V(OUT), 25m, 30m)	1.00703k	2.00799k	3.02108k
☑	Max(V(RAv))	2.14286k	2.14286k	2.14286k
☑	Max(V(RBv))	714.28571	714.28571	714.28571
☑	Max(V(Cv))	400.00000n	200.00000n	133.33333n

图 2.55　仿真数据

函数 Max(V(RBv)) 对仿真波形数据进行测量，具体数据如图 2.55 所示，本设计占空比设置值为 0.8，仿真计算值分别约为 0.798、0.797、0.798，误差小于 0.3%；频率分别约为 1007Hz、2008Hz、3021Hz，误差小于 1%。电阻 R_A 参数 R_{Av} 约为 2143Ω、R_B 参数 R_{Bv} 约为 714.3Ω 并且保持不变；电容 C 的参数 C_v 分别约为 400nF、200nF 和 133.3nF。

通过以上计算和仿真分析可得，当电阻 R_A 和 R_B 阻值固定、电容 C 的参数值变化时输出脉冲频率改变，但是占空比基本保持恒定。

第 5 步：占空比 Duty 参数仿真分析。

当改变占空比参数 Duty 分别为 0.6、0.7 和 0.8，其他值保持恒定时测试电路工作特性，对电路进行瞬态和参数仿真分析，瞬态仿真设置同上，参数仿真设置如图 2.56 所示，供电电源 V_{CC} 为 15V，测试输出脉冲占空比和频率变化。

图 2.57 和图 2.58 分别为瞬态、参数仿真分析波形和数据，输出脉冲高电平为 V_{CC} 保持恒定；利用占空比测量函数 DutyCycle_XRange（V（OUT），25m，30m）、频率测量函数 1/Period_XRange（V（OUT），25m，30m）、电容 C 参数测量函数 Max（V（Cv））、电阻 R_A 参数测量函数 Max（V（RAv））和电阻 R_B 参数测量函数 Max（V（RBv））对仿真波形数据进行测量，具体数据如图 2.58 所示，本设计中占空比分别设置值为 0.6、0.7 和 0.8，仿真计算值分别约为 0.594、0.696、0.798，误差小于 1%；频率设置为 1kHz，仿真计算值分别约为 1000Hz、

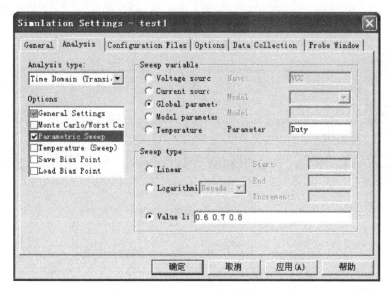

图 2.56　Duty 参数仿真设置

1005Hz、1007Hz，误差小于1%；电容 C 参数 C_v 恒为 400nF；电阻 R_A 参数 R_{Av} 分别约为 714.3Ω、1429Ω 和 2143Ω；电阻 R_B 参数 R_{Bv} 分别约为 1429Ω、1071Ω 和 714.3Ω。

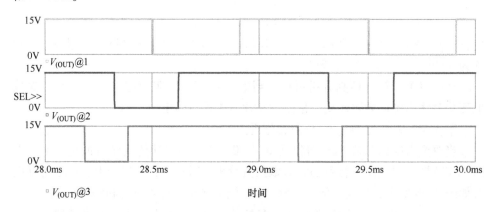

图 2.57　输出电压波形

Evaluate	Measurement	1	2	3
☑	DutyCycle_XRange(V(OUT), 25m, 30m)	594.00153m	696.48395m	797.58481m
☑	1/Period_XRange(V(OUT), 25m, 30m)	999.97711	1.00500k	1.00703k
☑	Max(V(RAv))	714.28571	1.42857k	2.14286k
☑	Max(V(RBv))	1.42857k	1.07143k	714.28571
☑	Max(V(Cv))	400.00000n	400.00000n	400.00000n

图 2.58　仿真数据

通过以上计算和仿真分析可得，当电容 C 的参数值固定、改变电阻 R_A 和 R_B 参数值时，输出脉冲频率恒定，但占空改变。

读者可以自行对 555 控制功能 Control 进行仿真测试，另外进行输出脉冲高电平时间 T_{on} 保持恒定、T_{off} 变化时的电路计算与仿真分析。

2.3.3 频率和 T_{on} 设置

当高电平时间 T_{on}、频率 F_{req} 和电容参数值 C_v 设定后，根据公式计算电阻 R_A 和 R_B 的参数值。根据输出脉冲高电平时间 $T_{on} = 0.7(R_A + R_B)C$ 计算公式可得，当 T_{on} 和 C 的参数值设置完成后 $R_A + R_B$ 为定值；因为 $T_{off} = 0.7R_BC$，$T = T_{on} + T_{off} = 0.7(R_A + 2R_B)C$，所以可以通过调节 R_B 参数值改变周期，从而改变频率 F_{req}。555 振荡电路如图 2.59 所示。

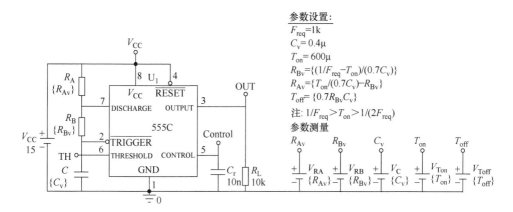

图 2.59　555 振荡电路

第 1 步：瞬态仿真（见图 2.60）分析，验证电路功能。

频率为 1kHz 时脉冲宽度即高电平时间为 $594\mu s$，与设置值 $600\mu s$ 误差约为 1%，输出电压波形与测试数据分别如图 2.61 和图 2.62 所示。

第 2 步：T_{on} 固定、F_{req} 变化。

图 2.63、图 2.64 和图 2.65 分别为 F_{req} 参数仿真分析设置、仿真波形和数据，利用脉冲宽度函数 Pulsewidth_XRange(V(OUT),20m,30m) 测量高电平时间 T_{on}，利用频率测量函数 1/Period_XRange(V(OUT),25m,30m) 计算频率 F_{req}。T_{on} 测量值均约为 $594\mu s$，与设置值 $600\mu s$ 误差为 1%；频率 F_{req} 测量值分别为 1kHz、1.205kHz 和 1.408kHz，误差约为 0.5%。因为 T_{on} 和 C 固定，所以电阻 R_A 和 R_B 之和为定值，测量函数 Max(V(RAv) + V(RBv)) 为两电阻之和，当频率 F_{req} 改变时电阻值之和均为 $2.14286k\Omega$，保持恒定；但是电阻 R_B 的测量值

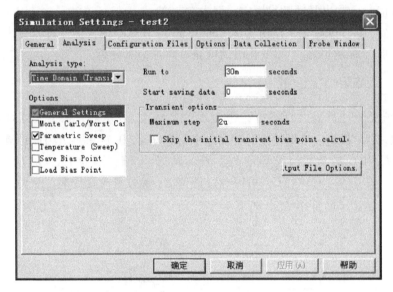

图 2.60　瞬态仿真设置

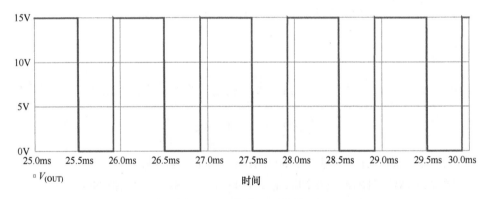

图 2.61　输出电压波形

Evaluate	Measurement	Value
☑	Pulsewidth_XRange(V(OUT), 20m, 30m)	594.01530u
☑	1/(Period_XRange(V(OUT), 20m, 30m))	999.97711

图 2.62　仿真数据

$\text{Max}(\text{V}(\text{RBv}))$ 分别为 $1.429\text{k}\Omega$、833.3Ω 和 408.2Ω。

　　通过以上计算和仿真分析可得，当电阻 $R_A + R_B$ 之和与电容 C 的参数值确定

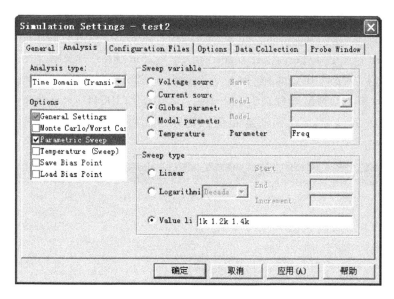

图 2.63 F_{req} 参数仿真设置

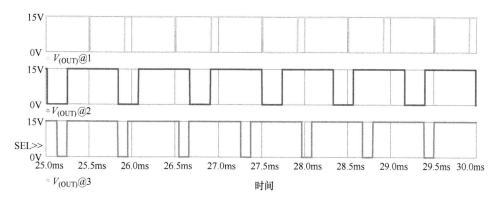

图 2.64 输出电压波形

Evaluate	Measurement	1	2	3
☑	Pulsewidth_XRange(V(OUT), 20m, 30m)	594.01527u	594.01527u	594.01530u
☑	1/(Period_XRange(V(OUT), 20m, 30m))	999.97711	1.20479k	1.40842k
☑	Max(V(RAv)+V(RBv))	2.14286k	2.14286k	2.14286k
☑	Max(V(RBv))	1.42857k	833.33331	408.16327

图 2.65 仿真数据

之后，高电平时间 T_{on} 保持恒定，改变电阻 R_B 参数调节频率 F_{req}。实际设计时选择电位器作为电阻 $R_A + R_B$，中心抽头连接 555 的 7 脚以实现电阻 R_B 调节。

第 3 步：T_{on} 变化、F_{req} 固定。

图 2.66、图 2.67 和图 2.68 分别为 T_{on} 参数仿真设置、仿真波形和数据，利用脉冲宽度函数 Pulsewidth_XRange(V(OUT,20m,30m) 测量高电平时间 T_{on}，利用频率测量函数 1/Period_XRange(V(OUT) ,25m,30m) 计算频率 F_{req}。T_{on} 测量值分别为 594μs、692μs 和 794μs，与设置值 600μs、700μs 和 800μs 误差约为 1%；频率 F_{req} 测量值分别为 1000Hz、1006Hz 和 1004Hz，与设置值 1000Hz 误差约为 0.5%。当 F_{req} 和电容 C 值固定时，需要 R_A 和 R_B 同时改变才能调节 T_{on}。

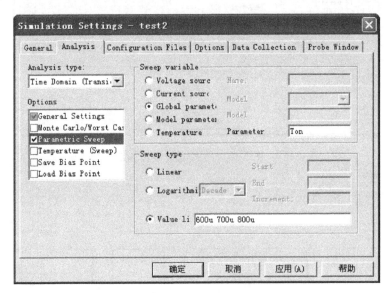

图 2.66　T_{on} 参数仿真设置

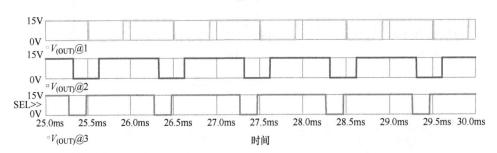

图 2.67　输出电压波形

Evaluate	Measurement	1	2	3
✓	Pulsewidth_XRange(V(OUT), 20m, 30m)	594.01530u	692.01754u	794.01988u
✓	1/(Period_XRange(V(OUT), 20m, 30m))	999.97711	1.006601k	1.00399k
✓	Max(V(RAv)+V(RBv))	2.14286k	2.50000k	2.85714k
✓	Max(V(RBv))	1.42857k	1.07143k	714.28571

图 2.68　仿真数据

2.4　单片波形发生器 ICL8038

2.4.1　ICL8038 工作原理

ICL8038 为单片集成电路构成的波形发生器，使用极少的外部元件就能产生高精度的正弦波、方波、三角波、锯齿波和脉冲波。输出波形频率由外部电阻和电容设置，范围从 0.001Hz ~300kHz，并且通过外部电压实现频率调制功能。ICL8038 采用先进整体技术制造，并且使用大量肖特基势垒二极管、薄膜电阻等精密元件，当环境温度和供电电源变化较大时能够保持输出波形稳定。利用 ICL8038 与锁相环路相配合，可将频率温度漂移减小至 $250 \times 10^{-6}/℃$ 以下。

1. ICL8038 输出特性

1）低温度—频率漂移：　　　　$250 \times 10^{-6}/℃$；

2）低失真度：　　　　　　　1%（正弦波输出）；

3）高线性度：　　　　　　　0.1%（三角波输出）；

4）宽频率输出范围：　　　　0.001Hz ~300kHz；

5）可调占空比：　　　　　　2% ~98%；

6）宽电平输出：　　　　　　从 TTL 至 28V；

7）同时输出正弦波、三角波和方波；

8）使用便捷、外围元件少。

2. ICL8038 极限值范围

1）供电电压（$V-$ 至 $V+$）：　　36V；

2）输入电压（任何引脚）：　　$V- \sim V+$；

3）输入电流（4 和 5）：　　　25mA；

4）输出电流（3 和 9）：　　　25mA；

5）工作稳定范围：　　　　　0 ~70℃。

3. ICL8038 引脚（见图 2.69）**定义**

1：正弦波波峰平滑及峰值调整，由引脚电位控制，主要用于正弦波失真调节。

2：正弦波输出。

3：三角波输出。

4：充电电流控制，电流越大充电时间越短、方波低电平时间越短、三角波上升时间越短。

5：放电电流控制，电流越大放电时间越短、方波高电平时间越短、三角波

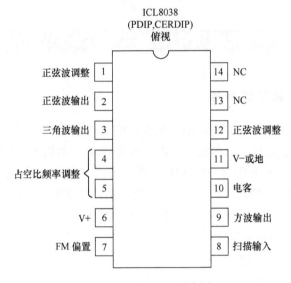

图 2.69　ICL8038 引脚图

上升时间越短。

　　6：供电正电源。

　　7：内部固定电位。

　　8：频率调节，由引脚电位控制。

　　9：方波输出。

　　10：外接电容，控制输出波形频率，其他条件相同时电容越大频率越低、电容越小频率越高。

　　11：接地或者负电源。

　　12：正弦波波谷平滑及谷值调整，由引脚电位控制，主要用于正弦波失真调节。

　　13：空引脚。

　　14：空引脚。

2.4.2　ICL8038 工作原理分析

　　ICL8038 内部电路原理图与功能原理具体如图 2.70 和图 2.71 所示。两个恒流源 I_1 和 I_2 分别对外接电容 C 进行充电和放电，恒流源 I_2 的工作状态由触发器控制，同时恒流源 I_1 始终打开。当触发器关闭恒流源 I_2 时电容 C 由恒流源 I_1 充电，其两端电压随时间线性上升。当电容电压达到比较器 A 的输入电平（2/3 电源电压）时触发器翻转改变状态，使恒流源 I_2 与外部电容 C 连通。恒流源 I_2 通常为 $2I_1$，使得电容 C 以净电流 I_1 放电，电容两端电压随时间线性下降。当电容电压值下降到比较器 B 的输入电压（1/3 电源电压）时触发器又翻转回到原来状态，并且重新开始下一循环。

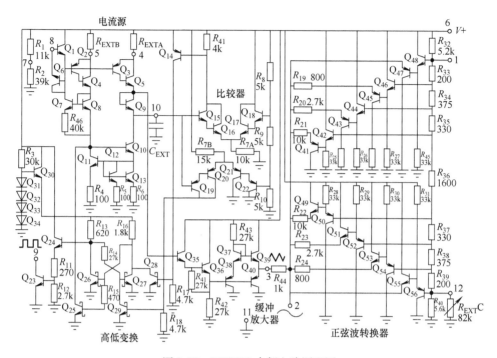

图 2.70 ICL8038 内部电路原理图

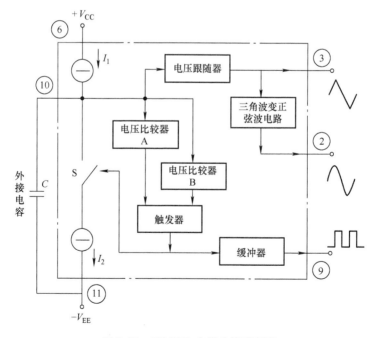

图 2.71 ICL8038 内部功能原理图

通过对两个恒流源进行设定，可得如下几种信号波形：

1）当电流源 I_1 和 I_2 分别为 I 和 $2I$ 时，电容器 C 充、放电过程的时间相等，电容两端电压为三角波；通过触发器状态翻转产生方波。以上两种波形信号经缓冲器功率放大，然后从引脚 3 和引脚 9 输出。

2）恒流源 I_1 和 I_2 的电流大小通过两个外部电阻在较宽范围内设定。因此两个恒流源的设定值均能在 $I \sim 2I$ 范围内设定，如此就能在引脚 3 得到锯齿波，同时在引脚 9 得到占空比从小于 1% 至大于 99% 的脉冲波。

3）正弦波由三角波经过非线性网络变换得到，该网络在三角波传输路径中提供递减阻抗梯度。

所有波形对称性均由外部定时电阻 R_A 和 R_B 调整。R_A 控制三角波、正弦波的上升时间和方波"1"状态。

三角波幅值被设置为 1/3 电源电压，因此三角波上升时间为

$$t_1 = \frac{CV}{I} = \frac{C(1/3 V_{\text{SUPPLY}}) R_A}{0.22 V_{\text{SUPPLY}}} = \frac{R_A C}{0.66}$$

三角波、正弦波下降时间和方波"0"状态保持时间为

$$t_2 = \frac{CV}{I} = \frac{C(1/3 V_{\text{SUPPLY}})}{2 \times 0.22 \dfrac{V_{\text{SUPPLY}}}{R_B} - 0.22 \dfrac{V_{\text{SUPPLY}}}{R_A}} = \frac{R_A R_B C}{0.66(2R_A - R_B)}$$

当电阻 $R_A = R_B$ 时占空比为 50%，通过调节 R_A 和 R_B 阻值可调节占空比值。频率计算公式为

$$f = \frac{1}{t_1 + t_2} = \frac{1}{\dfrac{R_A C}{0.66}\left(1 + \dfrac{R_B}{2R_A - R_B}\right)}$$

当 $R_A = R_B = R$ 时

$$f = \frac{0.33}{RC}$$

通过频率计算公式可得，当 $R_A = R_B = R$ 时频率与电源电压无关，如此就能在恒定频率下稳定工作。通过选择合适的 R 和 C 参数，电路可在 $0.001\text{Hz} \sim 300\text{kHz}$ 之间任何频率下工作。当温度变化时频率的热漂移典型值为 $50 \times 10^{-6}\text{Hz/℃}$。

对于任何特定输出频率均有多种 RC 组合，为了获得最佳性能，充电电流值限制在 $1\mu\text{A} \sim 1\text{mA}$ 范围内。

ICL8038 既可单电源供电（$10 \sim 30\text{V}$），也可双电源供电（$\pm 5 \sim \pm 15\text{V}$）。单电源供电时三角波和正弦波的平均电平为供电电压一半，同时矩形波的电平在 $V+$ 和地之间变化。双电源供电时所有信号波形关于电源地对称。方波输出具有集电极开路特点，需要连接上拉电阻。方波、正弦波和三角波的峰峰值分别为 V_{CC}

（芯片6脚和11脚的电压差值）、$0.33V_{CC}$ 和 $0.22V_{CC}$，三种波形均以 $V_{CC}/2$ 对称。如果使用对称双电源供电，输出波形则以地为中心形成对称波形。

2.4.3 ICL8038 电路仿真分析

1. 三角波和方波电路仿真分析

首先对三角波和方波发生电路进行仿真分析，如图 2.72 所示，$R_A = R_B = 10\mathrm{k}\Omega$，$C = 33\mathrm{nF}$，$f = \dfrac{0.33}{RC} = \dfrac{0.33}{10 \times 10^3 \times 33 \times 10^{-9}} = 1000\mathrm{Hz}$，$U_1$ 和 U_2 为比较器，U_3 为 RS 触发器，采用双电源 ±15V 供电，如此 8 脚对 V_{CC} 连接 6.6V 直流电压源 V_1 即可模拟 7 脚与 8 脚相连接的工作状态。表 2.6 为三角波和方波发生电路元器件列表。

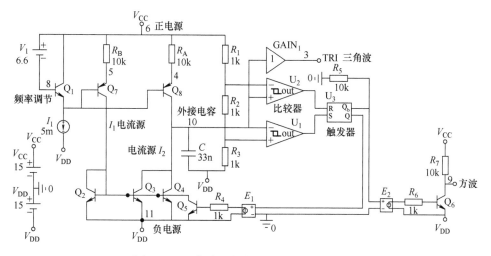

图 2.72 三角波和方波发生电路简化原理图

表 2.6 三角波和方波发生电路元器件列表

编号	名称	型号	参数	库	功能注释
R_1	电阻	R	$1\mathrm{k}\Omega$	ANALOG	分压
R_2	电阻	R	$1\mathrm{k}\Omega$	ANALOG	分压
R_3	电阻	R	$1\mathrm{k}\Omega$	ANALOG	分压
R_4	电阻	R	$1\mathrm{k}\Omega$	ANALOG	驱动限流
R_5	电阻	R	$10\mathrm{k}\Omega$	ANALOG	防止悬空
R_6	电阻	R	$1\mathrm{k}\Omega$	ANALOG	驱动限流
R_7	电阻	R	$10\mathrm{k}\Omega$	ANALOG	上拉
R_A	电阻	R	$10\mathrm{k}\Omega$	ANALOG	充电电流
R_B	电阻	R	$10\mathrm{k}\Omega$	ANALOG	放电电流

（续）

编号	名称	型号	参数	库	功能注释
C	电容	C	33nF	ANALOG	频率设置
Q_1	NPN 型晶体管	Q2N5551	默认值	BIPOLAR	跟随
Q_2	NPN 型晶体管	Q2N5551	默认值	BIPOLAR	镜像电流源
Q_3	NPN 型晶体管	Q2N5551	默认值	BIPOLAR	镜像电流源
Q_4	NPN 型晶体管	Q2N5551	默认值	BIPOLAR	镜像电流源
Q_5	NPN 型晶体管	Q2N5551	默认值	BIPOLAR	开关
Q_6	NPN 型晶体管	Q2N5551	默认值	BIPOLAR	开关
Q_7	PNP 型晶体管	Q2N5401	默认值	BIPOLAR	放电电流源
Q_8	PNP 型晶体管	Q2N5401	默认值	BIPOLAR	充电电流源
E_1	电压控制电压源	E	1	ANALOG	驱动隔离
E_2	电压控制电压源	E	1	ANALOG	驱动隔离
$GAIN_1$	增益	GAIN	1	ABM	缓冲
U_1	滞环比较器	COMPARHYS	默认值	APPLICATION	比较器
U_2	滞环比较器	COMPARHYS	默认值	APPLICATION	比较器
U_3	RS 触发器	FFLOP		APPLICATION	触发器
V_{CC}	直流电压源	VDC	15V	SOURCE	正电源
V_{DD}	直流电压源	VDC	15V	SOURCE	负电源
V_1	直流电压源	VDC	6.6V	SOURCE	模拟电位
I_1	直流电流源	IDC	5mA	SOURCE	偏置电流源
0	绝对地	0		SOURCE	绝对地

三角波和方波输出电压波形周期约为 0.96ms，与计算值 1ms 误差约为 5%，该误差主要由电流源 I_1 和 I_2 以及镜像电流源误差产生，实际电路通过调节电阻 R_A 和 R_B 减小该误差，两者具体波形与时序如图 2.73 所示。

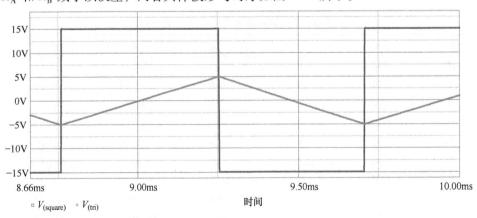

图 2.73   三角波和方波输出电压波形

2. 正弦波电路仿真分析

工作原理：正弦波由关于中心对称的三角波 TRI 生成，峰峰值电压为供电电压峰峰值的 $1/3$，比如供电为 $+15V$ 和 $-15V$，则三角波的最大值为 $5V$，最小值为 $-5V$，$5-(-5)=[15-(-15)]/3=10$。正弦波产生电路如图 2.74 所示，其元器件列表见表 2.7。

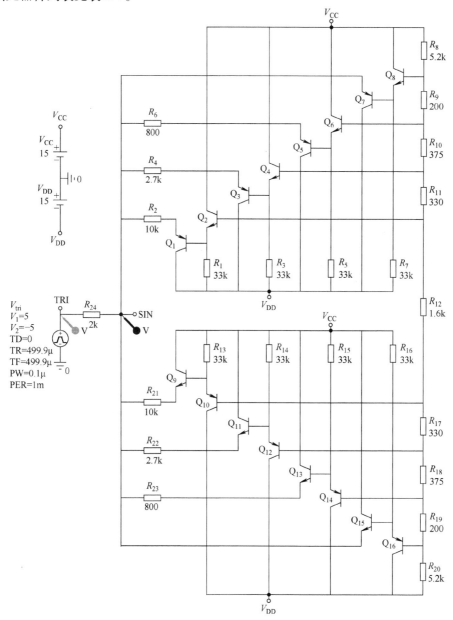

图 2.74　正弦波产生电路

表 2.7　正弦波产生电路元器件列表

编号	名称	型号	参数	库	功能注释
所有电阻	电阻	R	如图 2.74 所示	ANALOG	波形调节
所有 NPN	NPN 型晶体管	Q2N5551		BIPOLAR	波形调节
所有 PNP	PNP 型晶体管	Q2N5401		BIPOLAR	波形调节
V_{tri}	脉冲源	VPULSE	如图 2.74 所示	SOURCE	三角波
V_{CC}	直流电压源	VDC	15V	SOURCE	电压源
V_{DD}	直流电压源	VDC	15V	SOURCE	电压源
0	绝对地	0		SOURCE	绝对地

三角波通过折点波形成电路产生正弦波，在设定的信号电平上利用一组折点，并且通过分段线性近似法对 VTC（电压时间转换）特性进行非线性拟合。该电路专为处理幅值在 $(1/3)V_{CC} \sim (2/3)V_{CC}$ 之间交替变化的三角波设计，电路采用图 2.74 中右侧电阻建立中间值 $(1/2)V_{CC}$ 对称的两组折点电压值，然后由偶数编号的射极跟随器 BJT 对电压值进行缓冲。

电路具体工作原理如下：当 V_{tri} 接近 $(1/2)V_{CC}$ 时，所有奇数序号的 BJT 截止，使得 $V_{sin} = V_{tri}$，于是 VTC 的初始值斜率为 $a_0 = \Delta V_{sin}/\Delta V_{tri} = 1V/V$。当 V_{tri} 上升至第一个折点时共基极晶体管 Q_1 导通，输入电压使得 VTC 斜率由 a_0 变为 $a_1 = 10/(1+10) = 0.909V/V$。$V_{tri}$ 继续上升，到达第二个折点时 Q_3 导通，斜率变为 $a_2 = (10 \parallel 2.7)/[1 + (10 \parallel 2.7)] = 0.680V/V$。对于大于 $(1/2)V_{CC}$ 的其余折点按照此过程一直重复下去；而对小于 $(1/2)V_{CC}$ 的各个折点按照同样方法计算。当 V_{tri} 远离中间值时斜率逐渐减小，所以电路得到一条近似的正弦 VTC，其总谐波失真（THD）约为 1%。从图 2.74 可得，与每个折点相连的晶体管的奇序号和偶序号互补，如此便形成对应的基射极间电压降的一阶抵消，从而得到预期和稳定折点。三角波与正弦波波形如图 2.75 所示。

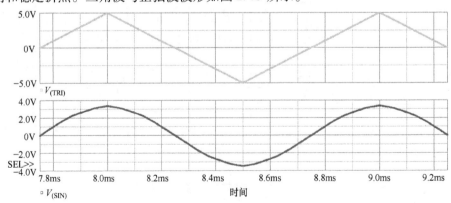

图 2.75　三角波与正弦波波形

晶体管模型如下:

. model Q2N5401　PNP (Is = 21. 48f Xti = 3　Eg = 1. 11　Vaf = 200　Bf = 232. 1
　　　　　Ne = 1. 375

+　　Ise = 21. 48f Ikf = . 1848 Xtb = 1. 5 Br = 3. 661 Nc = 2 Isc = 0 Ikr = 0 Rc = 0. 6

+　　Cjc = 17. 63p Mjc = . 5312 Vjc = . 75 Fc = . 5 Cje = 13. 39p Mje = . 3777
　　　　Vje = . 75

+　　Tr = 0. 476n Tf = 141. 9p Itf = 0 Vtf = 0 Xtf = 0 Rb = 1)

∗　　20170315 newton creation

. model Q2N5551　NPN (Is = 2. 511f Xti = 3　Eg = 1. 11　Vaf = 200　Bf = 342. 6
　　　　　Ne = 1. 249

+　　Ise = 2. 511f Ikf = . 3458 Xtb = 1. 5 Br = 3. 197 Nc = 2 Isc = 0 Ikr = 0 Rc = 1

+　　Cjc = 0. 883p Mjc = . 3047 Vjc = . 75 Fc = . 5 Cje = 4. 79p Mje = . 3416
　　　　Vje = . 75

+　　Tr = 0. 202n Tf = 160p Itf = 5m Vtf = 5 Xtf = 8 Rb = 1)

∗　　20170315 newtoncr eation

3. 总谐波失真分析（总谐波失真约为 1. 6%）

FOURIER COMPONENTS OF TRANSIENT RESPONSE V（SIN）

DC COMPONENT = −2. 188480E −02

HARMONIC NO	FREQUENCY (HZ)	FOURIER COMPONENT	NORMALIZED COMPONENT	PHASE (DEG)	NORMALIZED PHASE (DEG)
1	1. 000E +03	3. 310E +00	1. 000E +00	8. 999E +01	0. 000E +00
2	2. 000E +03	2. 663E −02	8. 045E −03	−8. 990E +01	−2. 699E +02
3	3. 000E +03	2. 356E −02	7. 119E −03	9. 101E +01	−1. 790E +02
4	4. 000E +03	2. 645E −03	7. 991E −04	−9. 155E +01	−4. 515E +02
5	5. 000E +03	2. 226E −02	6. 724E −03	9. 019E +01	−3. 598E +02
6	6. 000E +03	5. 182E −04	1. 565E −04	8. 394E +01	−4. 560E +02
7	7. 000E +03	3. 239E −02	9. 785E −03	8. 985E +01	−5. 401E +02
8	8. 000E +03	3. 178E −03	9. 601E −04	−9. 028E +01	−8. 102E +02
9	9. 000E +03	4. 695E −03	1. 418E −03	9. 096E +01	−7. 189E +02

TOTAL HARMONIC DISTORTION = 1. 612307E +00 PERCENT

2.4.4 ICL8038 模型测试

利用层电路（见图 2.76 和图 2.77）对 ICL8038 整体电路进行测试。通常情况下芯片 1 脚虚空，所以建立模型时省略 1 脚，将三角波和方波产生电路与正弦波产生电路进行联合，然后按照典型外围电路建立测试电路。

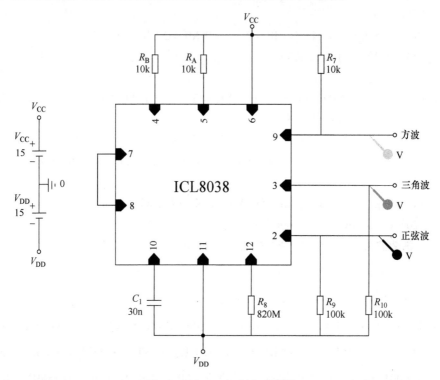

图 2.76　ICL8038 层电路仿真

ICL8038 模型（见图 2.77）仿真输出波形包括正弦波、三角波和方波，如图 2.78 所示，与分离电路测试结果一致，下面根据层电路建立子电路模型。

1. ICL8038SUB 利用层电路建立子电路（见图 2.79）**模型**

利用电路图自动生成 lib 文件，然后由 lib 生成 olb。

```
* source ICL8038
.SUBCKT ICL8038SUB 2 3 4 5 6 7 8 9 10 11 12
R_R10          2 N76472   10k
R_R14          2 N76502   800
Q_Q20          11 N77074 N77138 Q2N5401
R_R17          N76428 N76734   200
```

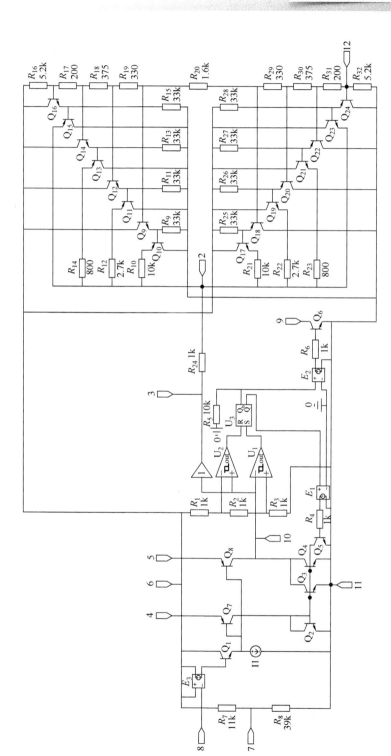

图 2.77　ICL8038 模型

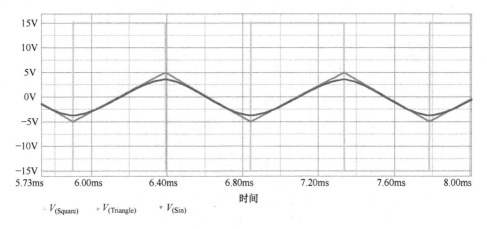

图 2.78　ICL8038 仿真输出波形

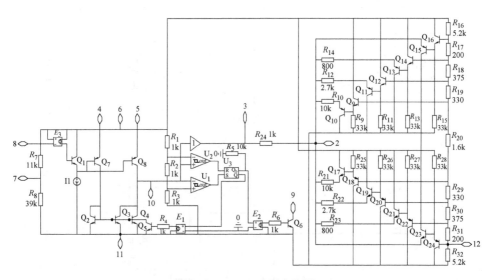

图 2.79　ICL8038 子电路图

R_R21	2 N76434　10k
Q_Q3	10 N77806 11 Q2N5551
X_U2	10 N78040 N78244 COMPARHYS PARAMS：VHIGH = 5 VLOW = 10M VHYS = 1M
E_E3	6 N77404 6 8 1
R_R2	N78010 N78040　1k
Q_Q21	6 N77152 N76482 Q2N5551
R_R18	N76422 N76428　375

Q_Q11   11 N76336 N76492 Q2N5401
Q_Q4   10 N77806 11 Q2N5551
R_R3   11 N78010   1k
E_GAIN1   30 VALUE {1 ∗ V (10)}
R_R19   N76368 N76422   330
Q_Q22   11 N77080 N77152 Q2N5401
R_R11   11 N76336   33k
Q_Q5   N77806 N78340 11 Q2N5551
R_R20   N77048 N76368   1.6k
R_R15   11 N76364   33k
R_R12   2 N76492   2.7k
Q_Q23   6 N77192 2 Q2N5551
R_R29   N77074 N77048   330
R_R7   7 6   11k
Q_Q7   N77806 N77906 4 Q2N5401
Q_Q12   6 N76422 N76336 Q2N5551
Q_Q24   11 12 N77192 Q2N5401
R_R30   N77080 N77074   375
R_R5   0 N77976   10k
X_U3   N78258 N78244 N77972 N77976 FFLOP
R_R8   11 7   39k
Q_Q8   10 N77906 5 Q2N5401
Q_Q13   11 N76340 N76502 Q2N5401
R_R31   12 N77080   200
R_R26   N77138 6   33k
Q_Q17   6 N77116 N76434 Q2N5551
I_I1   N77906 11 DC 5m
E_E2   N78350 11 N77976 0 1
R_R32   11 12   5.2k
R_R27   N77152 6   33k
Q_Q14   6 N76428 N76340 Q2N5551
R_R25   N77116 6   33k
R_R22   2 N76454   2.7k
Q_Q9   6 N76368 N76294 Q2N5551
R_R16   N76734 6   5.2k

```
Q_Q6          9 N78272 11 Q2N5551
R_R28         N77192 6    33k
R_R13         11 N76340    33k
R_R1          N78040 6    1k
Q_Q10         11 N76294 N76472 Q2N5401
Q_Q18         11 N77048 N77116 Q2N5401
Q_Q15         11 N76364 2 Q2N5401
E_E1          N78334 11 N77972 0 1
Q_Q1          6 N77404 N77906 Q2N5551
X_U1          N78010 10 N78258 COMPARHYS PARAMS：    VHIGH = 5 VLOW
              = 10M VHYS = 1M
R_R9          11 N76294    33k
Q_Q19         6 N77138 N76454 Q2N5551
R_R24         3 2    1k
R_R23         2 N76482    800
Q_Q16         6 N76734 N76364 Q2N5551
R_R6          N78350 N78272    1k
Q_Q2          N77806 N77806 11 Q2N5551
R_R4          N78340 N78334    1k
. ENDS
```

2. ICL8038SUB 子电路模型测试（见图 2.80）

按照层电路测试图对子电路模型进行测试，以检验所建立子电路功能是否正常。

子电路模型输出正弦波、三角波和方波（见图 2.81），与层电路测试结果一致。正弦波输出具有相对较高的输出阻抗（1kΩ 典型值），通常利用运算放大器实现缓冲、增益和幅度调节。

2.4.5 线性压控振荡电路

下面利用 ICL8038 子电路模型建立线性压控振荡电路，改变引脚 8 的电压实现频率随电压线性变化。

图 2.82 为频率随电压线性变化的仿真电路图，工作原理为运算放大器 U_2 通过电阻 R_2 将输入电压 V_{in} 转换为电流平均分配到 R_A 和 R_B，该电流为电容 C_1 充电和放电，使电容电压在 $-5 \sim -10V$ 之间转换，电压变化量为 5V。

充放电时间为 $t = \dfrac{C_V}{I/2} = \dfrac{2C_V}{V_{in}/R_2} = \dfrac{100 \times 10^{-9}}{V_{in}/5 \times 10^3} = \dfrac{0.5 \times 10^{-3}}{V_{in}}$

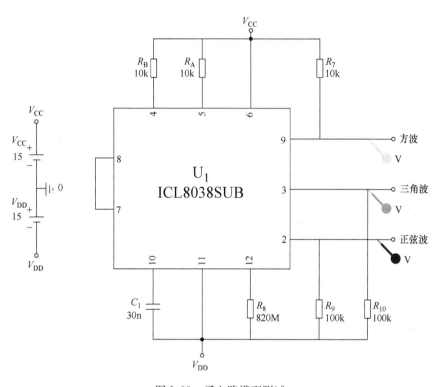

图 2.80　子电路模型测试

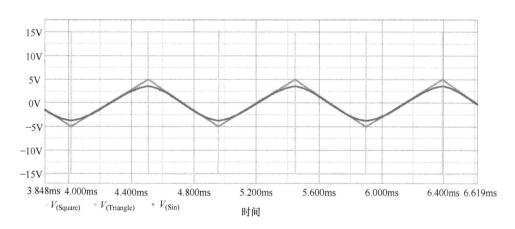

图 2.81　仿真输出电压波形

波形周期为 $f = \dfrac{1}{2t} = \dfrac{V_{in}}{1m} = 1000 V_{in}$

所以频率与输入电压呈线性关系，频率为 1000 倍的输入电压值。

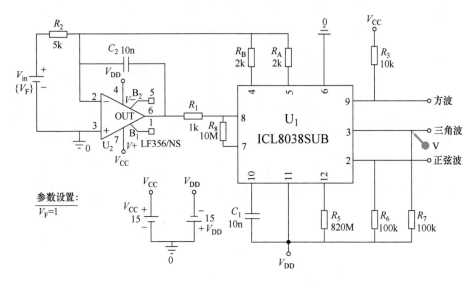

图 2.82　频率随电压线性变化仿真电路图

对电路进行瞬态仿真分析，如图 2.83 和图 2.84 所示，仿真时间为 10ms，最大步长为 2μs；对输入电压 V_{in} 进行参数扫描分析，线性扫描方式，起始值为 1V，结束值为 5V，步长为 1V。

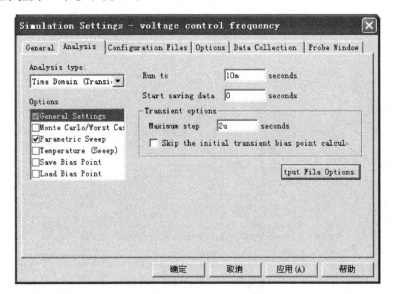

图 2.83　瞬态仿真设置

三角波输出波形如图 2.85 所示，从上到下控制电压分别为 1V、2V、3V、4V、5V；从上到下频率分别为 1kHz、2kHz、3kHz、4kHz、5kHz；通过改变输入

电压 V_{in} 的电压值控制输出频率，实现电压到频率的线性转换。

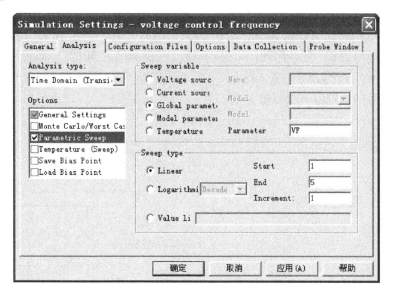

图 2.84　参数仿真设置

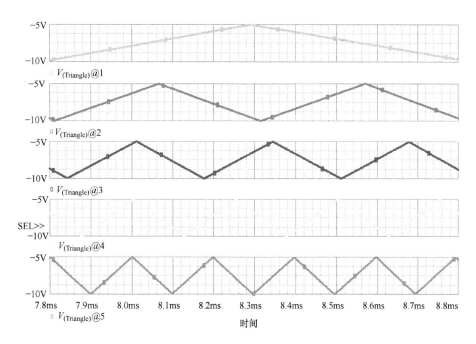

图 2.85　三角波输出波形

输出波形带有 $-7.5V$ 的直流偏置，该偏置为供电电位的中间值，通过加法电路可使得输出波形正负对称，并且幅值可调。如图 2.86 所示，U_4 实现输入电压跟随与阻抗匹配，U_3 实现输出幅值与直流偏置调节，通过上述调节，电路能够实现幅值和偏置的任意调节，以便达到实用的目的。电压源 V_{ref} 调节直流偏置，使得输出以 0V 为对称轴；R_9 调节输出电压幅值，当 $R_{11} = R_{10}$ 时放大倍数 Gain $= R_9/R_{11}$。图 2.87 中输入信号 Sin 与输出跟随 SinF 波形一致，输出 OUT_1 实现输入信号的偏置调节与幅值调整。

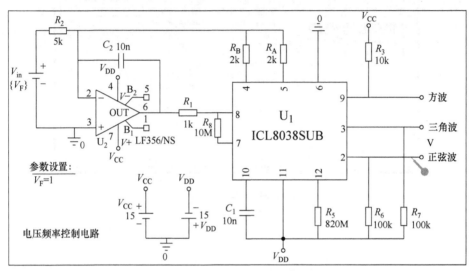

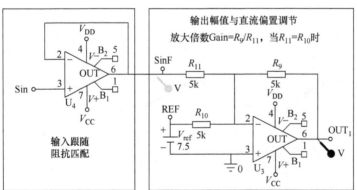

图 2.86　输出阻抗匹配与调节电路

2.4.6　实际电路板仿真与测试

对 ICL8038 构成的实际应用电路（见图 2.88）进行仿真测试：在图 2.89 中 U_1 产生三路波形，U_{2A} 对正弦波形进行增益调节，并且将输出直流偏置调节至 $V_{CC}/2$；U_{2B} 对正弦波形进行跟随输出，电容 C_3 对输出波形进行隔直，使得输出

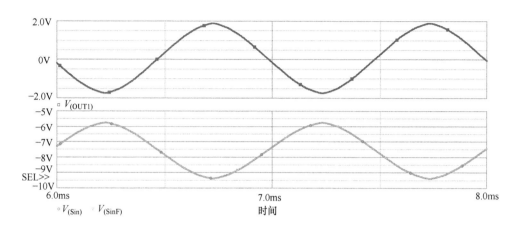

图 2.87 输出电压波形

关于 0V 对称。

注意：R_{12} 两端电压一定要小于供电电压的 1/3，否则比较器无法翻转，电路不能正常工作。

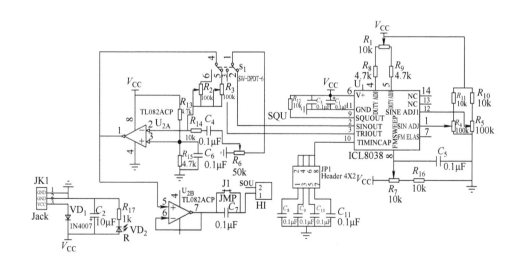

图 2.88 ICL8038 实际应用原理图

该电路能够实现正弦波发生及幅值与偏置调节，图 2.90 中上面为 ICL8038 产生的正弦波，中间为偏置和增益调节后的正弦波形，下面为隔直后的正弦波形。

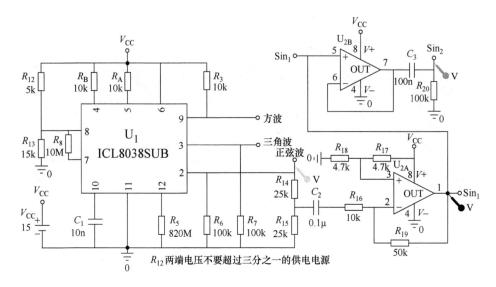

图 2.89　ICL8038 实际应用原理图仿真

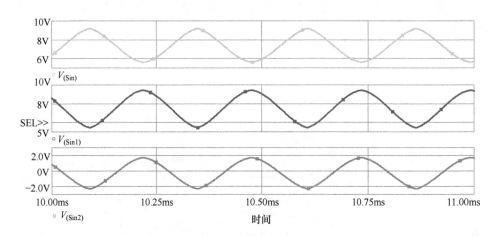

图 2.90　正弦波仿真输出波形

第 3 章

功率放大电路

本章主要对 BJT 放大电路、FET 放大电路和集成芯片 MP108 构成的功放电路进行工作原理讲解、PSpice 仿真分析与应用设计。

3.1 BJT 放大电路

3.1.1 单管 BJT 放大电路

利用单支 NPN 型晶体管、电阻、电容、电源和信号源构成 BJT 单管放大电路，具体电路和元器件表分别如图 3.1 和表 3.1 所示，通过参数设置计算各元器件数值。

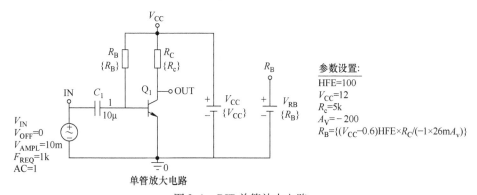

参数设置：
HFE=100
V_{CC}=12
R_c=5k
A_V=−200
R_B={(V_{CC}−0.6)HFE×R_C/(−1×26mA_v)}

单管放大电路

图 3.1 BJT 单管放大电路

表 3.1 BJT 单管放大电路仿真元器件列表

编号	名称	型号	参数	库	功能注释
R_B	电阻	R	{R_B}	ANALOG	基极电阻
R_C	电阻	R	{R_c}	ANALOG	集电极电阻
C_1	电容	C	10μF	ANALOG	耦合电容

编号	名称	型号	参数	库	功能注释
Q_1	晶体管	QbreakN	Q_{m1}	BREAKOUT	放大
V_{CC}	直流电压源	VDC	$\{V_{CC}\}$	SOURCE	供电电源
V_{IN}	正弦电压源	VSIN	如图 3.1 所示	SOURCE	输入信号
V_{RB}	直流电压源	VDC	$\{R_B\}$	SOURCE	R_B 电阻值
PARAM	参数	PARAM	如图 3.1 所示	SPECIAL	参数设置
0	接地	0		SOURCE	绝对零

. model Qm1 NPN IS = 1E − 14 BF = {HFE} XTB = 1.7

基极电流 $I_B = \dfrac{V_{CC} - 0.6}{R_B}$，集电极电流 $I_C = \text{HFE}\, I_B$，正向跨导 $g_m = \dfrac{I_C}{26\text{m}}$，电压增益 $A_v = -g_m R_C$。

整理得 $A_v = -\dfrac{V_{CC} - 0.6}{R_B}\dfrac{\text{HFE}}{26 \times 10^{-3}} R_C$，当 V_{CC}、R_C、HFE 和 A_v 均设置完成时 $R_B = -\dfrac{V_{CC} - 0.6}{A_v}\dfrac{\text{HFE}}{26 \times 10^{-3}} R_C$。

根据本电路参数计算得 $R_B = -\dfrac{V_{CC} - 0.6}{A_v}\dfrac{\text{HFE}}{26 \times 10^{-3}} R_C = -\dfrac{12 - 0.6}{-200} \times \dfrac{100}{26 \times 10^{-3}} \times 10 \times 10^3 = 2.19 \times 10^6$。

所以 $I_B = \dfrac{V_{CC} - 0.6}{R_B} = \dfrac{12 - 0.6}{2.19 \times 10^6} = 5.21\,(\mu A)$；

$I_C = \text{HFE}\, I_B = 100 \times 5.21\,\mu A = 521\,\mu A$；

$q = 1.602 \times 10^{-19} C$；$k = 1.38 \times 10^{-23} J/K$；$T$ 为绝对温度 300K；

$g_m = \dfrac{q}{kT} I_C = \dfrac{I_C}{26 \times 10^{-3}} = \dfrac{521 \times 10^{-6}}{26 \times 10^{-3}} \approx 0.02$；

求得跨阻 $R_{pi} = \dfrac{\text{HFE}}{g_m} = \dfrac{100}{0.02} = 5000\,(\Omega)$。

第 1 步：偏置点仿真分析，验证计算与仿真数值的一致性，仿真设置如图 3.2 所示。

仿真与计算数据见表 3.2，通过数据对比可知计算值与仿真值几乎完全一致，通过偏置点分析可以得到单管放大电路的等效参数。静态工作点电压仿真数据如图 3.3 所示。

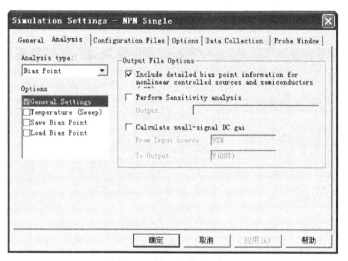

图 3.2 偏置点仿真设置

表 3.2 偏置点数据对比

名称	计算值	仿真值	误差
I_B	5.21μA	5.18μA	0.6%
I_C	521μA	518μA	0.6%
BETADC	100	100	0
g_m	0.02	0.02	0
R_{pi}	5kΩ	4.99kΩ	0.2%

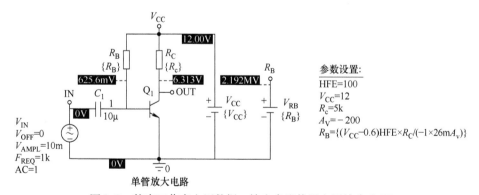

图 3.3 静态工作点电压数据：输出直流偏置电压约为 6.3V

第 2 步：瞬态仿真分析，图 3.4 为瞬态仿真设置。图 3.5 和图 3.6 为仿真波形与测试数据，由图可得输出电压最大值约为 8.5V，最小值约为 4.4V，峰峰值约为 4.1V，由此可得直流偏置电压为 （8.5 + 4.4）/2 = 6.45（V），与计算值 6.3V 相差 0.15V；放大倍数 $A_v = -\dfrac{4.1}{2 \times 10 \times 10^{-3}} = -205$，与设计值 −200 误差为 2.5%。

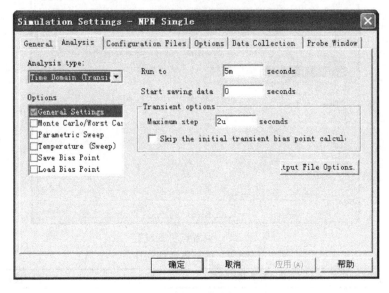

图 3.4　瞬态仿真设置

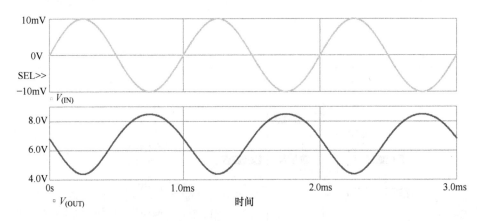

图 3.5　输入与输出电压波形：反相 180°

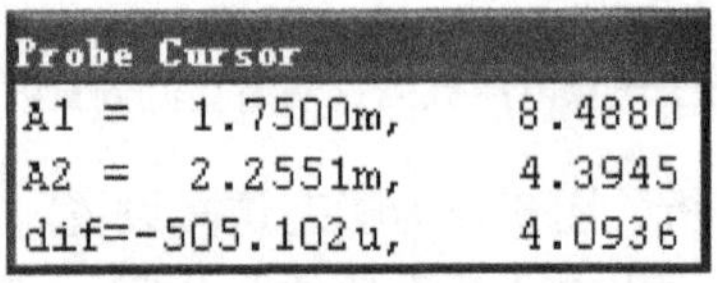

Probe Cursor		
A1 =	1.7500m,	8.4880
A2 =	2.2551m,	4.3945
dif=-505.102u,		4.0936

图 3.6　输出电压仿真数据

接下来进行瞬态 + 放大倍数 A_v 的参数仿真，参数设置如图 3.7、图 3.8、

图3.9和图3.10所示分别为输出电压波形及峰峰值测量值。修改 A_v 值时只改变 R_B 参数值，其余均保持不变，根据图3.9和图3.10中数据可知，放大倍数能够满足要求，但是输出电压静态直流偏置点将会随之改变，所以设计时应该统一修改参数，使得电路工作在最佳状态。

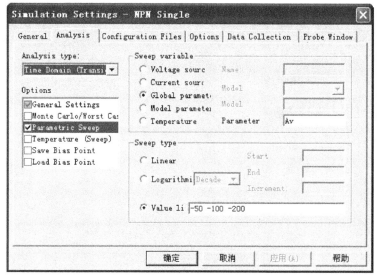

图3.7　放大倍数 A_v 参数设置

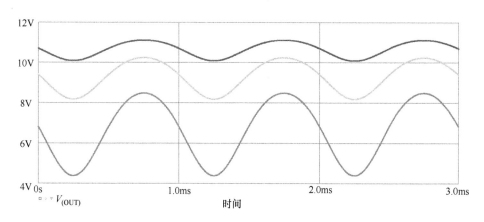

图3.8　从上到下分别对应 $A_v = -50$、-100 和 -200

Probe Cursor	
A1 = 760.101u,	11.117
A2 = 1.2500m,	10.088
dif=-489.899u,	1.0289

图3.9　$A_v = -50$ 时峰峰值为 1.03V

Probe Cursor	
A1 = 752.525u,	10.238
A2 = 1.2500m,	8.1837
dif=-497.475u,	2.0546

图3.10　$A_v = -100$ 时峰峰值为 2.05V

第3步：交流仿真分析，仿真设置如图3.11和图3.12所示。图3.13为仿真输出波形，对电路进行交流仿真分析，输入交流信号幅值为$1V_{ac}$，当放大倍数A_v分别为-100、-150和-200时输出交流电压幅值分别为100V、150V和200V，放大倍数与设置值一致。

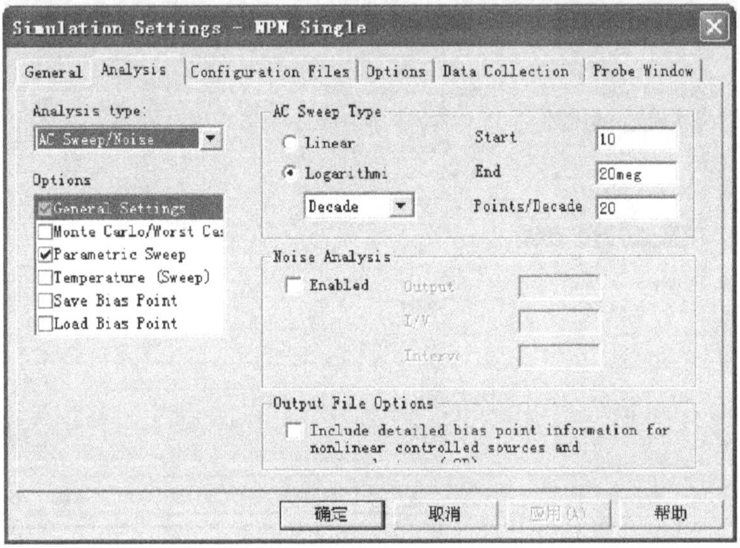

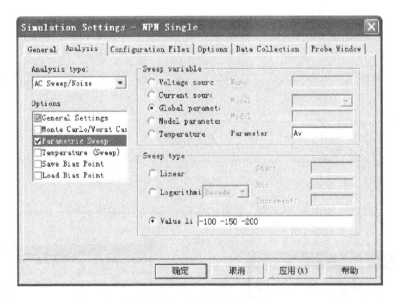

图3.11　交流仿真设置

图3.12　A_v参数仿真设置

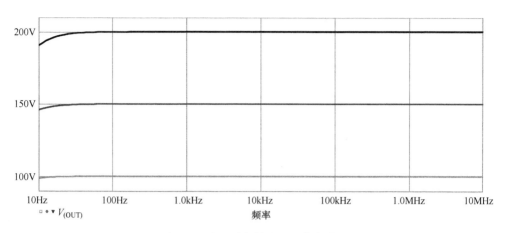

图 3.13 交流分析输出电压仿真波形

下面进行交流等效电路和实际电路的频率特性对比，图 3.14 为 $A_v = -200$ 时的交流等效电路、图 3.15 为二者交流特性输出曲线。因为实际电路存在输入电容 C_1，所以低频存在衰减，高频时两曲线完全重合，从而交流等效电路非常准确。

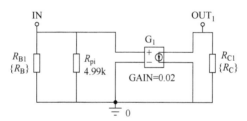

图 3.14 $A_v = -200$ 时的交流等效电路：$Gain = g_m = 0.02$、$R_{pi} = R_{PI} = 4.99k\Omega$

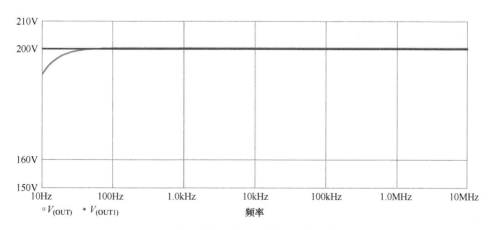

图 3.15 交流等效电路和实际电路频率特性曲线

147

通过以上分析可得，计算晶体管等效模型时利用偏置点分析得到元器件模型参数，然后再进行等效电路建立，仿真能够提供非常准确的模型数据。

3.1.2 双管 BJT 放大电路

双管放大电路由晶体管、运算放大器、阻容构成，具体电路和仿真元器件表分别如图 3.16 和表 3.3 所示。运算放大器 U_{1A} 完成负反馈，对输入信号进行反相放大，放大倍数 $A_v = \dfrac{V_{(OUT)}}{V_{(IN)}} = -\dfrac{R_2}{R_1}$，通过设置 R_1 和 R_2 比值设置放大电路增益；功率晶体管 Q_1 和 Q_2 实现输出功率放大；Q_3、Q_4 和 R_6、R_7 完成输出过电流保护，当 R_6、R_7 两端电压高于 Q_3、Q_4 的 V_{BE} 导通电压时保护开始起作用，该电压约为 $0.6V$，然后根据保护电流值计算相应电阻值；二极管 D_1 和 D_2 对 Q_1 和 Q_2 进行直流偏置，以消除输出电压过零时的阶跃失真；电阻 R_4 和 R_5 提供 Q_1 和 Q_2 驱动电流以及二极管 D_1 和 D_2 的偏置电流。

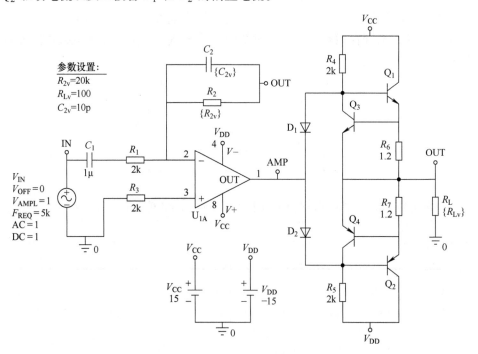

图 3.16　双管 BJT 放大电路

表 3.3　双管 BJT 放大电路仿真元器件列表

编号	名称	型号	参数	库	功能注释
R_1	电阻	R	$2k\Omega$	ANALOG	反馈电阻
R_2	电阻	R	$\{R_{2v}\}$	ANALOG	反馈电阻

（续）

编号	名称	型号	参数	库	功能注释
R_3	电阻	R	2kΩ	ANALOG	匹配电阻
R_4	电阻	R	2kΩ	ANALOG	驱动电阻
R_5	电阻	R	2kΩ	ANALOG	过电流保护电阻
R_6	电阻	R	1.2Ω	ANALOG	过电流保护电阻
R_L	电阻	R	{R_{Lv}}	ANALOG	负载电阻
C_1	电容	C	1μF	ANALOG	输入耦合电容
C_2	电容	C	{C_{2v}}	ANALOG	交流带宽
D_1	二极管	D1N4148		DIODE	偏置电压
D_2	二极管	D1N4148		DIODE	偏置电压
Q_1	功率晶体管	TIP29		PWRBJT	功率放大
Q_2	功率晶体管	TIP30		PWRBJT	功率放大
Q_3	晶体管	2N5551		BJN	过电流保护
Q_4	晶体管	2N5401		BJP	过电流保护
U_{1A}	运算放大器	TL072		TI	反馈控制
V_{IN}	正弦电压源	VSIN	如图3.16所示	SOURCE	输入信号
V_{CC}	直流电压源	VDC	15V	SOURCE	正供电电源
V_{DD}	直流电压源	VDC	−15V	SOURCE	负供电电源
PARAM	参数	PARAM	如图3.16所示	SPECIAL	参数设置
0	接地	0		SOURCE	绝对零

. MODEL TIP29   NPN（Is = 2.447p Xti = 3 Eg = 1.11 Vaf = 200 Bf = 208.2 Ise = 70.69p

+   Ne = 1.565 Ikf = .9743 Nk = .6134 Xtb = 1.5 Br = 12.59 Isc = 11.68n

+   Nc = 1.835 Ikr = 3.86 Rc = .4685 Cjc = 42p Mjc = .4353 Vjc = .75 Fc = .5

+   Cje = 88.5p Mje = .4878 Vje = .75 Tr = 94.2n Tf = 9.85n Itf = 164.1

+   Xtf = 5.945 Vtf = 10 Rb = .1）

. MODEL TIP30   PNP（Is = 51.23f Xti = 3 Eg = 1.11 Vaf = 200 Bf = 434.1 Ise = 51.23f Ne = 1.22

+   Ikf = .3883 Nk = .5544 Xtb = 2.2 Br = 55.47 Isc = 51.23f Nc = 1.205

+   Ikr = 10.87 Rc = .3443 Cjc = 36.9p Mjc = .3155 Vjc = .75 Fc = .5

+   Cje = 79.9p Mje = .4294 Vje = .75 Tr = 20.25n Tf = 13.05n Itf = 6.85

+   Xtf = 1.573 Vtf = 10 Rb = .1）

第1步：偏置点仿真分析，测试电压增益以及输入、输出阻抗（短路电容C_1）。仿真设置如图3.17所示。

小信号特性如下。

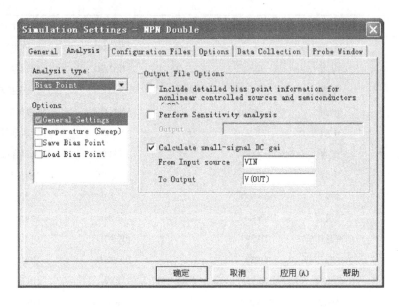

图 3.17　偏置点仿真设置

电压增益：V(OUT)/V_VIN = -9.999；

输入阻抗：INPUT RESISTANCE AT V_VIN = 2.000×10^3；

输出阻抗：OUTPUT RESISTANCE AT V(OUT) = 2.850×10^{-4}；

根据电路图 3.16 可得，输入电阻 R_2 为 20kΩ，增益 $A_v = \dfrac{V_{(OUT)}}{V_{(IN)}} = -\dfrac{R_2}{R_1} = -\dfrac{20 \times 10^3}{2 \times 10^3} = -10$；电路进行闭环反馈，所以输出阻抗非常小；通过与仿真数据对比可得计算值与仿真结果一致。

第 2 步：直流仿真分析，测试输入与输出线性特性（短路电容 C_1）。图 3.18 和图 3.19 分别为输入信号 V_{IN} 直流仿真设置及输出电压 $V_{(OUT)}$ 仿真波形，输入与输出成线性，增益为 -10。

第 3 步：瞬态仿真分析，测试输出波形质量、放大倍数以及过电流保护功能（电容 C_1 正常连接）。具体电路如图 3.20 所示，图 3.21、图 3.22 和图 3.23 分别为瞬态、参数仿真设置和仿真波形。通过波形可得输入、输出反相；当输入正弦波峰值为 1V，R_2 为 12kΩ、16kΩ 和 20kΩ 时输出电压峰值分别为 6V、8V 和 10V，放大倍数分别为 -6、-8 和 -10。

R_2 = 20kΩ 时对电路进行傅里叶分析，输出电压傅里叶分析仿真设置如图 3.24所示；通过傅里叶分析可得输出直流分量约为 0.1mV，总谐波失真约为万分之一，5kHz 基波频率时的电压幅值为 9.994V，见下面仿真分析数据。

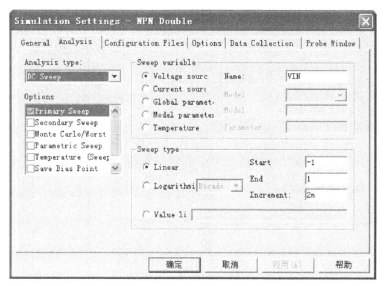

图 3.18　直流仿真设置

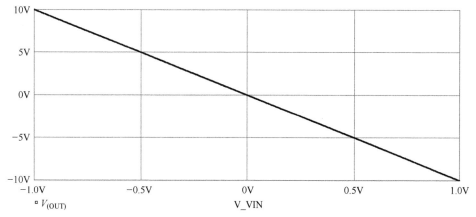

图 3.19　输出电压波形

DC COMPONENT = 1. 089836E − 04

HARMONIC NO	FREQUENCY (Hz)	FOURIER COMPONENT	NORMALIZED COMPONENT	PHASE (DEG)	NORMALIZED PHASE (DEG)
1	**5. 000E + 03**	**9. 994E + 00**	**1. 000E + 00**	**1. 795E + 02**	**0. 000E + 00**
2	1. 000E + 04	1. 828E − 04	1. 829E − 05	− 7. 774E + 00	− 3. 667E + 02
3	1. 500E + 04	9. 763E − 04	9. 769E − 05	− 9. 423E + 01	− 6. 326E + 02
4	2. 000E + 04	4. 101E − 05	4. 103E − 06	− 1. 550E + 02	− 8. 729E + 02

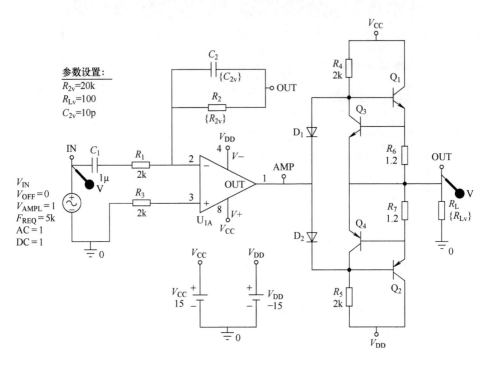

图 3.20　瞬态仿真电路

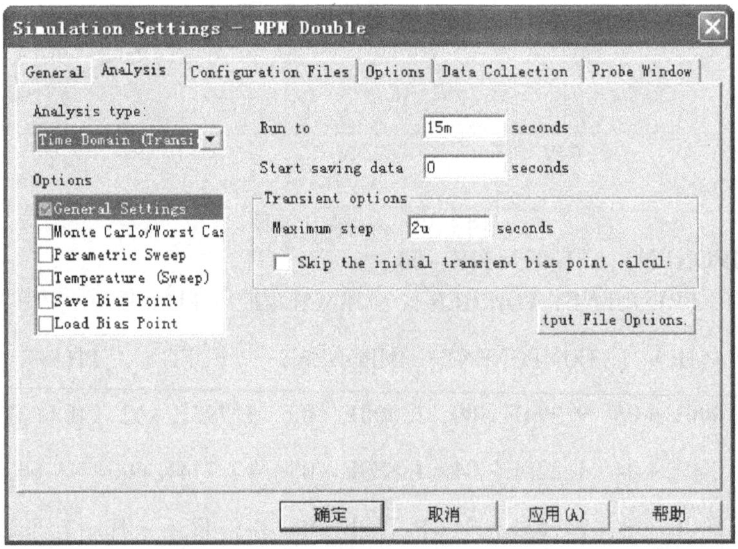

图 3.21　瞬态仿真设置

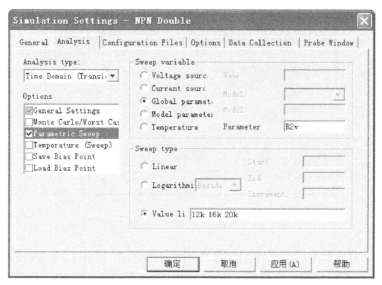

图 3.22 反馈电阻 R_2 参数设置

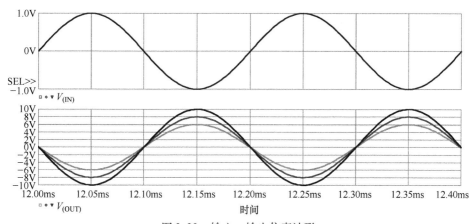

图 3.23 输入、输出仿真波形

5	2.500E + 04	2.066E − 04	2.067E − 05	7.813E + 01	− 8.192E + 02
6	3.000E + 04	2.549E − 05	2.551E − 06	− 1.140E + 02	− 1.191E + 03
7	3.500E + 04	5.322E − 05	5.325E − 06	− 8.419E + 01	− 1.340E + 03
8	4.000E + 04	3.618E − 05	3.620E − 06	− 1.221E + 02	− 1.558E + 03
9	4.500E + 04	1.659E − 05	1.659E − 06	− 1.193E + 02	− 1.734E + 03

TOTAL HARMONIC DISTORTION = 1.018430E − 02 PERCENT

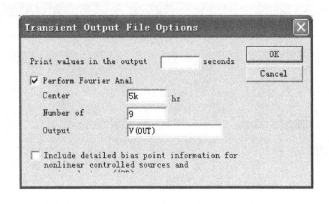

图 3.24　$R_2 = 20\text{k}\Omega$ 时输出电压傅里叶分析设置

接下来对电路进行瞬态 + 参数仿真测试，图 3.25 和图 3.26 分别为负载电阻 R_{Lv} 参数仿真设置和输出电压仿真波形。当负载电阻从 100Ω 变化至 20Ω 时过电流电路起动，输出电压被限制，此时输出为恒流。

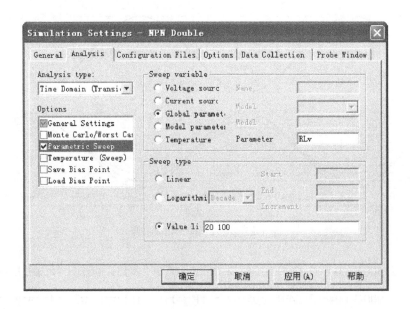

图 3.25　负载电阻 R_{Lv} 参数设置

第 4 步：交流仿真分析，测试电路频率特性（电容 C_1 正常连接）。图 3.27、图 3.28 和图 3.29 分别为交流仿真设置、电容 C_2 参数仿真设置和输出电压仿真波形。当电容 C_2 参数从 10pF 变化至 50pF 时带宽变窄，实现高频抑制，实际设计时根据截止频率选择合适的电容值。

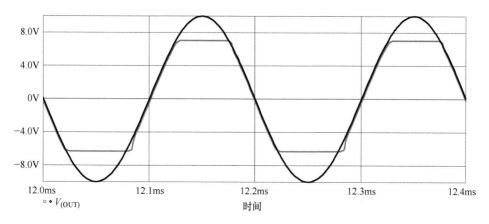

图 3.26　负载电阻 R_{Lv} 变化时的输出电压波形

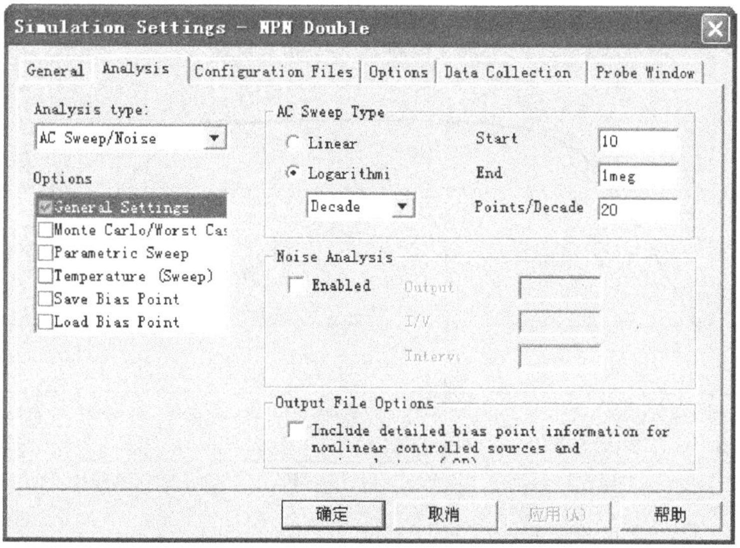

图 3.27　交流仿真设置

电阻 R_2 参数设置、输出电压特性曲线和输出电压 3dB 带宽测量值分别如图 3.30、图 3.31 和图 3.32 所示。

增益带宽积具体数据见表 3.4，当电路增益增大时 3dB 带宽降低，但是增益带宽积近似为常数。通过表 3.4 中数据可得，当增益（绝对值）从 6 增大至 10 时增益带宽积的最大误差约为 1%。

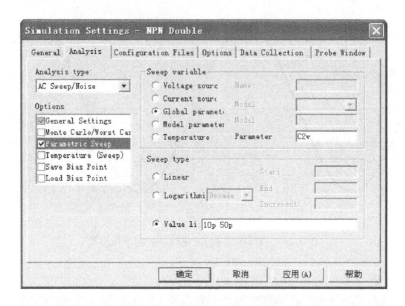

图 3.28　电容 C_2 参数仿真设置

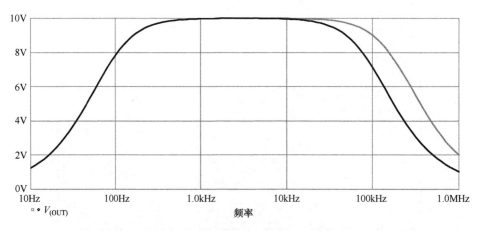

图 3.29　输出电压频率特性仿真波形

表 3.4　增益带宽积

增益（绝对值）	3dB 带宽/kHz	增益带宽积/kHz
6	348.6	2091.6
8	261.4	2091.2
10	207.7	2077

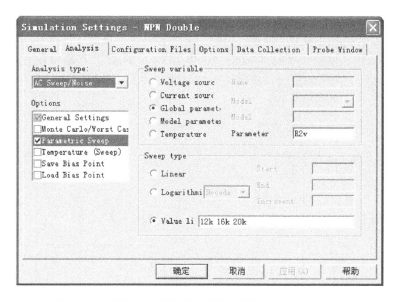

图 3.30　电阻 R_2 参数设置，增益分别为 -6、-8 和 -10

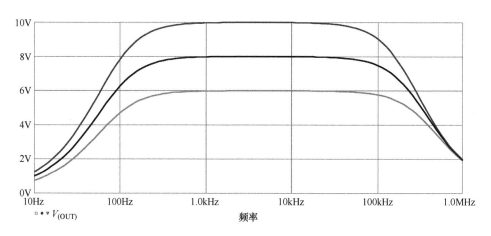

图 3.31　增益变化时的输出电压特性曲线

	Evaluate	Measurement	Measurement Results		
			1	2	3
▶	☑	Bandwidth_Bandpass_3dB(V(OUT))	348.56127k	261.39311k	207.71014k

图 3.32　输出电压 3dB 带宽测量值

3.1.3　多管 BJT 放大电路

多管 BJT 放大电路主要由晶体管放大和偏置电路构成，具体电路和仿真元器件表分别如图 3.33 和表 3.5 所示。Q_1、Q_2 构成差分输入级，通过调节电阻 R_2

调节静态输出电压；Q_3、Q_4 和 Q_5 构成增益放大级；二极管 D_5、D_6 和 D_7 实现输出级静态偏置；电阻 R_{12} 和 R_{13} 为输出限流电阻；二极管 D_2、D_3、D_4 和电阻 R_{11} 完成输入级和增益放大级电流偏置；电容 C_1 实现滤波和稳定偏置电路的功能；Q_6 和 Q_7 为功率输出级，实现输入信号功率放大。

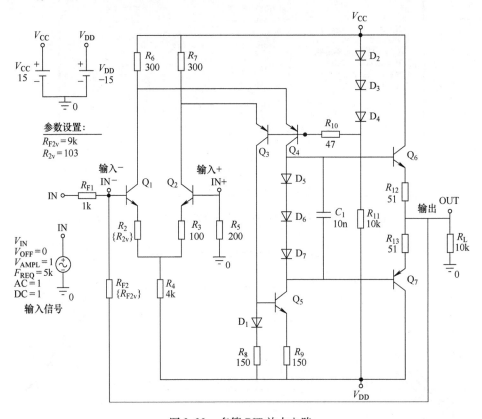

图 3.33   多管 BJT 放大电路

表 3.5   多管 BJT 放大电路仿真元器件列表

编号	名称	型号	参数	库	功能注释
R_{F1}	电阻	R	$1k\Omega$	ANALOG	反馈电阻
R_{F2}	电阻	R	$\{R_{F2v}\}$	ANALOG	反馈电阻
R_2	电阻	R	$\{R_{2v}\}$	ANALOG	调零电阻
R_3	电阻	R	100Ω	ANALOG	调零电阻
R_4	电阻	R	$4k\Omega$	ANALOG	直流偏置电阻
R_5	电阻	R	200Ω	ANALOG	正相输入电阻
R_6	电阻	R	300Ω	ANALOG	输入级偏置电流设置

（续）

编号	名称	型号	参数	库	功能注释
R_7	电阻	R	300Ω	ANALOG	输入级偏置电流设置
R_8	电阻	R	150Ω	ANALOG	增益放大级偏置电流设置
R_9	电阻	R	150Ω	ANALOG	增益放大级偏置电流设置
R_{10}	电阻	R	47Ω	ANALOG	限流电阻
R_{11}	电阻	R	10kΩ	ANALOG	二极管偏置电流设置
R_{12}	电阻	R	51Ω	ANALOG	输出级正向限流电阻
R_{13}	电阻	R	51Ω	ANALOG	输出级负向限流电阻
R_L	电阻	R	10kΩ	ANALOG	负载电阻
C_1	电容	C	10nF	ANALOG	滤波电容
D_1	二极管	D1S1588		JDIODE	偏置电压
D_2、D_3、D_4	二极管	D1S1588		JDIODE	偏置电压
D_5、D_6、D_7	二极管	D1S1588		JDIODE	偏置电压
Q_1、Q_2	晶体管	Q2SC1775		JBIPOLAR	放大器输入级
Q_3、Q_4	晶体管	Q2SA1015		JBIPOLAR	增益放大
Q_5	晶体管	Q2SC1815		JBIPOLAR	增益放大级偏置电流
Q_6	晶体管	Q2SC1815		JBIPOLAR	输出级正向电流放大
Q_7	晶体管	Q2SA1015		JBIPOLAR	输出级负向电流放大
V_{IN}	正弦电压源	VSIN	如图3.33所示	SOURCE	输入信号
V_{CC}	直流电压源	VDC	15V	SOURCE	正供电电源
V_{DD}	直流电压源	VDC	−15V	SOURCE	负供电电源
PARAM	参数	PARAM	如图3.33所示	SPECIAL	参数设置
0	接地	0		SOURCE	绝对零

该放大电路与运算放大器功能相同，包括正相、反相输入端和输出端，由反馈电阻及其连接方式决定具体放大功能及放大倍数。图3.33连接方式为反相放大电路，放大倍数 $A_v = -\dfrac{R_{F2}}{R_{F1}}$。

第1步：直流仿真分析，当输入电压为零时调节电阻 R_2 使得输出电压为零。图3.34和图3.35分别为直流仿真设置和 R_2 参数仿真设置。当输入信号为0时，改变电阻 R_2 的参数值，使得输出电压也为0。图3.36和图3.37分别为输出电压波形和输出为 0 时的电阻值。

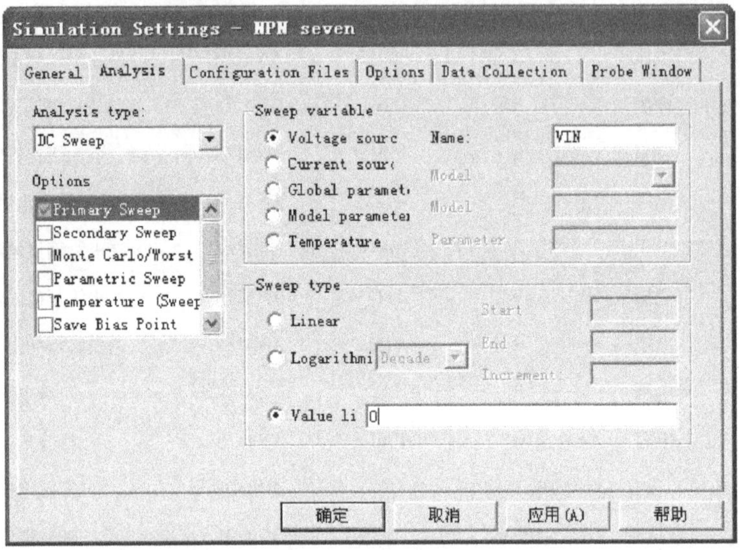

图 3.34　直流仿真分析设置：$V_{IN} = 0$

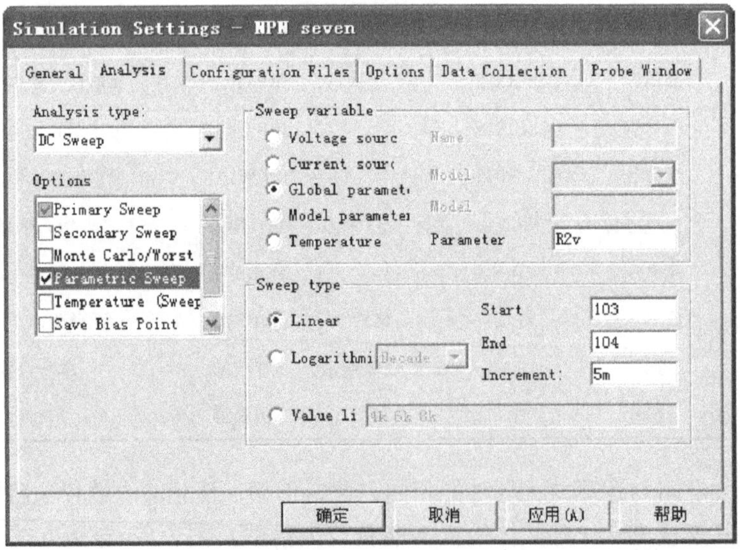

图 3.35　R_2 参数仿真设置

将电阻 R_2 阻值设置为 103.6Ω，然后输入电压改变时对电路进行直流分析，输入信号 V_{IN} 直流仿真和参数仿真设置分别如图 3.38 和图 3.39 所示。图 3.40 为输出电压 $V_{(OUT)}$ 仿真波形，输入与输出呈线性关系，增益分别为 −4、−6 和 −8。

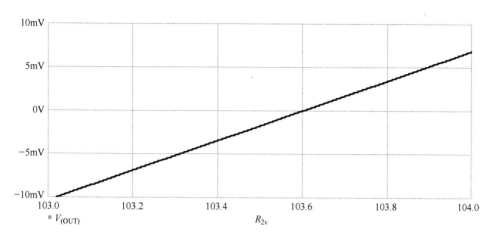

图 3.36　电阻 R_2 变化时的静态电压波形

```
Probe Cursor
A1 =   103.601,    28.451u
A2 =   103.600,   -65.045u
dif= 869.565u,    93.496u
```

图 3.37　输出电压为零时电阻约为 103.6Ω

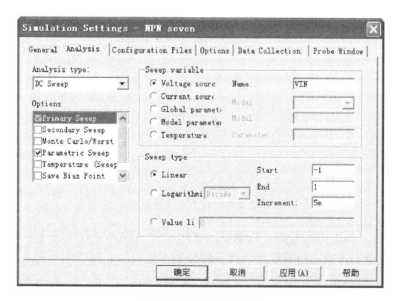

图 3.38　直流仿真设置

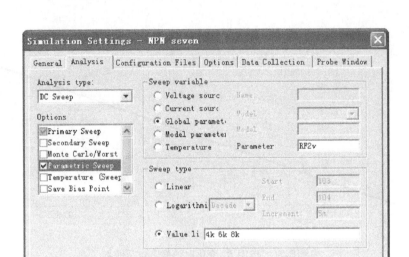

图 3.39　反馈电阻 R_{F2} 参数仿真设置

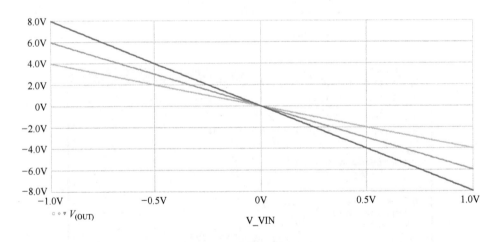

图 3.40　仿真电压波形

第 2 步：瞬态仿真分析，测试输出波形质量和放大倍数。图 3.41、图 3.42和图 3.43 分别为瞬态仿真设置、傅里叶分析设置、输入输出电压仿真波形和傅里叶分量。输入电压和输出电压反相，实现约 -10 倍放大；基波电压幅值为9.947V，波形失真万分之一。也可利用上述电路建立同相放大器，读者可以自行仿真测试。

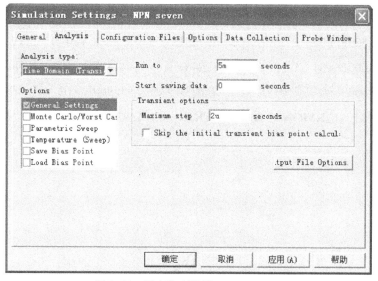

图 3.41 瞬态仿真设置：$R_{F2v} = 10\text{k}\Omega$

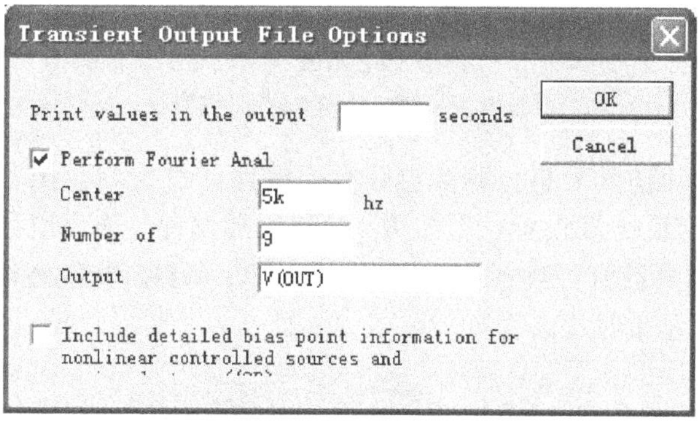

图 3.42 输出电压傅里叶分析设置

DC COMPONENT = 1.080123E − 03

HARMONIC NO	FREQUENCY (Hz)	FOURIER COMPONENT	NORMALIZED COMPONENT	PHASE (DEG)	NORMALIZED PHASE (DEG)
1	**5.000E + 03**	**9.947E + 00**	**1.000E + 00**	**1.800E + 02**	**0.000E + 00**
2	1.000E + 04	1.029E − 03	1.035E − 04	− 6.190E + 01	− 4.218E + 02
3	1.500E + 04	2.095E − 04	2.107E − 05	− 5.575E + 01	− 5.957E + 02
4	2.000E + 04	1.304E − 04	1.311E − 05	9.711E + 01	− 6.228E + 02
5	2.500E + 04	1.628E − 04	1.636E − 05	− 1.599E + 02	− 1.060E + 03

6	$3.000E+04$	$1.700E-04$	$1.709E-05$	$-3.346E+01$	$-1.113E+03$
7	$3.500E+04$	$1.739E-04$	$1.749E-05$	$8.818E+01$	$-1.172E+03$
8	$4.000E+04$	$1.935E-04$	$1.946E-05$	$-1.497E+02$	$-1.589E+03$
9	$4.500E+04$	$2.017E-04$	$2.028E-05$	$-1.969E+01$	$-1.639E+03$

TOTAL HARMONIC DISTORTION = 1.139204E−02 PERCENT

图 3.43 输入、输出电压波形

第 3 步：交流仿真分析，测试电路频率特性。图 3.44、图 3.45 和图 3.46、图 3.47 分别为交流仿真设置、电阻 R_{F2} 参数仿真设置、输出电压仿真波形与输出电压 3dB 带宽测量值。当电阻 R_{F2} 参数从 $4k\Omega$、$6k\Omega$、$8k\Omega$ 逐渐增大时放大倍数逐渐增大，但是带宽逐渐变窄。

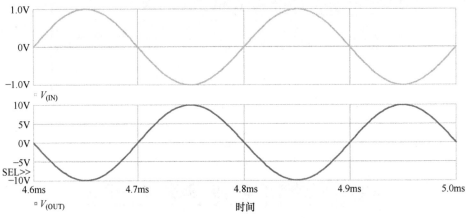

图 3.44 交流仿真设置

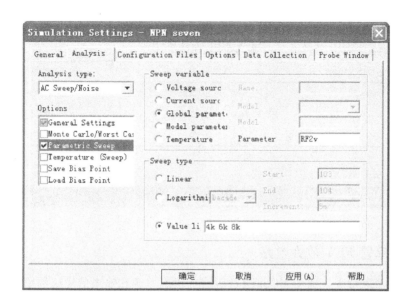

图 3.45 电阻 R_{F2} 参数仿真设置

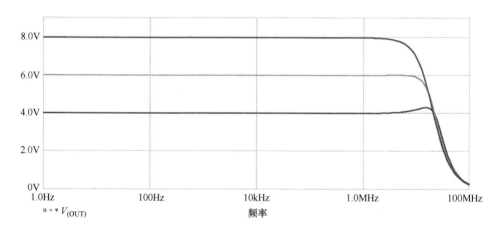

图 3.46 增益变化时的输出电压特性曲线:增益分别为 -4、-6 和 -8

		Measurement Results		
Evaluate	Measurement	1	2	3
✓	Cutoff_Lowpass_3dB(V(OUT))	29.26686meg	21.24817meg	14.96785meg

图 3.47 输出电压 3dB 带宽测量值

增益带宽积具体数据见表 3.6,当电路增益增大时 3dB 带宽降低,但是增益带宽积近似为常数。通过表中数据可得，当增益（绝对值）从 4 增大至 8 时增益带宽积的最大误约为 5%（与平均增益带宽积相比）。

表 3.6　增益带宽积

增益（绝对值）	3dB 带宽/MHz	增益带宽积/MHz
4	29.27	117.08
6	21.25	127.5
8	14.97	119.76

3.2　FET 放大电路

3.2.1　单管 FET 放大电路

单管 FET 放大电路由 MOSFET、阻容、供电电源和输入信号源构成，具体电路和仿真元器件表如图 3.48 和表 3.7 所示，接下来计算电路放大倍数。

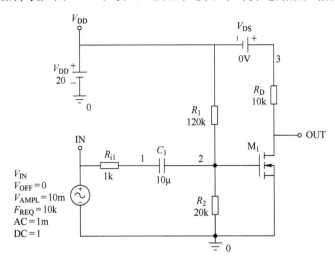

图 3.48　单管 FET 放大电路

表 3.7　单管 FET 放大电路仿真元器件列表

编号	名称	型号	参数	库	功能注释
R_{i1}	电阻	R	1kΩ	ANALOG	输入电阻
R_1	电阻	R	120kΩ	ANALOG	偏置电阻
R_2	电阻	R	20kΩ	ANALOG	偏置电阻
R_D	电阻	R	10kΩ	ANALOG	漏级电阻

（续）

编号	名称	型号	参数	库	功能注释
C_1	电容	C	10μF	ANALOG	耦合电容
M_1	MOSFET	MbreakN3	MOS_1	BREAKOUT	放大
V_{DD}	直流电压源	VDC	20V	SOURCE	供电电源
V_{IN}	正弦电压源	VSIN	如图3.47所示	SOURCE	输入信号
V_{DS}	直流电压源	VDC	0	SOURCE	电流采样
0	接地	0		SOURCE	绝对零

. model MOS1 NMOS（Level = 2 Gamma = 0 Delta = 0 Eta = 0 Theta = 0. 0 Kappa = 0 Vmax = 0 Xj = 0

+　　Tox = 100n Uo = 600 Phi = . 6 Rs = 0. 68m Kp = 1m Vto = 1. 5 Lambda = 0. 01）

*　　**Vto = VTN = 1. 5 Kn = Kp/2 = 0. 5m Lambda = λ = 0. 01**

*　　2017 – 10 – 26 Newton creation MNOS1 模型

第1步：栅极—源级直流静态工作点计算

$$V_{GSQ} = (\frac{R_2}{R_1 + R_2})V_{DD} = (\frac{20}{120 + 20}) \times 20 = 2.857(V)$$

静态漏级电流为

$$I_{DQ} = K_n(V_{GSQ} - V_{TN})^2 = 0.5m \times (2.857 - 1.5)^2 \approx 0.92mA$$

静态漏—源级电压为

$$V_{DSQ} = V_{DD} - I_{DQ} \times R_D = 20 - 0.92 \times 10 = 10.8(V)$$

因为 $V_{DSQ} > V_{GSQ} - V_{TN}$，所以 MOSFET 工作于饱和区。

第2步：小信号电压增益计算

小信号导纳 $g_m = 2K_n(V_{GSQ} - V_{TN}) = 2 \times 0.5m \times (2.857 - 1.5) = 1.36(mA/V)$

小信号输出电阻 $r_O \cong [\lambda I_{DQ}]^{-1} = [0.01 \times 0.92]^{-1} = 108.7(k\Omega)$

放大器输入阻抗 $R_i = R_1 \parallel R_2 = 120 \parallel 20 = 17.1(k\Omega)$

小信号电压增益 $A_v = -g_m(r_O \parallel R_D)(\frac{R_i}{R_i + R_{i1}}) = -1.36 \times (108.7 \parallel 10) \times$

$(\frac{17.1}{17.1 + 1}) = -11.77$

第3步：偏置点仿真分析，验证计算与仿真数值的一致性。图3.49和图3.50分别为偏置点仿真设置与具体仿真数值；表3.8为偏置点计算值与仿真值数据对比，从表3.8可知输出电压和静态电流的计算值与仿真值误差约为10%，该误差主要受模型参数影响。

第4步：瞬态仿真分析，仿真设置如图3.51和图3.52所示。图3.53和图3.54为仿真波形与测试数据，输出电压最大值约为9.804V、最小值约为9.779V、峰峰值约为25.5mV，由此可得电压增益为（25.5÷2）÷1 = 12.75，与计算值11.76误差为9%。

图 3.49　偏置点仿真设置

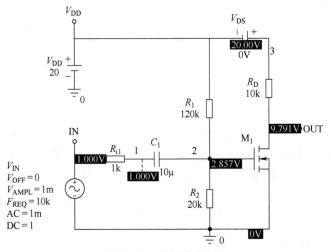

图 3.50　偏置点电压

表 3.8　偏置点数据对比

节点名称	计算值	仿真值	误差
2	2.857V	2.857V	0
OUT	10.7V	9.791V	8%
g_m	1.36mA/V	1.50mA/V	10%
I_{DQ}	0.92mA	1.02mA	9%

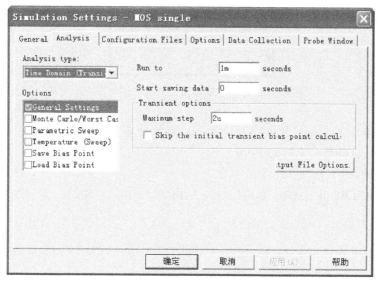

图 3.51　瞬态仿真设置

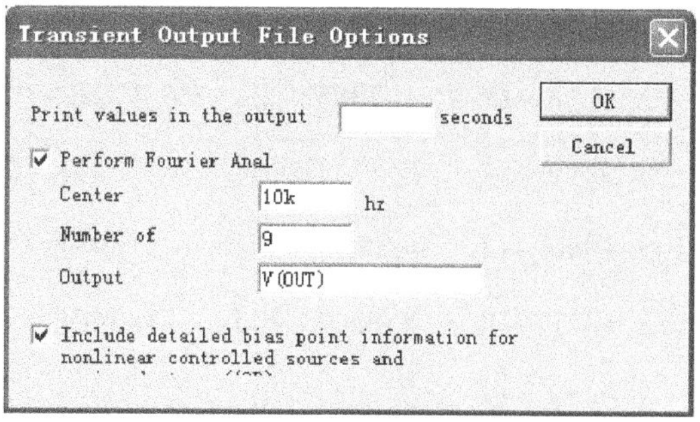

图 3.52　傅里叶仿真设置

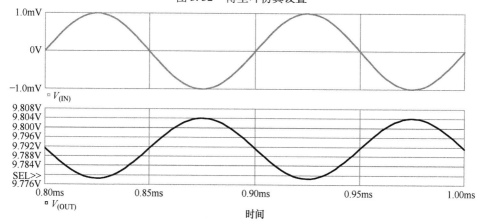

图 3.53　输入与输出电压波形：反相180°

```
Probe Cursor
A1 = 875.000u,      9.804
A2 = 925.862u,      9.779
dif= -50.862u,     25.497m
```

图 3.54　输出电压仿真数据

输出电压 $V_{(OUT)}$ 的傅里叶分量如下：直流分量约为 9.79V；基波含量约为 12.76mV；总谐波失真约为 0.1%。

DC COMPONENT = 9.791257E +00

HARMONIC NO	FREQUENCY (Hz)	FOURIER COMPONENT	NORMALIZED COMPONENT	PHASE (DEG)	NORMALIZED PHASE (DEG)
1	1.000E +04	1.276E −02	1.000E +00	−1.800E +02	0.000E +00
2	2.000E +04	6.823E −06	5.348E −04	1.087E +01	3.708E +02
3	3.000E +04	4.510E −06	3.535E −04	1.538E +02	6.937E +02
4	4.000E +04	2.213E −06	1.734E −04	6.172E +01	7.816E +02
5	5.000E +04	6.521E −06	5.111E −04	−1.277E +02	7.722E +02
6	6.000E +04	5.104E −06	4.001E −04	−3.398E +01	1.046E +03
7	7.000E +04	3.637E −06	2.851E −04	−1.340E +02	1.126E +03
8	8.000E +04	3.344E −06	2.621E −04	−7.099E +01	1.369E +03
9	9.000E +04	2.491E −06	1.953E −04	−1.679E +02	1.452E +03

TOTAL HARMONIC DISTORTION = 1.024919E −01 PERCENT

第 5 步：交流仿真分析。图 3.55 为交流等效电路，图 3.56 和图 3.57 分别

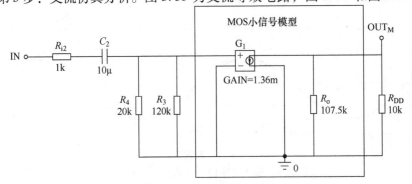

图 3.55　交流等效电路

为交流仿真设置与仿真输出波形。$V_{(OUT)}/1m$ 为实际电路电压增益波形，$V_{(OUT_M)}/1m$ 为等效电路电压增益波形，误差约为 9%，该误差主要由模型参数 g_m 和 r_O 计算误差引起，另外与温度设置也有直接关系，接下来对放大电路进行温度分析，仿真设置如图 3.58 所示。

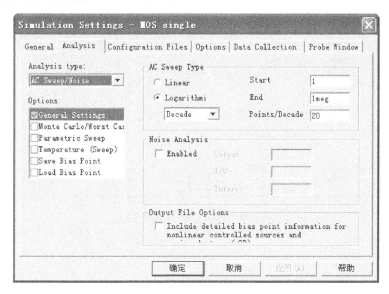

图 3.56 交流仿真设置

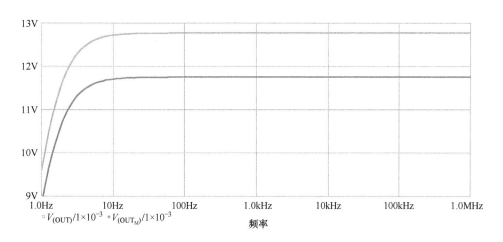

图 3.57 实际电路与等效电路交流分析输出电压仿真波形

随着温度升高电路增益逐渐降低，0℃、20℃、40℃三种温度时的电路增益特性曲线具体如图 3.59 所示，所以实际工作时尽量保持 FET 电路恒温。

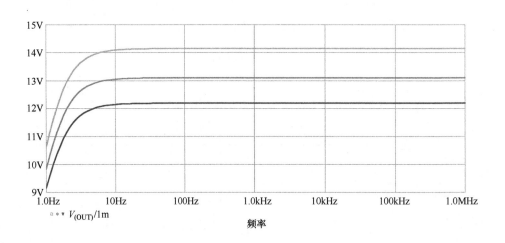

图 3.58　交流分析与温度分析

图 3.59　实际电路增益特性曲线：从上到下温度分别为 0℃、20℃、40℃

3.2.2　双管 MOS 放大电路

双管 MOS 放大电路由 NMOS + PNOS、电阻、压控电阻构成，具体电路和仿真元器件表分别如图 3.60 和表 3.9 所示。静态时设置 M_1 的 $I_{D1} = 0.5\text{mA}$、M_2 的 $I_{D2} = 1\text{mA}$。

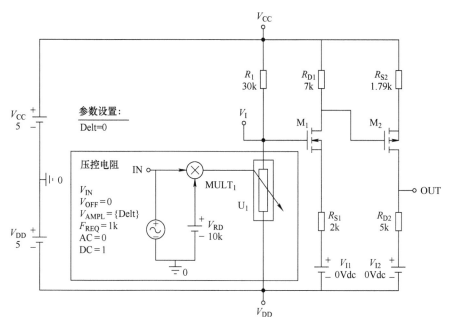

图 3.60　双管 MOS 放大电路

表 3.9　双管 MOS 放大电路仿真元器件列表

编号	名称	型号	参数	库	功能注释
R_1	电阻	R	30kΩ	ANALOG	偏置电阻
R_{D1}	电阻	R	7kΩ	ANALOG	第一级放大
R_{D2}	电阻	R	5kΩ	ANALOG	第二级放大
R_{S1}	电阻	R	2kΩ	ANALOG	偏置电压
R_{S2}	电阻	R	1.79kΩ	ANALOG	偏置电流
$MULT_1$	乘法器	MULT		ABM	可变电压
M_1	Nmos	MbreakN3	MOS2N	BREAKOUT	第一级放大
M_2	Pmos	MbreakP3	MOS2P	BREAKOUT	第二级放大
U_1	压控电阻	VARIRES	VARIRES	APPLICATION	可变电阻
V_{IN}	正弦电压源	VSIN	如图 3.60 所示	SOURCE	输入信号
V_{CC}	直流电压源	VDC	5V	SOURCE	正供电电源
V_{DD}	直流电压源	VDC	5V	SOURCE	负供电电源
V_{RD}	直流电压源	VDC	10kV	SOURCE	固定电阻值
V_{I1}	直流电压源	VDC	0	SOURCE	M1 电流采样
V_{I2}	直流电压源	VDC	0	SOURCE	M2 电流采样

编号	名称	型号	参数	库	功能注释
PARAM	参数	PARAM	如图 3.60 所示	SPECIAL	参数设置
0	接地	0		SOURCE	绝对零

```
. SUBCKT VARIRES 1 2 CTRL
R1 1 2 1E10
G1 1 2 Value = { V(1,2)/(V(CTRL) + 2u) }
. ENDS
```

```
. model MOS2N NMOS( Level = 2 Gamma = 0 Delta = 0 Eta = 0 Theta = 0. 0 Kappa = 0 Vmax = 0 Xj = 0
+      Tox = 100n Uo = 600 Phi = . 6 Rs = 0. 68m Kp = 4m Vto = 1 Lambda = 0)
*      2018 - 9 - 13 Newton creation NMOS 模型
```

```
. model MOS2P PMOS  ( Level = 3 Gamma = 0 Delta = 0 Eta = 0 Theta = 0. 0 Kappa = 0 Vmax = 0 Xj = 0
+      Tox = 100n Uo = 600 Phi = . 6 Rs = 0. 68m Kp = 4m Vto = - 1 Lambda = 0)
*      2018 - 9 - 13 Newton creation PMOS 模型
```

因为 $0.5\text{m} = \dfrac{K_p}{2} \times (V_{GS1} - V_{to})^2 = \dfrac{4 \times 10^{-3}}{2} \times (V_{GS1} - 1)^2 \Rightarrow V_{GS1} = 1.5(\text{V})$

$$1\text{m} = \frac{K_p}{2} \times (V_{SG2} + V_{to})^2 = \frac{4 \times 10^{-3}}{2} \times (V_{SG2} - 1)^2 \Rightarrow V_{SG2} = 1.707(\text{V})$$

静态工作时可变电阻 U_1 的阻值为 $10\text{k}\Omega$，所以 $V_I = -2.5\text{V}$，电阻 R_{S1} 计算公式如下：

$$R_{S1} = \frac{-2.5 - 1.5 - (-5)}{0.5 \times 10^{-3}} = 2(\text{k}\Omega)$$

令 M_1 的漏级电压 $V_{D1} = 1.5\text{V}$，则电阻 R_{D1} 的计算公式如下：

$$R_{D1} = \frac{5 - 1.5}{0.5 \times 10^{-3}} = 7(\text{k}\Omega)$$

所以 M_2 的源级电压为 $V_{D1} + V_{SG2} = 3.207(\text{V})$，则 $R_{S2} = \dfrac{5 - 3.207}{1 \times 10^{-3}} \approx 1.79(\text{k}\Omega)$。

静态工作时输出电压 $V_{(OUT)} = 0\text{V}$，所以 $R_{D2} = \dfrac{0 - (-5)}{1 \times 10^{-3}} = 5(\text{k}\Omega)$。

小信号导纳 $g_{m1} = 2\sqrt{\dfrac{K_p}{2} \times I_{D1}} = 2\sqrt{\dfrac{4 \times 10^{-3}}{2} \times 0.5 \times 10^{-3}} = 2(\text{mA/V})$

$$g_{m2} = 2\sqrt{\frac{K_p}{2} \times I_{D2}} = 2\sqrt{\frac{4 \times 10^{-3}}{2} \times 1 \times 10^{-3}} = 2.828(\text{mA/V})$$

小信号电压增益为

$$\frac{v_{\text{out}}}{v_{\text{i}}} = \frac{g_{\text{m1}} g_{\text{m2}} R_{\text{D1}} R_{\text{D2}}}{(1 + g_{\text{m1}} R_{\text{S1}})(1 + g_{\text{m2}} R_{\text{S2}})}$$

因为 $v_{\text{i}} = \dfrac{10 \times 10^3 \times (1 + \text{Delt})}{10 \times 10^3 \times (1 + \text{Delt}) + 30 \times 10^3} \times 10 - 5 - (\dfrac{10 \times 10^3}{10 \times 10^3 + 30 \times 10^3} \times 10 -$

$5) = \dfrac{7.5 \times \text{Delt}}{4 + \text{Delt}}$

当 Delt $\ll 4$ 时，$v_{\text{i}} = 1.875 \text{Delt}$，Delt 即输入交流信号 v_{in}。

所以 $\dfrac{v_{\text{out}}}{v_{\text{in}}} = \dfrac{1.875 g_{\text{m1}} g_{\text{m2}} R_{\text{D1}} R_{\text{D2}}}{(1 + g_{\text{m1}} R_{\text{S1}})(1 + g_{\text{m2}} R_{\text{S2}})} = 12.24$

第1步：偏置点仿真分析，测试电压增益以及静态偏置电流，仿真设置如图 3.61 所示。

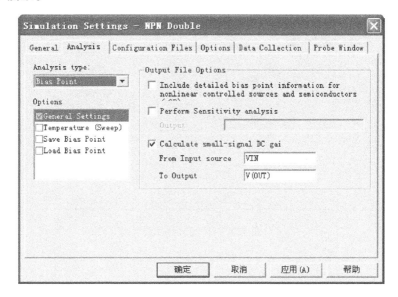

图 3.61　偏置点仿真设置

1. 小信号特性

电压增益：$\text{V(OUT)}/\text{V\_VIN} = 1.224\text{E} + 01 = 12.24$

输入阻抗：INPUT RESISTANCE AT V_VIN $= 1.000\text{E} + 20$

输出阻抗：OUTPUT RESISTANCE AT V(OUT) $= 5.000\text{E} + 03$

2. 电压源电流

V_VI1　　　　$5.000\text{E} - 04 = 0.5\text{mA}$

V_VI2　　　　$1.001\text{E} - 03 = 1\text{mA}$

3. 输出节点电压

NODE　　VOLTAGE

（OUT）　　.0067 = 0V

通过仿真可得电压增益为 12.24，M_1 静态电流为 0.5mA，M_2 静态电流为 1mA，静态输出电压为 0V，均与设置值一致。

第 2 步：直流仿真分析，测试输入与输出线性特性。图 3.62、图 3.63 和图 3.64 分别为输入信号 V_{IN} 直流仿真设置及输出电压 $V_{(OUT)}$ 仿真波形与具体数据，输入与输出呈线性关系，增益为 $489.9 \times 10^{-3}/40 \times 10^{-3} = 12.247$，与设置增益基本一致。

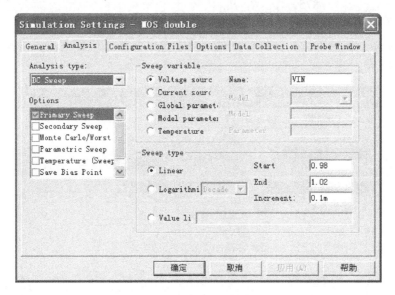

图 3.62　直流仿真设置

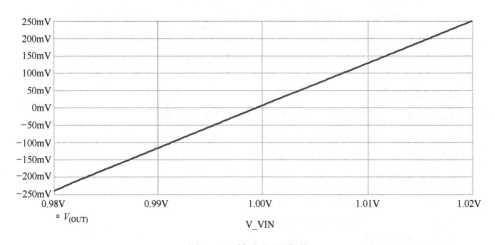

图 3.63　输出电压波形

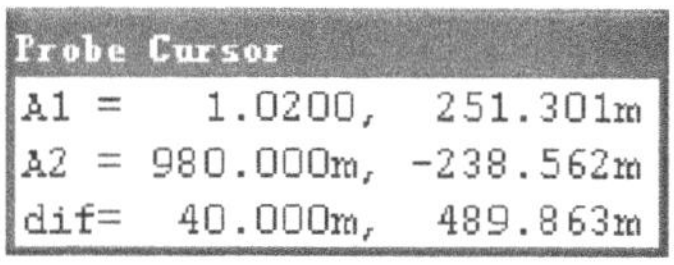

```
Probe Cursor
A1 =     1.0200,    251.301m
A2 =  980.000m,   -238.562m
dif=   40.000m,    489.863m
```

图 3.64　输出电压峰峰值为 489.9mV

第 3 步：瞬态仿真分析，测试输出波形质量和放大倍数、仿真电路如图 3.65 所示。图 3.66、图 3.67 和图 3.68 分别为瞬态仿真设置和仿真波形。通过波形可得输入与输出同相，并且输入电压峰峰值得到放大。

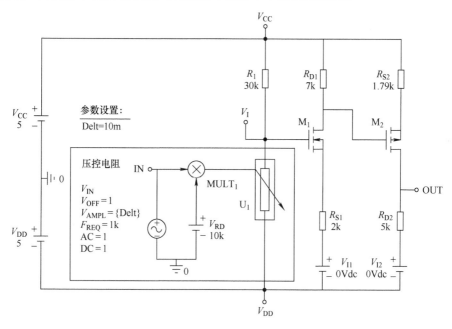

图 3.65　瞬态仿真电路

通过傅里叶分析可得，输出直流分量约为 6.7mV，总谐波失真约为万分之四，1kHz 基波频率时的电压幅值为 122.5mV。

DC COMPONENT = 6.687130E − 03

HARMONIC NO	FREQUENCY (Hz)	FOURIER COMPONENT	NORMALIZED COMPONENT	PHASE (DEG)	NORMALIZED PHASE (DEG)
1	1.000E + 03	1.225E − 01	1.000E + 00	− 1.341E − 03	0.000E + 00
2	2.000E + 03	4.573E − 05	3.734E − 04	8.976E + 01	8.976E + 01
3	3.000E + 03	2.786E − 06	2.275E − 05	− 1.696E + 02	− 1.696E + 02

4	4.000E+03	8.732E-07	7.131E-06	-1.048E+02	-1.048E+02
5	5.000E+03	2.623E-06	2.142E-05	-5.491E+01	-5.490E+01
6	6.000E+03	6.182E-07	5.048E-06	5.876E+01	5.877E+01
7	7.000E+03	2.476E-06	2.022E-05	1.208E+02	1.208E+02
8	8.000E+03	9.516E-07	7.771E-06	-9.464E+01	-9.462E+01
9	9.000E+03	2.288E-06	1.868E-05	-8.748E+01	-8.747E+01

TOTAL HARMONIC DISTORTION = 3.759218E-02 PERCENT

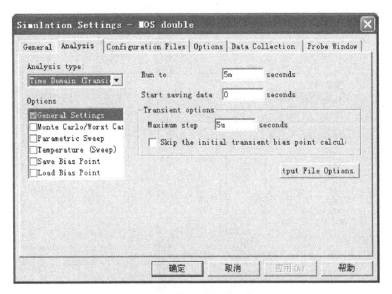

图 3.66　瞬态仿真设置

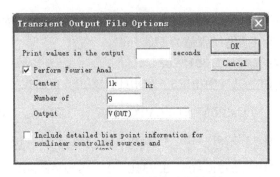

图 3.67　输出电压傅里叶分析设置

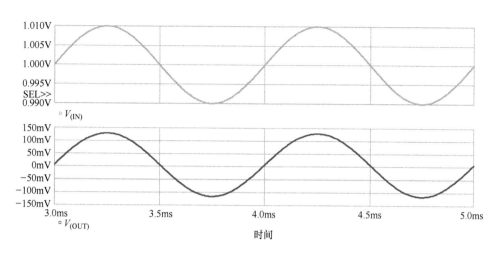

图 3.68 输入、输出仿真波形

第 4 步：交流仿真分析，测试电路频率特性。图 3.69 和图 3.70、图 3.71 分别为交流仿真设置、输出电压仿真波形和数据。低频时交流放大倍数为 12.235，与小信号放大倍数计算值一致，当选用高频 MOS 器件时该放大电路的带宽能够达到百兆赫兹。

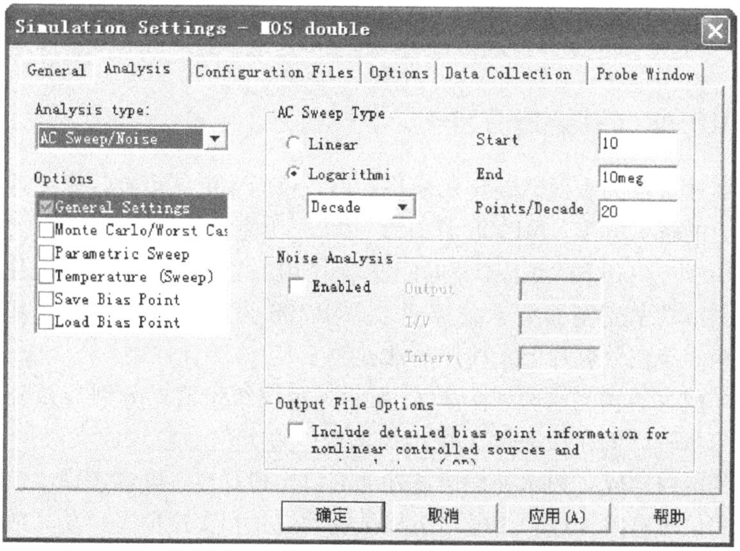

图 3.69 交流仿真设置

12.5V
12.0V
11.5V
10Hz
100Hz
1.0kHz
10kHz
100kHz
1.0MHz
10MHz
V(OUT)
频率

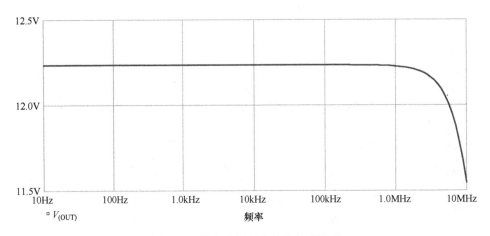

图 3.70　输出电压频率特性仿真波形

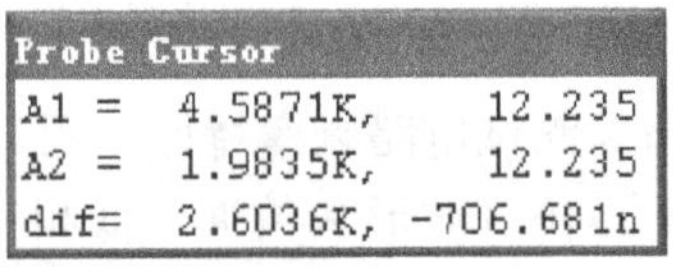

Probe Cursor
A1 = 4.5871K, 12.235
A2 = 1.9835K, 12.235
dif= 2.6036K, -706.681n

图 3.71　输出电压频率特性数据

3.3　集成功率放大器 MP108

3.3.1　MP108 工作原理分析

MP108 放大器为表面贴装集成模块，面积仅为 $4in^2$，可在许多工业应用中提供经济高效的解决方案。MP108 具有多种可选功能，如四线电流限制及外部补偿等。MP108 在 300kHz 功率带宽时能够输出 10A 电流，并且最大电压为 200V，能够满足基本功率变换器技术指标要求。MP108 封装在导热、绝缘基板上，所以可以直接安装在散热片上，使用非常方便。

MP108 放大器功能原理如图 3.72 所示，由三级组成，分别为差分信号输入放大级、信号驱动级和功率放大输出级构成。差分信号输入放大级由 FET 差分对和恒流源电路构成，频率补偿通过外部端口 5 和 6 连接电容实现；信号驱动级由晶体管和恒流电路构成，为输出级提供驱动信号和直流偏置；功率放大输出级由 MOSFET 和限流电路构成，MOSFET 完成功率放大，最大输出为 10A/200V，限流电路通过电阻采样输出电流对电路进行保护。

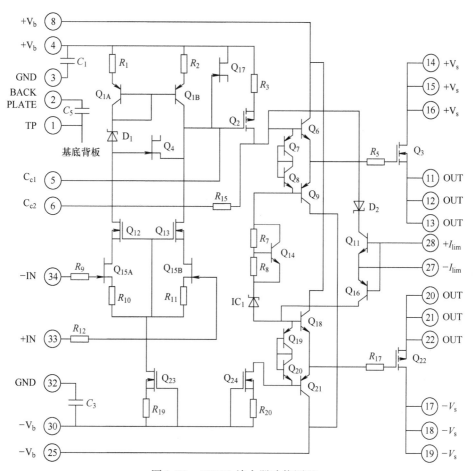

图 3.72 MP108 放大器功能原理

3.3.2 MP108 模型建立及测试

根据 MP108 模型语句搭建子电路（见图 3.73），其 PSpice 语句分别如下所示，接下来进行具体功能测试。

MP108 的 PSpice 模型语句如下：

＊管脚封装顺序说明 ＋IN －IN ＋ILIM －ILIM OUT ＋VB －VB COMP COMP ＋VS －VS

＊　　　　　　　　　　　1 2 5 4 3 6 7 8 9 10 11

. SUBCKT MP108 1 2 5 4 3 6 7 8 9 10 11

X1 10 12 13 IRF640NS

X7 11 14 15 IRF9640

R77 16 6 15

C1 6 17 470E－12

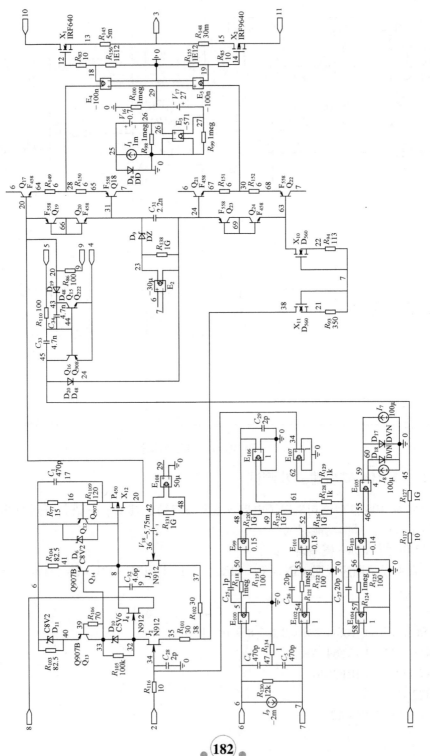

图 3.73　MP108 子电路

R83 18 12 10

R85 19 14 10

R86 9 20 100

R93 7 21 350

R94 7 22 113

Q12 8 16 6 Q907

D6 8 6 C8V2

E2 23 24 6 7 −30E−6

D8 25 0 DD

I1 0 25 1E−3

V16 25 26 0.7

E3 27 0 26 0 −571

R98 0 26 1E6

R99 0 27 1E6

E4 28 18 29 0 −1E−7

E5 30 19 29 0 1E−7

V17 27 29 27

R100 0 29 1E6

D9 23 31 DZ

D10 32 33 C5V6

J2 32 34 35 N912

J3 8 36 37 N912

R101 38 35 30

R102 38 37 30

Q13 33 39 40 Q907B

Q14 8 33 41 Q907B

R103 40 6 82.5

R104 41 6 82.5

J4 8 32 8 N912

R105 32 33 1E5

D11 40 6 C8V2

V18 36 42 −5.75E−3

R106 33 39 70

R109 17 16 120

Q15 43 44 4 Q222

Q16 45 44 4 Q908

R110 44 5 100

R116 2 34 10

R117 1 46 10

C4 6 47 470E – 12

C5 47 7 470E – 12

E99 48 49 50 0 0. 15

R118 50 51 1E6

R119 0 50 100

C25 51 50 1E – 12

E100 51 0 6 0 1

R120 49 48 1E9

E101 49 52 53 0 – 0. 15

R121 53 54 1E6

R122 0 53 100

C26 54 53 20E – 12

E102 54 0 7 0 1

R123 52 49 1E9

E103 52 55 56 0 – 0. 14

R124 56 57 1E6

R125 0 56 100

C27 57 56 20E – 12

E104 57 0 58 0 1

R126 55 52 1E9

E105 55 46 59 60 4

D17 59 0 DVN

I7 0 59 100E – 6

D18 60 0 DVN

I8 0 60 100E – 6

R127 46 55 1E9

E106 61 0 48 0 1

E107 62 0 34 0 1

R128 58 61 1E3

R129 58 62 1E3

R130 7 6 12E3

E108 42 48 29 0 50E – 6

R131 48 42 1E9

C28 34 0 2E − 12

C29 48 0 2E − 12

I9 6 7 − 2E − 3

R133 24 23 1E9

X10 63 7 22 D560

X11 38 7 21 D560

X12 20 8 17 P450

R134 0 47 1

R145 13 3 0. 005

R148 15 3 0. 03

Q17 6 20 64 F458

Q18 7 31 65 F558

Q19 66 66 20 F558

Q20 66 66 31 F458

Q21 6 24 67 F458

Q22 7 63 68 F558

Q23 69 69 24 F558

Q24 69 69 63 F458

R149 28 64 6

R150 65 28 6

R151 30 67 6

R152 68 30 6

C31 31 24 2200E − 12

C32 8 9 4. 6E − 12

D19 20 43 D48

D20 45 24 D48

C33 44 45 4700E − 12

C34 43 44 4700E − 12

R155 0 19 1E12

R156 0 18 1E12

. MODEL D48 D RS = 10 IS = 1E − 15 CJO = 1E − 12 TT = 1N

. MODEL F458　NPN BF = 210 IKF = 0. 5 VAF = 1050

+ XTB = 1. 4 ISE = 2. 1E − 14

+ ISC = 6. 42E − 12　RB = 0. 5 RE = 0. 224 RC = 0. 134 CJC = 12. 75E − 12

+ MJC = 0. 3966 VJC = 0. 4332 CJE = 183E − 12 TF = 2. 49E − 9

. MODEL F558 PNP BF = 200 IKF = 0. 5 VAF = 349

+ ISE = 3. 35E − 14   ISC = 9. 42E − 12

+ RB = 0. 133 RE = 0. 5725 RC = 0. 748 CJC = 26. 4E − 12 MJC = 0. 5932

+ VJC = 0. 9135 CJE = 165E − 12 TF = 1. 7E − 9

. MODEL DVN D KF = 5E − 16

. MODEL DD D

. MODEL MSD PMOS KP = 0. 05 VTO = − 2

. MODEL Q222 NPN IS = 2E − 13

. MODEL Q908 PNP IS = 1E − 13

. MODEL DZ D BV = 6. 135 IBV = 0. 001 RS = 5

. MODEL N912 NJF VTO = − 3 BETA = 3. 2E − 3 RS = 12 RD = 50

+ IS = 1E − 18 LAMBDA = 3E − 4 CGS = 10E − 12 CGD = 0. 5E − 12

. MODEL C5V6 D IS = 1E − 15 RS = 5 N = 1 BV = 5. 6 IBV = 1E − 4

. MODEL C8V2 D IS = 1E − 15 RS = 5 N = 1 BV = 8. 2 IBV = 1E − 4

. MODEL Q907 PNP IS = 1. 1E − 13 BF = 150 BR = 6 NF = 1. 2

+ RC = 1 IKF = 0. 1 VAF = 90 XTB = 1. 5 NE = 1. 8 ISE = 1. 5E − 13

+ CJE = 20E − 12 VJE = 0. 8 MJE = 1. 2 CJC = 15E − 12 VJC = 0. 57

+ MJC = 0. 3 TF = 0. 5E − 9 TR = 35E − 9

. MODEL Q907B PNP IS = 1. 1E − 13 BF = 150 BR = 6 NF = 1. 2

+ RC = 1 IKF = 0. 1 VAF = 900 XTB = 1. 5 NE = 1. 8 ISE = 1. 5E − 13

+ CJE = 20E − 12 VJE = 0. 8 MJE = 1. 2 CJC = 15E − 12 VJC = 0. 57

+ MJC = 0. 3 TF = 0. 5E − 9 TR = 35E − 9

. ENDS MP108

. SUBCKT D560 10 20 30

M1 10 20 30 30 DMOS L = 1U W = 1U

CGS 20 30 43E − 12

. MODEL DMOS NMOS LEVEL = 3 VMAX = 9E5 THETA = 6E − 3 ETA = 2E − 4

+ VTO = − 2. 5 KP = 0. 07 RS = 2 RD = 19

. ENDS

. SUBCKT P450 10 20 30

M1 10 20 30 30 DMOS L = 1U W = 1U

RDS 10 30 1E6

CGS 20 30 85E − 12

CDG 10 20 20E − 12

. MODEL DMOS PMOS LEVEL = 3 VMAX = 9E5 THETA = 60E − 3 ETA = 2E − 3

+ VTO = − 2 KP = 0. 05 RS = 3 RD = 10

. ENDS

. SUBCKT irf640ns 1 2 3

* *

*　　　Model Generated by MODPEX　　*

* Copyright（c）Symmetry Design Systems *

*　　　All Rights Reserved　　　*

*　　UNPUBLISHED LICENSED SOFTWARE　*

*　Contains Proprietary Information *

*　　　Which is The Property of　　*

*　　SYMMETRY OR ITS LICENSORS　　*

* Commercial Use or Resale Restricted *

*　　by Symmetry License Agreement　　*

* *

* Model generated on Feb 14, 02

* MODEL FORMAT: SPICE3

* Symmetry POWER MOS Model（Version 1. 0）

* External Node Designations

* Node 1 － > Drain

* Node 2 － > Gate

* Node 3 － > Source

M1 9 7 8 8 MM L = 100u W = 100u

. MODEL MM NMOS LEVEL = 1 IS = 1e − 32

+ VTO = 4. 12428 LAMBDA = 0. 00426564 KP = 7. 74523

+ CGSO = 1. 06e − 05 CGDO = 1e − 10

RS 8 3 1e − 05

D1 3 1 MD

. MODEL MD D IS = 4. 09854e − 11 RS = 0. 00724292 N = 1. 17043 BV = 200

+ IBV = 0. 00025 EG = 1. 2 XTI = 4 TT = 0

+ CJO = 8e − 10 VJ = 1. 41926 M = 0. 676432 FC = 0. 5

RDS 3 1 1e + 06

RD 9 1 0. 1

RG 2 7 1. 35527

D2 4 5 MD1

* Default values used in MD1:

*　　RS = 0 EG = 1. 11 XTI = 3. 0 TT = 0

*　　BV = infinite IBV = 1mA

. MODEL MD1 D IS = 1e − 32 N = 50

+ CJO = 1. 5322e − 09 VJ = 1. 34184 M = 0. 9 FC = 1e − 08

D3 0 5 MD2

* Default values used in MD2:

*　　EG = 1. 11 XTI = 3. 0 TT = 0 CJO = 0

*　　BV = infinite IBV = 1mA

. MODEL MD2 D IS = 3e − 15 N = 0. 693912 RS = 3e − 06

RL 5 10 1

FI2 7 9 VFI2 − 1

VFI2 4 0 0

EV16 10 0 9 7 1

CAP 11 10 2. 19598e − 09

FI1 7 9 VFI1 − 1

VFI1 11 6 0

RCAP 6 10 1

D4 0 6 MD3

* Default values used in MD3:

*　　EG = 1. 11 XTI = 3. 0 TT = 0 CJO = 0

*　　RS = 0 BV = infinite IBV = 1mA

. MODEL MD3 D IS = 3e − 15 N = 0. 693912

. ENDS

. SUBCKT irf9640 1 2 3

* *

*　　　Model Generated by MODPEX　　　*

* Copyright （c） Symmetry Design Systems *

*　　　　All Rights Reserved　　　　*

*　　UNPUBLISHED LICENSED SOFTWARE　　*

*　Contains Proprietary Information　*

*　　Which is The Property of　　*

*　　SYMMETRY OR ITS LICENSORS　　*

* Commercial Use or Resale Restricted *

*　by Symmetry License Agreement　　*

* *

* Model generated on May 21 , 96

* Model format: SPICE3

* Symmetry POWER MOS Model（Version 1.0）

* External Node Designations

* Node 1 – > Drain

* Node 2 – > Gate

* Node 3 – > Source

M1 9 7 8 8 MM L = 100u W = 100u

* Default values used in MM：

* The voltage – dependent capacitances are

* not included. Other default values are：

*   RS = 0 RD = 0 LD = 0 CBD = 0 CBS = 0 CGBO = 0

. MODEL MM PMOS LEVEL = 1 IS = 1e – 32

+ VTO = – 3.8062 LAMBDA = 0.0228396 KP = 10.7224

+ CGSO = 1.09465e – 05 CGDO = 1e – 11

RS 8 3 0.101556

D1 1 3 MD

. MODEL MD D IS = 1e – 17 RS = 0.185714 N = 1.5 BV = 200

+ IBV = 0.00025 EG = 1.2 XTI = 4 TT = 1e – 07

+ CJO = 1.22255e – 09 VJ = 2.42988 M = 0.605683 FC = 0.493595

RDS 3 1 2e + 06

RD 9 1 0.261579

RG 2 7 6.81119

D2 5 4 MD1

* Default values used in MD1：

*   RS = 0 EG = 1.11 XTI = 3.0 TT = 0

*   BV = infinite IBV = 1mA

. MODEL MD1 D IS = 1e – 32 N = 50

+ CJO = 8.6947e – 10 VJ = 2.34088 M = 0.9 FC = 1e – 08

D3 5 0 MD2

* Default values used in MD2：

*   EG = 1.11 XTI = 3.0 TT = 0 CJO = 0

*   BV = infinite IBV = 1mA

. MODEL MD2 D IS = 3e – 15 N = 0.402798 RS = 3e – 06

RL 5 10 1

FI2 7 9 VFI2 – 1

VFI2 4 0 0

EV16 10 0 9 7 1

CAP 11 10 1.8148e − 09

FI1 7 9 VFI1 −1

VFI1 11 6 0

RCAP 6 10 1

D4 6 0 MD3

∗ Default values used in MD3：

∗   EG = 1.11 XTI = 3.0 TT = 0 CJO = 0

∗   RS = 0 BV = infinite IBV = 1mA

. MODEL MD3 D IS = 3e − 15 N = 0.402798

. ENDS

∗ END MODEL MP108

第 1 步：瞬态仿真分析。图 3.74、图 3.75、图 3.76 和图 3.77 分别为 MP108 功率放大电路、瞬态仿真设置、输出电压傅里叶分析设置和仿真波形，

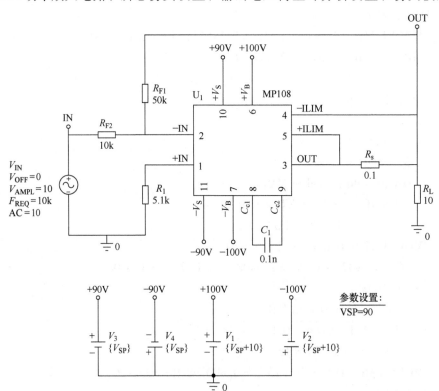

图 3.74　MP108 功率放大电路

表 3.10 为 MP108 功率放大电路仿真元器件列表。反相放大增益 $\text{Gain} = \dfrac{V_{(\text{OUT})}}{V_{(\text{IN})}} = -\dfrac{R_{\text{F1}}}{R_{\text{F2}}}$，通过波形可得输入与输出反相，并且输入电压变化值得到 5 倍放大。

表 3.10 MP108 功率放大电路仿真元器件列表

编号	名称	型号	参数	库	功能注释
R_{F1}	电阻	R	50kΩ	ANALOG	反馈电阻
R_{F2}	电阻	R	10kΩ	ANALOG	反馈电阻
R_1	电阻	R	5.1kΩ	ANALOG	偏置电阻
R_{s}	电阻	R	0.1Ω	ANALOG	限流电阻
R_{L}	电阻	R	10Ω	ANALOG	负载电阻
C_1	电容	C	0.1nF	ANALOG	滤波电容
U_1	MP108	MP108		MP108	功率放大
V_{IN}	正弦电压源	VSIN	如图 3.74 所示	SOURCE	输入信号
V_1	直流电压源	VDC	$\{V_{\text{SP}} + 10\}$	SOURCE	正偏置电源
V_2	直流电压源	VDC	$\{V_{\text{SP}} + 10\}$	SOURCE	负偏置电源
V_3	直流电压源	VDC	$\{V_{\text{SP}}\}$	SOURCE	正供电电源
V_4	直流电压源	VDC	$\{V_{\text{SP}}\}$	SOURCE	负供电电源
PARAM	参数	PARAM	如图 3.74 所示	SPECIAL	参数设置
0	接地	0		SOURCE	绝对零

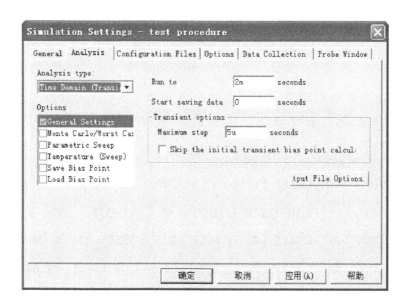

图 3.75 瞬态仿真设置

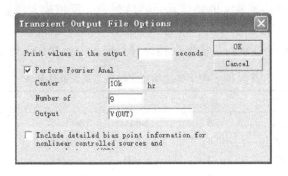

图 3.76　输出电压傅里叶分析设置

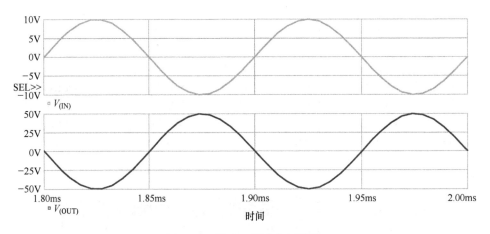

图 3.77　输入、输出电压波形

通过傅里叶分析可得，输出直流分量约为 − 2.4mV，总谐波失真约为 0.15%，10kHz 基波频率时的电压幅值为 49.61V，与计算值 50V 误差约为 0.8%。

DC COMPONENT = − 2.384064E − 03

HARMONIC NO	FREQUENCY （Hz）	FOURIER COMPONENT	NORMALIZED COMPONENT	PHASE （DEG）	NORMALIZED PHASE （DEG）
1	**1.000E + 04**	**4.961E + 01**	**1.000E + 00**	**1.795E + 02**	**0.000E + 00**
2	2.000E + 04	3.577E − 02	7.211E − 04	− 1.092E + 02	− 4.682E + 02
3	3.000E + 04	3.344E − 02	6.739E − 04	− 1.448E + 02	− 6.832E + 02
4	4.000E + 04	2.246E − 02	4.527E − 04	− 1.165E + 02	− 8.344E + 02

5	5.000E+04	8.862E−03	1.786E−04	−1.567E+02	−1.054E+03
6	6.000E+04	2.150E−02	4.333E−04	−1.037E+02	−1.181E+03
7	7.000E+04	1.954E−02	3.939E−04	−8.972E+01	−1.346E+03
8	8.000E+04	2.486E−02	5.012E−04	−1.077E+02	−1.544E+03
9	9.000E+04	2.771E−02	5.586E−04	−1.129E+02	−1.728E+03

TOTAL HARMONIC DISTORTION = 1.455054E−01 PERCENT

最大电流 $I_{max} \approx \dfrac{0.7}{R_S}$，通过调节 R_S 阻值设置最大输出电流值，过电流时仿真波形和数据如图 3.78 和图 3.79 所示，计算与仿真基本一致。

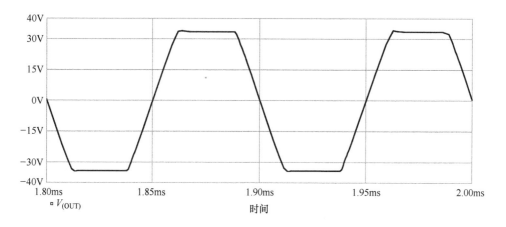

图 3.78 $R_S = 0.1\Omega$、负载为 5Ω 时的输出电压波形

```
Probe Cursor
A1 =    1.8778m,     33.540
A2 =    1.8778m,     33.540
dif=     0.000,       0.000
```

图 3.79 输出最大电压约为 33.5V

第 2 步：交流仿真分析，测试电路频率特性。图 3.80 和图 3.81、图 3.82 分别为交流仿真设置、输出电压仿真波形和数据。低频时交流放大倍数约为 5，与设置值一致，该放大器采用高频 MOS 器件时带宽最大可达 300kHz。

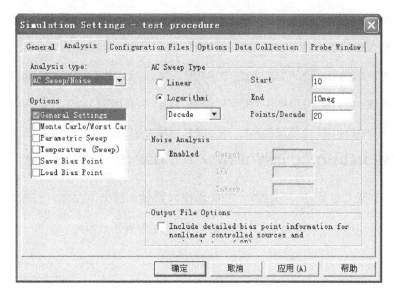

图 3.80　交流仿真设置

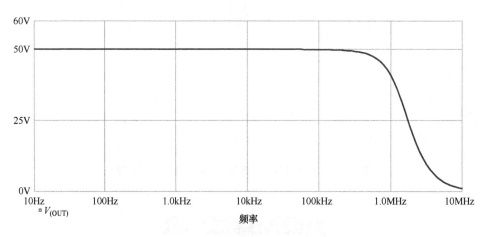

图 3.81　输出电压频率特性仿真波形

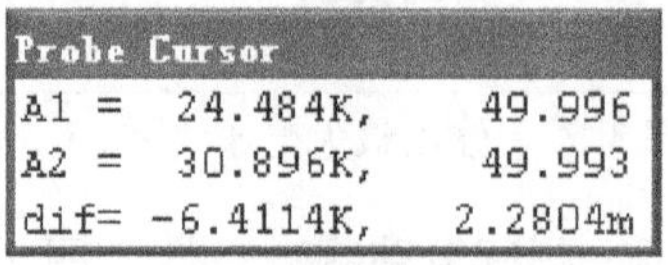

Probe Cursor		
A1 =	24.484K,	49.996
A2 =	30.896K,	49.993
dif=	-6.4114K,	2.2804m

图 3.82　输出电压频率特性数据

第4章

信号隔离电路设计

本章主要利用模拟光电耦合器 HCNR200、HCNR201 进行信号隔离电路设计，内容包括光电耦合器模型建立和实际应用电路设计。

4.1 HCNR200 模型建立

HCNR200（见图 4.1 和表 4.1）内部包含两路完全匹配的光电耦合器，分别通过电流控制电流源 F_{PD1} 和 F_{PD2} 进行模拟，输入电流信号控制晶体管 Q_{L1} 和 Q_{L2} 的基极电流，从而控制其集电极电流——即 F_{PD1} 和 F_{PD2} 的输入电流，最终控制两光电耦合器的输出电流。当 F_{PD1}、F_{PD2} 和晶体管 Q_{L1}、Q_{L2} 参数完全一致时两光电耦合器的输出电流一致，从而实现线性信号隔离。HCNR200 线性光电耦合器输入/输出电流变比约为 0.5%，下面通过仿真对模型进行测试。

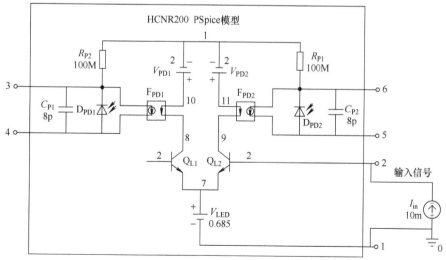

图 4.1　HCNR200 模型及测试电路

表 4.1　HCNR200 模型及测试电路仿真元器件列表

编号	名称	型号	参数	库	功能注释
R_{P1}	电阻	R	100MΩ	ANALOG	防止悬空
R_{P2}	电阻	R	100MΩ	ANALOG	防止悬空
C_{P1}	电容	C	8pF	ANALOG	滤波电容
C_{P2}	电容	C	8pF	ANALOG	滤波电容
D_{PD1}	二极管	Dbreak	DPHOTO	BREAKOUT	续流
D_{PD2}	二极管	Dbreak	DPHOTO	BREAKOUT	续流
Q_{L1}	晶体管	QbreakN	QCPL	BREAKOUT	电流放大
Q_{L2}	晶体管	QbreakN	QCPL	BREAKOUT	电流放大
F_{PD1}	电流控制电流源	F	1A	ANALOG	电流隔离
F_{PD2}	电流控制电流源	F	1A	ANALOG	电流隔离
V_{PD1}	直流电压源	VDC	2V	SOURCE	偏置电压
V_{PD2}	直流电压源	VDC	2V	SOURCE	偏置电压
V_{LED}	直流电压源	VDC	0.685V	SOURCE	二极管偏置电压
I_{in}	直流电流源	IDC	10mA	SOURCE	输入信号
0	接地	0		SOURCE	绝对零

. MODEL QCPL NPN（IS = 2.214E - 19 BF = 10m NF = 1.010 IKF = 11.00M ISE = 1.167P NE = 1.737 RB = 3.469 VAF = 100 TF = 1.77U CJE = 8.0P）

. model DPHOTO D（IS = 4.5E - 12 RS = 150 N = 1.3 XTI = 4 EG = 1.11 CJO = 1.4P M = 1.96 VJ = 1.9）

4.1.1　HCNR200 模型瞬态分析

对 HCNR200 模型进行瞬态仿真分析（见图 4.2 和图 4.3），验证电流传输系数及其一致性。

当输入电流为 10mA 时输出电流约为 48μA，电流传输系数约为 0.48%，与模型误差为 4%。

4.1.2　HCNR200 模型直流分析

对 HCNR200 模型进行直流仿真分析，验证输入电流变化时输出电流传输特性。图 4.4、图 4.5 和图 4.6 分别为直流分析仿真设置、仿真波形和仿真数据，当输入电流为 0 时光电耦合器输出电流约为 3pA，输入电流为 10mA 时光电耦合器输出电流约为 48μA。I_Iin × 0.0048 为输入电流变比为 0.48% 时的输出波形，与光电耦合器输出波形线性一致。

HCNR200 模型包括的 OLB 和 lib 文件、如图 4.7 所示，其 PSpice 模型语句

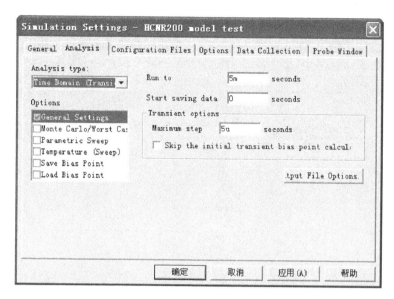

图 4.2 瞬态仿真设置

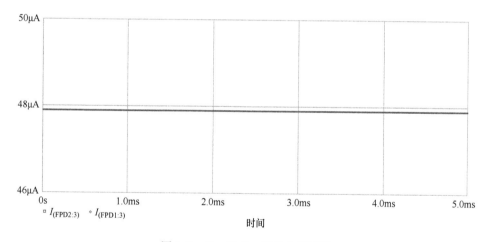

图 4.3 F_{PD1} 和 F_{PD2} 输出电流波形

如下所示（可能与实际测试电路略有差别）：

```
*  HCNR200/HCNR201 Linear optocoupler spice model
.subckt HCNR200 1 2 3 4 5 6
*  led circuit
QLED1 8 2 7 QCPL 0.5
QLED2 9 2 7 QCPL 0.5
VLED 7 1 DC 0.685
```

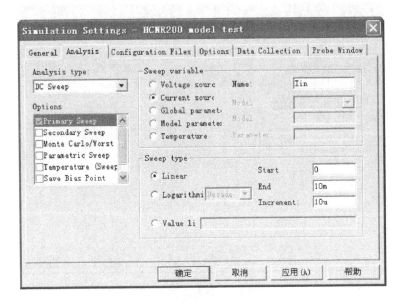

图 4.4 直流仿真设置

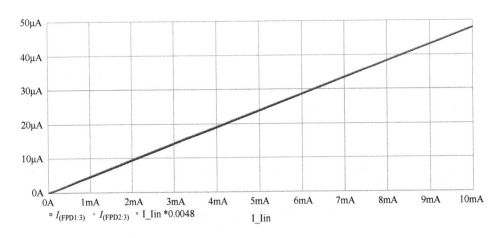

图 4.5 F_{PD1}、F_{PD2} 输出电流和 I_Iin $\times 0.0048$ 波形

图 4.6 仿真数据

图 4.7 HCNR200 的 OLB 和 lib 文件

VPD1 8 1 DC 2

VPD2 9 1 DC 2

* Input photodiode circuit

DPD1 4 3 DPHOTO

FPD1 3 4 VPD1 −1

CPD1 4 3 8p

* Output photodiode circuit

DPD2 5 6 DPHOTO

FPD2 6 5 VPD1 −1

CPD2 5 6 8p

* photodiode model

. model DPHOTO D（IS = 4.5E − 12 RS = 150 N = 1.3 XTI = 4 EG = 1.11 CJO = 14P M = 1.96 VJ = 1.9）

* LED/OPTICAL − COUPLING TRANSISTOR MODEL

. MODEL QCPL NPN（IS = 2.214E − 19 BF = 10M NF = 1.010 IKF = 11.00M ISE = 1.167P NE = 1.737 RB = 3.469 VAF = 100 + TF = 1.77U CJE = 80P）

. ENDS

4.2 简单线性隔离电路

简单线性隔离电路由 HCNR200、晶体管和电阻构成，如图 4.8 和表 4.2 所示。Q_1、Q_2、R_3 和 R_4 构成输入侧运算放大器，Q_3、Q_4、R_5、R_6 和 R_7 构成输出侧运算放大器，R_1 和 R_2 为反馈电阻。当增益较低、输入电流和偏置电压较高时，电路精度将会受到影响，但工作方式保持不变。由于基本电路运行方式并未改变，所以电路仍然具有良好的增益稳定性。使用分立晶体管取代运算放大器设计电路时牺牲了精度但降低了成本，并且同样能够达到良好的带宽和增益稳定性。

根据输入电压 $V_{(IN)}$ 具体数值选择电阻 R_1 参数值，使得 HCNR200 输入 LED 电流为 7~10mA，计算公式如下：

$I_F = [V_{(IN)}/R_1]/K_1$，HCNR200 的 K_1 典型值约为 0.5%。

正常工作时输出电压为 $V_{(OUT)} = (R_2/R_1)V_{(IN)}$，输出与输入呈线性关系，通过改变电阻 R_2 与 R_1 比值调节电压增益。R_4 和 R_6 通过降低本地回路增益改善输入和输出电路的动态范围和稳定性，R_3 和 R_5 用以提供足够电流驱动 Q_2 和 Q_4 基极，R_7 使得 Q_4 以相同于 Q_2 的集电极电流工作。接下来通过仿真分析对电路性能进行测试。

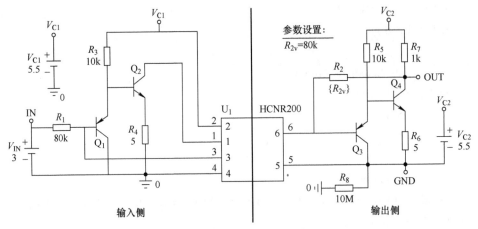

图 4.8　简单线性隔离电路

表 4.2　简单线性隔离电路仿真元器件列表

编号	名称	型号	参数	库	功能注释
R_1	电阻	R	$80k\Omega$	ANALOG	反馈电阻
R_2	电阻	R	$\{R_v\}$	ANALOG	反馈电阻
R_3	电阻	R	$10k\Omega$	ANALOG	驱动电阻
R_4	电阻	R	5Ω	ANALOG	增益稳定
R_5	电阻	R	$10k\Omega$	ANALOG	驱动电阻
R_6	电阻	R	5Ω	ANALOG	增益稳定
R_7	电阻	R	$1k\Omega$	ANALOG	偏置电流
R_8	电阻	R	$10M\Omega$	ANALOG	防止悬空
Q_1	晶体管	Q2N5401		BIPOLAR	信号放大
Q_2	晶体管	Q2N5551		BIPOLAR	信号放大
Q_3	晶体管	Q2N5401		BIPOLAR	信号放大
Q_4	晶体管	Q2N5551		BIPOLAR	信号放大
U_1	线性光电耦合器	HCNR200		HCNR200	信号隔离
V_{C1}	直流电压源	VDC	5.5V	SOURCE	输入侧供电
V_{C2}	直流电压源	VDC	5.5V	SOURCE	输出侧供电
V_{IN}	直流电压源	VDC	3V	SOURCE	输入信号
PARAM	参数	PARAM	如图 4.8 所示	SPECIAL	参数设置
0	接地	0		SOURCE	绝对零

4.2.1　简单线性隔离电路性能测试

第1步：瞬态仿真分析，验证电路功能。当输入电压为3V时LED电流约为8mA，输出电压约为2.9V，误差为0.1V，仿真设置与测试波形分别如图4.9和图4.10所示。

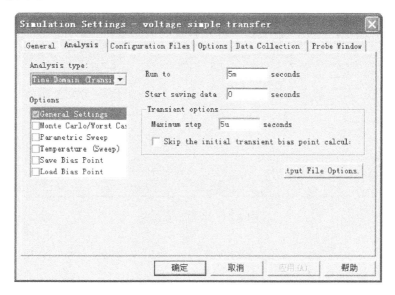

图4.9　瞬态仿真设置

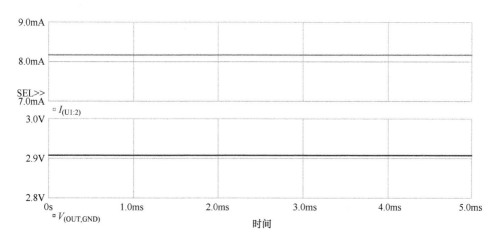

图4.10　LED电流和输出电压波形

第2步：直流仿真分析——输入电压与输出电压传输特性。图4.11、图4.12和图4.13分别为直流仿真设置、仿真波形和仿真数据。当输入电压为0~5V时，输出电压最小值约为135mV，最大值约为4.78V，整体误差约为−7%。

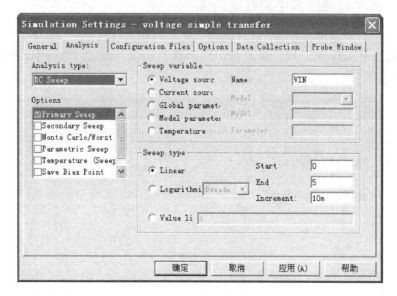

图4.11　直流仿真设置

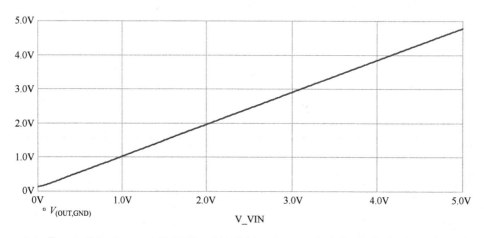

图4.12　输出电压波形

第3步：参数仿真分析——电压增益调节。
图4.14、图4.15、图4.16和表4.3分别为直流、参数仿真设置、仿真波形和测试数据。当输入电压为1V时，反馈电阻R_2阻值从80kΩ变化至240kΩ时电压误差最大为−8.7%，最小为

Probe Cursor		
A1 =	5.0000,	4.7805
A2 =	0.000,	134.971m
dif=	5.0000,	4.6456

图4.13　仿真数据

2%，该误差主要受晶体管基极电流和线性光电耦合器偏置电流影响。当精度要

求不高时该方案非常廉价、实用。

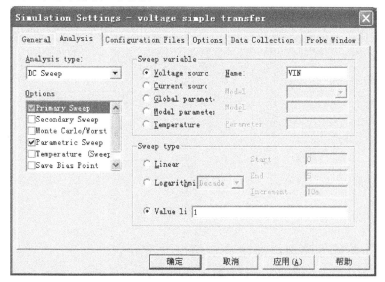

图 4.14　直流仿真设置

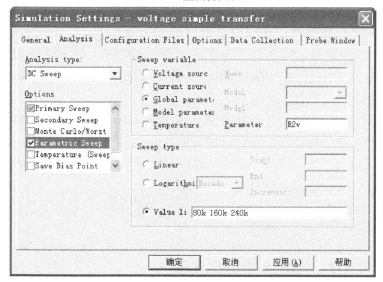

图 4.15　参数仿真设置

表 4.3　计算、仿真数据对比

R_{2v}参数	输出电压计算值	输出电压仿真值	误差
80kΩ	1V	1.02V	2%
160kΩ	2V	1.89V	−5.5%
240kΩ	3V	2.74V	−8.7%

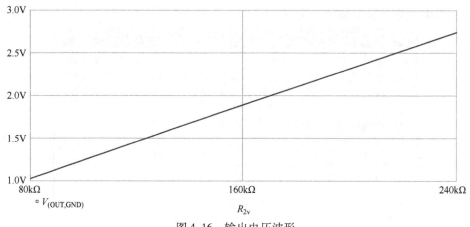

图 4.16　输出电压波形

4.2.2　简单线性隔离电路设计实例

电路具体要求如下：输入电压 0～4V，输出电压 0～20V；输入侧供电电源 5V，输出侧供电电源 24V。

参数计算：光电耦合器输出电流设置为 $100\mu A$，所以 $R_1 = 4V/100\mu A = 40k\Omega$；$R_2/R_1 = 20/4 = 5$，所以 $R_2 = 40 \times 10^3 \times 5 = 200k\Omega$；$Q_4$ 的最大电流设置为 5mA，所以 $R_7 = 5k\Omega$；R_5 为驱动电阻，设置 $R_5 = R_7 \times 40 = 5 \times 10^3 \times 40 = 200k\Omega$，以便有足够电流驱动晶体管 Q_4。

仿真测试：图 4.17、图 4.18、图 4.19 和图 4.20 分别为隔离电路、直流仿真设置、仿真波形和仿真数据；当输入电压为 0～4V 时输出电压最小值约为 0.488V，最大值约为 19.05V，放大倍数约为 4.64，整体误差约为 −8%。

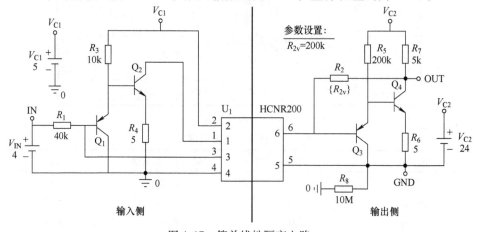

图 4.17　简单线性隔离电路

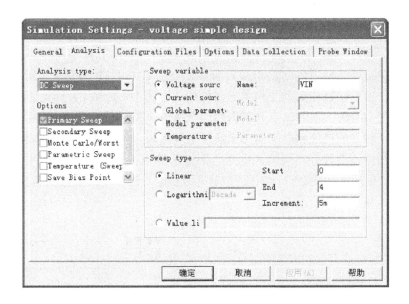

图 4.18　直流仿真设置

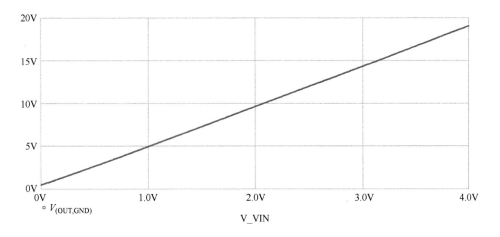

图 4.19　输出电压波形

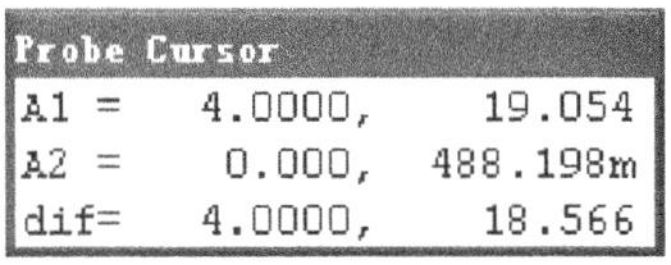

Probe Cursor		
A1 =	4.0000,	19.054
A2 =	0.000,	488.198m
dif=	4.0000,	18.566

图 4.20　输出电压仿真数据

4.3　精密线性隔离电路

精密单极性线性隔离电路图和元器件表分别如图 4.21 和表 4.4 所示；电路由光电耦合器、运算放大器及相关元器件构成。图中 U_{2A} 和 U_{3A} 两运算放大器为独立封装的 LM158，而非单一封装内的两个通道，否则会因单一封装中两个运算放大器使用相同的接地和电源而无法实现电气绝缘。线性闭环反馈连接的运算放大器使得两输入端具有相同输入电压，因此运算放大器使得光电二极管 D_{PD1} 和 D_{PD2} 上的跨电压维持在 0V。该电路为单电源供电，运算放大器选用轨到轨类型，以扩大输入和输出电压范围。

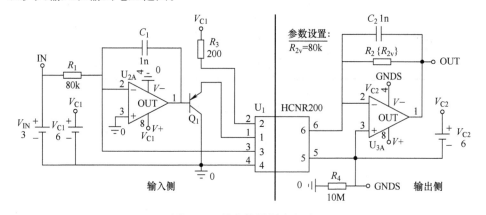

图 4.21　精密线性隔离电路

表 4.4　精密线性隔离电路仿真元器件列表

编号	名称	型号	参数	库	功能注释
R_1	电阻	R	80kΩ	ANALOG	反馈电阻
R_2	电阻	R	{R_{2v}}	ANALOG	反馈电阻
R_3	电阻	R	200Ω	ANALOG	限流电阻
R_4	电阻	R	10MΩ	ANALOG	防止悬空
C_1	电容	C	1nF	ANALOG	积分
C_2	电容	C	1nF	ANALOG	滤波
Q_1	晶体管	Q2N5401		BIPOLAR	信号放大
U_1	线性光电耦合器	HCNR200		HCNR200	信号隔离
U_{2A}	运算放大器	LM158		OPAMP	反馈运算
U_{3A}	运算放大器	LM158		OPAMP	反馈运算
V_{C1}	直流电压源	VDC	6V	SOURCE	输入侧供电

（续）

编号	名称	型号	参数	库	功能注释
V_{C2}	直流电压源	VDC	6V	SOURCE	输出侧供电
V_{IN}	直流电压源	VDC	3V	SOURCE	输入信号
PARAM	参数	PARAM	如图4.21所示	SPECIAL	参数设置
0	接地	0		SOURCE	绝对零

4.3.1　精密线性隔离电路工作原理分析与测试

正常工作时输出电压为 $V_{(OUT)} = (R_2/R_1)V_{(IN)}$，输出与输入呈线性关系，通过改变电阻 R_2 与 R_1 比值调节电路增益。R_3 为限流电阻，保证 LED 电流的最大值不超过 25mA；并且 LED 的最大正向导通电压为 1.6V，晶体管饱和电压约为 0.2V，根据供电电压计算 R_2 电阻值。

HCNR201 的精度误差为 5%、HCNR200 为 15%。输入增益由前文的 K_1 参数表示并定义为 I_{PD1}/I_F。HCNR200 输入电流转换比为 0.25% ~ 0.75%，HCNR201 为 0.36% ~ 0.72%。当光电二极管电流设定为 5nA ~ 50μA 之间时线性度最好，即要求 $V_{(IN)}$ 和 R_1 组合必须限制外部最高检测器电流为 50μA。下面通过仿真对电路性能进行测试。

第 1 步：瞬态仿真分析，验证电路功能。图 4.22 和图 4.23 分别为瞬态仿真设置与仿真波形，当输入电压为 3V 时 LED 电流约为 8mA；输出电压约为 3V,误差为零。

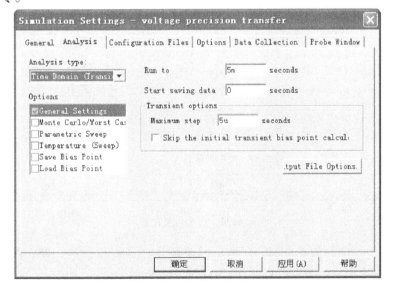

图 4.22　瞬态仿真设置

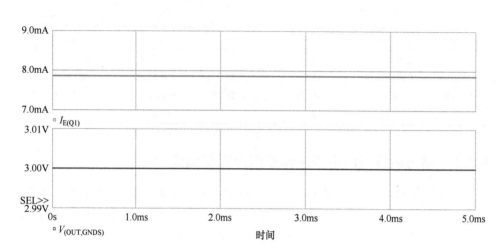

图 4.23　LED 电流和输出电压波形

第 2 步：直流仿真分析——输入电压与输出电压传输特性。图 4.24、图 4.25 和图 4.26 分别为直流仿真设置、仿真波形和仿真数据。当输入电压为 0 ~ 5V 时输出最小值约为 61μV，最大值约为 5V，整体误差约为零。

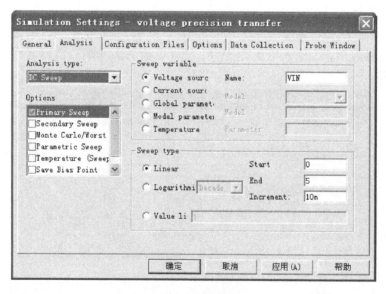

图 4.24　直流仿真设置

第 3 步：参数仿真分析——电压增益调节。图 4.27、图 4.28、图 4.29 和表 4.5 分别为直流、参数仿真设置、仿真波形和测试数据。当输入电压为 1V 时，反馈电阻 R_2 阻值从 80kΩ 变化至 240kΩ 时输出电压误差为 0%，输出值与设计值完全一致，线性隔离精度非常高。

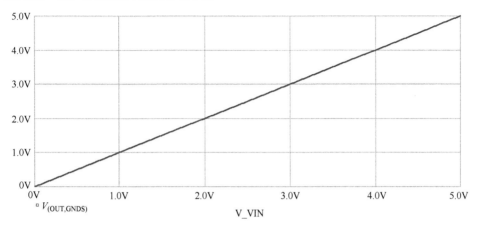

图 4.25 输出电压波形

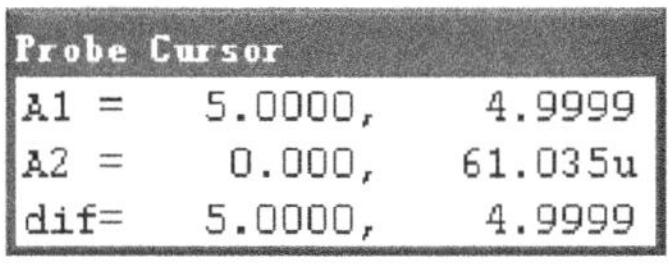

```
Probe Cursor
A1 =      5.0000,      4.9999
A2 =      0.000,      61.035u
dif=      5.0000,      4.9999
```

图 4.26 仿真数据

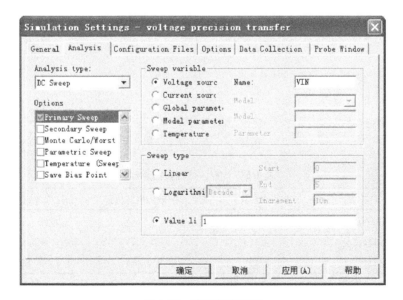

图 4.27 直流仿真设置

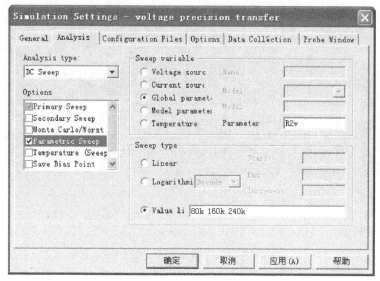

图 4.28　参数仿真设置

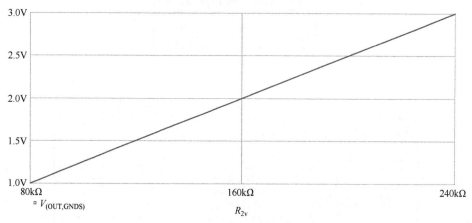

图 4.29　输出电压波形

表 4.5　计算、仿真数据对比

R_{2v} 参数	输出电压计算值	输出电压仿真值	误差
80kΩ	1V	1V	0%
160kΩ	2V	2V	0%
240kΩ	3V	3V	0%

4.3.2　精密线性隔离电路设计实例

电路具体要求如下：输入电压 0～20V，输出电压 0～4V；输入侧供电电源

24V，输出侧供电电源5V。

参数计算：光电耦合器输出电流设置为 $100\mu A$，所以 $R_1 = 20V/100\mu A = 200k\Omega$；$R_2/R_1 = 4/20 = 0.2$，所以 $R_2 = 200k\Omega \times 0.2 = 40k\Omega$；$Q_1$ 的最大电流设置约为 20mA，所以 $R_3 = (24 - 1.6 - 0.6)/20 \times 10^{-3} \approx 1k\Omega$。

仿真测试：图4.30、图4.31、图4.32 和图4.33 分别为隔离电阻、直流仿真设置、仿真波形和仿真数据；当输入电压为 0～20V 时，输出电压最小值约为 $122\mu V$，最大值为4V，放大倍数约为0.2，整体误差约为0。

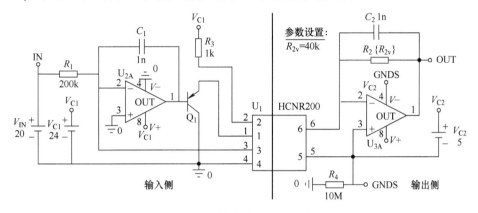

图4.30 精密线性隔离电路

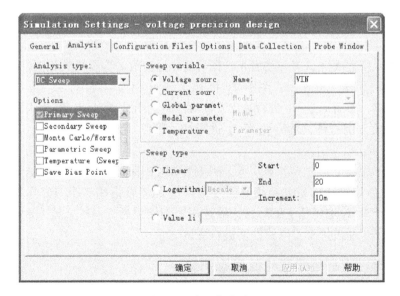

图4.31 直流仿真设置

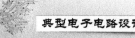

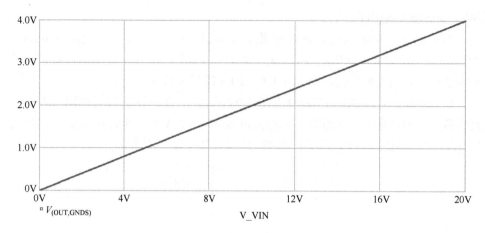

图 4.32　输出电压波形

```
Probe Cursor
A1 =    20.000,     4.0000
A2 =     0.000,   122.070u
dif=    20.000,     3.9999
```

图 4.33　输出电压测试数据

4.4　精密双极性隔离电路

精密双极性线性隔离电路由光电耦合器、运算放大器及相关元器件构成，具体如图 4.34 和表 4.6 所示；图中 U_1 和 U_3 负责正相信号隔离，U_2 和 U_4 负责负相信号隔离，然后通过 U_5 进行输出。实际工作时首先调节 R_1 和 R_2 阻值使得输出电压正负比例对称，然后调节 R_5 进行增益控制。如果 $R_1 = R_2$，则输出电压 $V_{(OUT)} = (R_5 / R_1) V_{(IN)}$。

电路采用双电源供电，R_3、R_4 为限流电阻，保证 LED 电流最大值不超过 25mA；并且 LED 正向最大导通电压为 1.6V，晶体管饱和电压约为 0.2V，根据供电电压计算 R_2 电阻值。运算放大器选用轨到轨类型，以扩大输入和输出电压范围。接下来通过仿真对电路性能进行测试。

4.4.1　精密双极性隔离电路瞬态测试

瞬态仿真设置和输出电压波形如图 4.35 和图 4.36 所示，当输入电压为频率 2kHz、峰值 5V 的正弦波时输出电压为同频同幅值正弦波，但是具有过零失真。傅里叶仿真设置如图 4.37 所示，基波幅值为 4.989V，总谐波失真约为 5%。

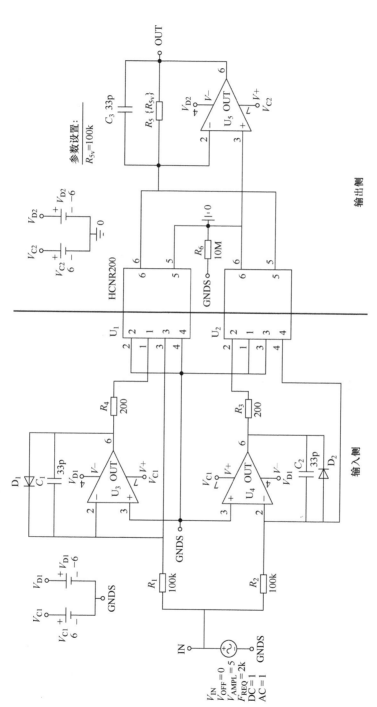

图4.34　精密双极性隔离电路

典型电子电路设计与测试

表 4.6　精密双极性隔离电路仿真元器件列表

编号	名称	型号	参数	库	功能注释
R_1	电阻	R	100kΩ	ANALOG	反馈电阻
R_2	电阻	R	100kΩ	ANALOG	反馈电阻
R_3	电阻	R	200Ω	ANALOG	限流电阻
R_4	电阻	R	200Ω	ANALOG	限流电阻
R_5	电阻	R	$\{R_{5v}\}$	ANALOG	反馈电阻
R_6	电阻	R	10MΩ	ANALOG	防止悬空
C_1	电容	C	33pF	ANALOG	积分
C_2	电容	C	33pF	ANALOG	积分
C_3	电容	C	33pF	ANALOG	滤波
D_1	二极管	D1N4148		DIODE	钳位
D_2	二极管	D1N4148		DIODE	钳位
U_1	线性光电耦合器	HCNR200		HCNR200	正相隔离
U_2	线性光电耦合器	HCNR200		HCNR200	反相隔离
U_3	运算放大器	LMV358		NS	正相反馈运算
U_4	运算放大器	LMV358		NS	反相反馈运算
U_5	运算放大器	LMV358		NS	输出反馈放大
V_{C1}	直流电压源	VDC	6V	SOURCE	输入侧供电
V_{D1}	直流电压源	VDC	-6V	SOURCE	输入侧供电
V_{C2}	直流电压源	VDC	6V	SOURCE	输出侧供电
V_{D2}	直流电压源	VDC	-6V	SOURCE	输出侧供电
V_{IN}	直流电压源	VDC	3V	SOURCE	输入信号
PARAM	参数	PARAM	如图4.34所示	SPECIAL	参数设置
0	接地	0		SOURCE	绝对零

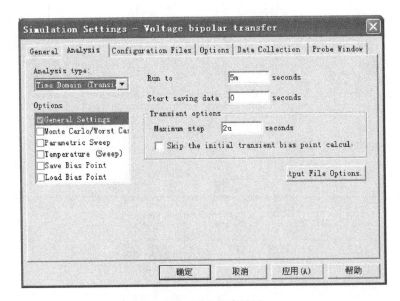

图 4.35　瞬态仿真设置

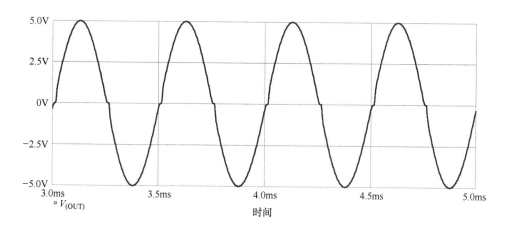

图 4.36 输出电压波形

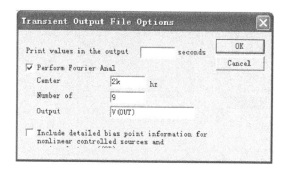

图 4.37 傅里叶仿真设置

DC COMPONENT = −9.083145E−05

HARMONIC NO	FREQUENCY (Hz)	FOURIER COMPONENT	NORMALIZED COMPONENT	PHASE (DEG)	NORMALIZED PHASE (DEG)
1	**2.000E+03**	**4.989E+00**	**1.000E+00**	**−4.238E+00**	**0.000E+00**
2	4.000E+03	2.317E−04	4.645E−05	−1.675E+02	−1.590E+02
3	6.000E+03	5.441E−02	1.091E−02	−1.208E+02	−1.081E+02
4	8.000E+03	3.978E−04	7.974E−05	1.598E+02	1.767E+02
5	1.000E+04	5.162E−02	1.035E−02	−1.417E+02	−1.205E+02
6	1.200E+04	5.486E−04	1.100E−04	1.336E+02	1.590E+02

7	1.400E + 04	4.860E - 02	9.742E - 03	- 1.627E + 02	- 1.330E + 02
8	1.600E + 04	6.797E - 04	1.363E - 04	1.100E + 02	1.439E + 02
9	1.800E + 04	4.529E - 02	9.080E - 03	1.762E + 02	2.144E + 02

TOTAL HARMONIC DISTORTION = 2.008563E + 00 PERCENT

4.4.2 精密双极性隔离电路直流测试

直流仿真分析用于测试电路输入电压与输出电压传输特性，图4.38、图4.39和图4.40分别为直流仿真设置、仿真波形和仿真数据。当输入电压为 - 6 ~ 6V 时，输出电压最小值约为 - 5.99V，最大值约为 5.98V，整体误差约为 0.3%，并且电路实现电压轨到轨变换。

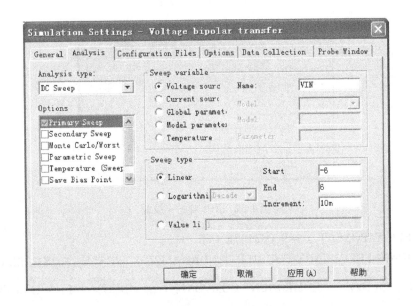

图4.38　直流仿真设置

4.4.3 精密双极性隔离电路参数分析

利用参数仿真分析进行电压增益调节，图4.41、图4.42、图4.43和表4.7分别为直流、参数仿真设置、仿真波形和计算、仿真数据。当输入电压为1V、反馈电阻 R_5 阻值从 $50k\Omega$ 变化至 $300k\Omega$ 时输出电压误差小于1%，输出值与设计值基本一致，线性隔离精度非常高。

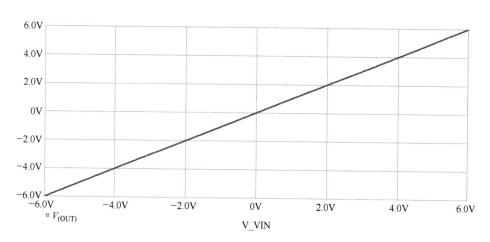

图 4.39 输出电压波形

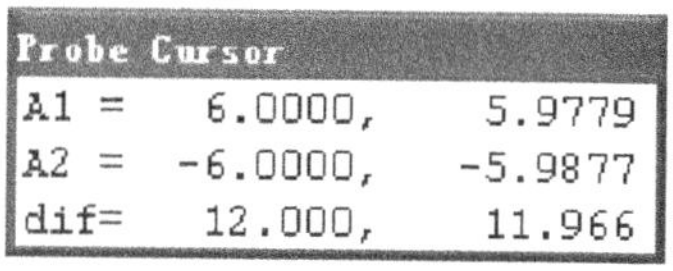

Probe Cursor		
A1 =	6.0000,	5.9779
A2 =	-6.0000,	-5.9877
dif=	12.000,	11.966

图 4.40 仿真数据

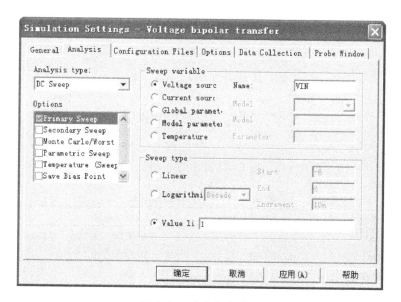

图 4.41 直流仿真设置

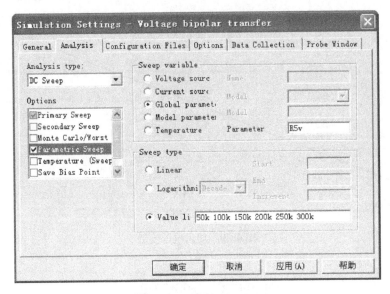

图 4.42　参数仿真设置

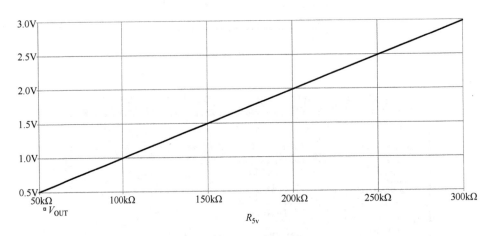

图 4.43　输出电压波形

表 4.7　计算、仿真数据对比

R_{5v}参数	输出电压计算值	输出电压仿真值	误差
50kΩ	0.5V	0.503V	0.6%
100kΩ	1V	0.999V	0.1%
150kΩ	1.5V	1.496V	0.3%
200kΩ	2V	1.992V	0.4%
250kΩ	2.5V	2.488V	0.5%
300kΩ	3V	2.984V	0.5%

4.4.4　精密双极性隔离电路交流分析

利用交流仿真分析测试电路频率特性，图4.44、图4.45和图4.46分别为交流仿真设置、仿真波形和仿真数据。当输入交流电压为1V、放大倍数为1倍时3dB带宽约为40kHz，通过调节放大倍数、反馈电阻值和滤波电容调节整体带宽。

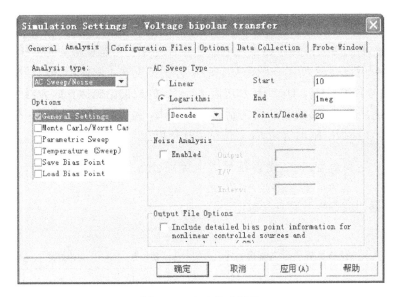

图4.44　交流仿真设置

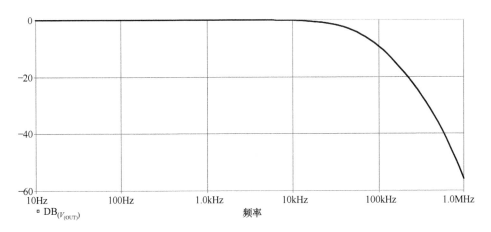

图4.45　输出电压频率特性曲线

	Evaluate	Measurement	Value
▶	☑	Cutoff_Lowpass_3dB(V(OUT))	43.96014k

图 4.46　输出电压 3dB 带宽测量值

4.5　电压—电流转换隔离电路

4.5.1　电压—电流转换隔离电路工作原理分析

电压—电流转换隔离电路由光电耦合器、运算放大器及相关元器件构成，具体如图 4.47 和表 4.8 所示；图中 U_1 和 U_2 分别负责输入和输出侧信号反馈控制；U_3 负责信号隔离；Q_3、Q_4、D_1 和电阻 R_7、R_8 构成输出侧运算放大器供电电路，当输出侧电压源 V_L 幅值改变时为运算放大器 U_2 提供稳定的直流电源。为保证转换精度，电阻 R_3 阻值选为 R_5 阻值的 200 倍以上。限流电阻 R_2 和 R_6 的计算非常重要，一定要保证电路能够在最大电流时正常工作。正常工作时 $\dfrac{I_{(OUT)}}{V_{(IN)}} \approx \dfrac{R_3}{R_5 R_1}$，根据相应参数计算各参数值。

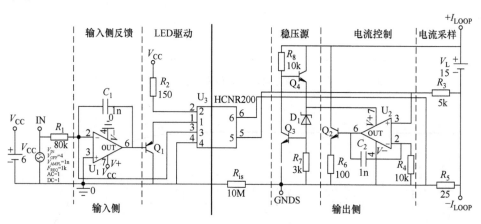

图 4.47　电压—电流转换隔离电路

设定该电路输入电压为 4V 时输出电流为 10mA；光电耦合器最大输出电流设定为 $50\mu A$，当输入电压为 4V 时电阻 $R_1 = \dfrac{4}{50 \times 10^{-6}} = 80(k\Omega)$；设置电阻 R_5 为 25Ω，则 $R_3 = \dfrac{I_{(OUT)}}{V_{(IN)}} R_5 R_1 = 5(k\Omega)$。

表 4.8 电压—电流转换隔离电路仿真元器件列表

编号	名称	型号	参数	库	功能注释
R_1	电阻	R	80kΩ	ANALOG	反馈电阻
R_2	电阻	R	150Ω	ANALOG	限流电阻
R_3	电阻	R	5kΩ	ANALOG	反馈电阻
R_4	电阻	R	10kΩ	ANALOG	积分电阻
R_5	电阻	R	25Ω	ANALOG	电流采样电阻
R_6	电阻	R	100Ω	ANALOG	限流电阻
R_7	电阻	R	3kΩ	ANALOG	稳压反馈电阻
R_8	电阻	R	10kΩ	ANALOG	驱动电阻
R_{is}	电阻	R	10MΩ	ANALOG	防止悬空
C_1	电容	C	1nF	ANALOG	积分
C_2	电容	C	1nF	ANALOG	积分
D_1	稳压管	D1N4733		DIODE	稳压供电
Q_1	晶体管	2N3906		BJT	LED 驱动
Q_2	晶体管	2N3904		BJT	输出电流调节
Q_3	晶体管	2N3904		BJT	稳压反馈控制
Q_4	晶体管	2N3904		BJT	稳压输出
U_1	运算放大器	LM358		TI	输入反馈
U_2	运算放大器	LM358		TI	输出反馈
U_3	线性光电耦合器	HCNR200		HCNR200	信号隔离
V_{CC}	直流电压源	VDC	6V	SOURCE	输入侧供电
V_L	直流电压源	VDC	15V	SOURCE	输出侧供电
V_{IN}	交流电压源	VSIN	如图 4.47 所示	SOURCE	输入信号
0	接地	0		SOURCE	绝对零

接下来通过仿真对电路进行性能测试。

4.5.2 电压—电流转换隔离电路性能测试

第 1 步：瞬态仿真分析，验证电路功能。图 4.48 和图 4.49 分别为瞬态仿真设置与输出电流波形。当输入电压为 4V 直流时输出电流为 10mA，计算值与仿真值一致。

第 2 步：直流仿真分析——输入电压与输出电流传输特性。图 4.50、

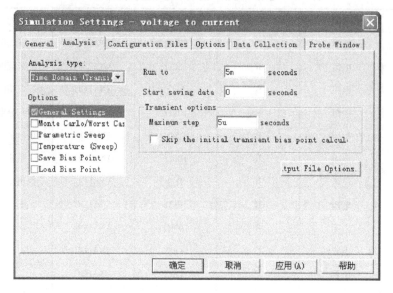

图 4.48　瞬态仿真设置

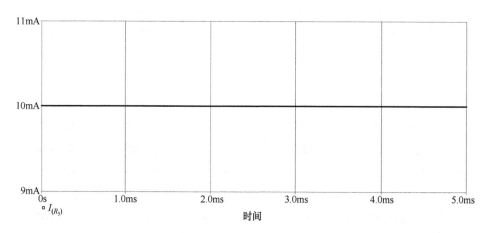

图 4.49　输出电流波形

图 4.51 和图 4.52 分别为直流仿真设置、仿真波形和仿真数据。当输入电压为 2~5V 时，输出电流最小值约为 5.00mA，最大电流值约为 12.5mA，整体线性误差约为零。

4.5.3　电压—电流转换隔离电路设计实例

电路具体要求如下：输入电压 1~5V，输出电流 4~20mA；输入侧供电电源 6V，输出侧供电电源 15V。

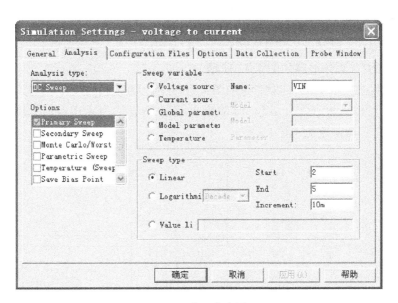

图 4.50　直流仿真设置

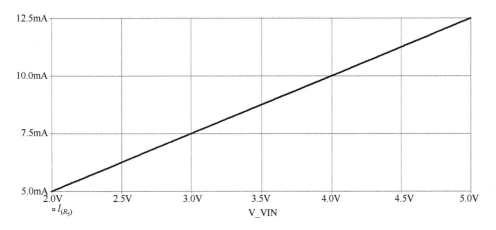

图 4.51　输出电流波形

Probe Cursor		
A1 =	5.0000,	12.504m
A2 =	2.0000,	5.0048m
dif=	3.0000,	7.4997m

图 4.52　仿真数据

参数计算：光电耦合器输出最大电流设置为 $50\mu A$，电流采样电阻 $R_5 = 25\Omega$，$R_1 = 5V/50\mu A = 100k\Omega$；因为 $\dfrac{20 \times 10^{-3} - 4 \times 10^{-3}}{5V - 1V} = \dfrac{16 \times 10^{-3}}{4V} \approx \dfrac{R_3}{R_5 R_1}$，求得 $R_3 = 10k\Omega$。具体电路如图 4.53 所示。

仿真测试：图 4.54、图 4.55 和图 4.56 分别为直流仿真设置、仿真波形和仿真数据，当输入电压为 $1 \sim 5V$ 时输出电流最小值约为 $4.01mA$，最大值约为 $20.01mA$，整体误差优于 0.1%。

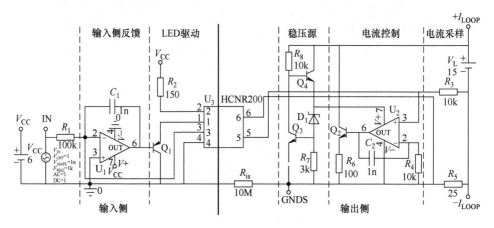

图 4.53　电压—电流转换隔离电路

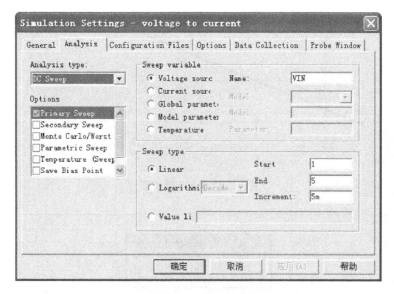

图 4.54　直流仿真设置

20mA
16mA
12mA
8mA
4mA
1.0V
2.0V
3.0V
4.0V
5.0V
$I_{(R_5)}$
V_VIN

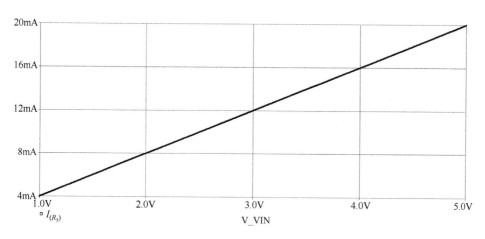

图 4.55　输出电流波形

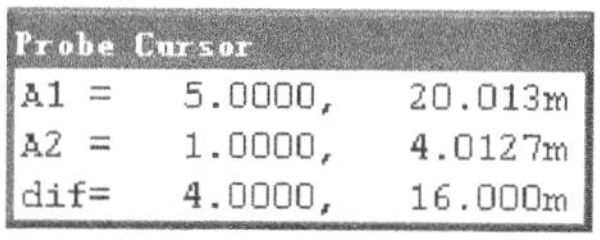

Probe Cursor
A1 =　5.0000,　20.013m
A2 =　1.0000,　4.0127m
dif=　4.0000,　16.000m

图 4.56　测试数据

第5章

信号转换电路

本章对信号转换电路进行工作原理讲解、PSpice 仿真分析和实际设计与测试，包括电流—电压、电压—电流和温度—电压转换电路。

5.1 电流—电压转换电路

5.1.1 电流—电压转换电路工作原理分析

电流—电压转换电路由输入级和差分放大输出级构成，电路图及元器件列表分别如图 5.1 和表 5.1 所示；输入电流 I_N 通过采样电阻 R_{sense} 转化为电压信号，然后由运算放大器 U_1 进行跟随输出，实现阻抗变换；采样电压信号 $V_{(Sense)}$ 经过差分放大电路将输入电流信号转换为线性电压信号，电压幅值和偏置分别由偏置电压源 V_B 和电阻值确定。

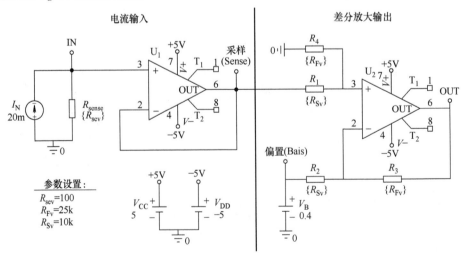

图 5.1　电流—电压转换电路

表 5.1 电流—电压转换电路仿真元器件列表

编号	名称	型号	参数	库	功能注释
R_1	电阻	R	$\{R_{Sv}\}$	ANALOG	差分放大
R_2	电阻	R	$\{R_{Sv}\}$	ANALOG	差分放大
R_3	电阻	R	$\{R_{Fv}\}$	ANALOG	差分放大
R_4	电阻	R	$\{R_{Fv}\}$	ANALOG	差分放大
R_{sense}	电阻	R	$\{R_{sev}\}$	ANALOG	电流采样电阻
U_1	运算放大器	OPA27		BB	跟随隔离
U_2	运算放大器	OPA27		BB	差分放大
V_{CC}	直流电压源	VDC	5V	SOURCE	正供电
V_{DD}	直流电压源	VDC	−5V	SOURCE	负供电
V_B	直流电压源	VDC	0.4V	SOURCE	偏置电压
I_N	直流电流源	IDC	20mA	SOURCE	输入电流信号
PARAM	参数	PARAM	如图 5.1 所示	SPECIAL	参数设置
0	接地	0		SOURCE	绝对零

当输入电流为 4～20mA、输出电压为 0～4V 时，采样电阻 R_{sense} 选为 100Ω；当输入电流为 4mA 时输出电压为 0V，所以 $V_B = 0.004 \times 100 = 0.4$V；当输入电流变化量为 20−4 = 16mA 时输入采样电压变化量为 1.6V，对应输出电压变化量为 4−0 = 4V，所以差分放大器的放大倍数为 4/1.6 = 2.5，差分放大器的电阻值选择为 10kΩ 和 25kΩ。下面通过仿真分析对电路进行测试。

第 1 步：瞬态仿真分析，验证电路功能。图 5.2 和图 5.3 分别为瞬态仿真设

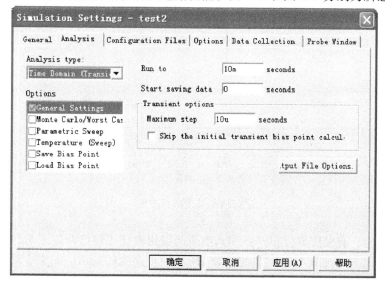

图 5.2 瞬态仿真设置

置和输入电流参数仿真设置，图 5.4 为输出电压仿真波形，由仿真结果可得，当输入电流为 20mA 时输出电压为 4V，当输入电流为 4mA 时输出电压为 0V。

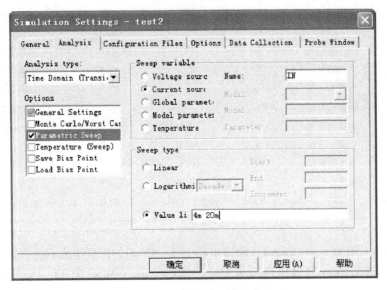

图 5.3　输入电流参数仿真设置

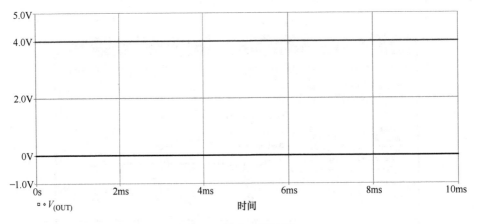

图 5.4　输出电压波形

第 2 步：直流仿真分析——输入电流与输出电压传输特性。图 5.5 为直流仿真设置，输入电流从 4mA 线性增加至 20mA，步进为 0.1mA。图 5.6 和图 5.7 分别为直流仿真波形和具体数据。当输入电流为 4～20mA 时输出电压最小值约为 $-4.88\mu V$，最大值约为 4V，整体误差优于万分之一。

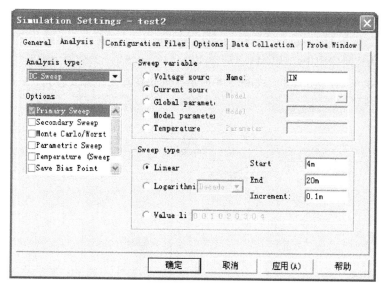

图 5.5 直流仿真设置

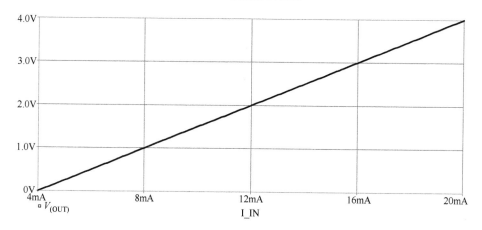

图 5.6 输出电压波形

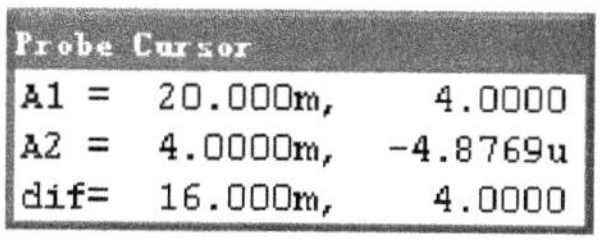

Probe Cursor		
A1 =	20.000m,	4.0000
A2 =	4.0000m,	-4.8769u
dif=	16.000m,	4.0000

图 5.7 仿真数据

5.1.2 电流—电压转换电路设计实例

设计指标：输入电流 $0 \sim 10\text{mA}$ 对应输出电压 $-4 \sim 4\text{V}$。

当输入电流为 $0 \sim 10\text{mA}$、输出电压为 $-4 \sim 4\text{V}$ 时，采样电阻 R_{sense} 仍选为

100Ω；当输入电流变化量为 10 − 0 = 10mA 时输入采样电压的变化量为 1V，对应输出电压变化量为 4 − (−4) = 8V，所以差分放大电路的放大倍数为 8/1 = 8；当输入电流为 0 时输出电压为 −4V，所以 $V_B = 4/8 = 0.5V$；差分放大电路的电阻值选择为 5kΩ 和 40kΩ。具体电路如图 5.8 所示，通过仿真对电路工作特性进行测试。

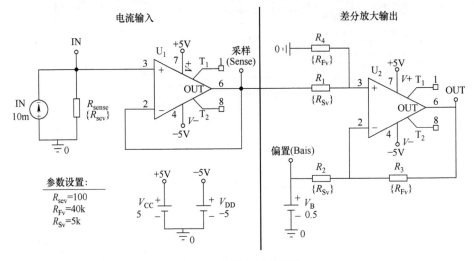

图 5.8　设计实例电路图

第 1 步：瞬态仿真分析，验证电路功能。图 5.9 和图 5.10 分别为瞬态和参数仿真设置，图 5.11 为仿真结果，由仿真结果可得，当输入电流为 0mA 时输出电压为 −4V，当输入电流为 10mA 时输出电压为 4V。

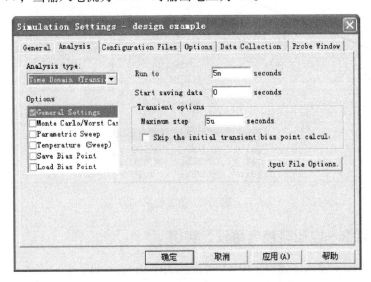

图 5.9　瞬态仿真设置

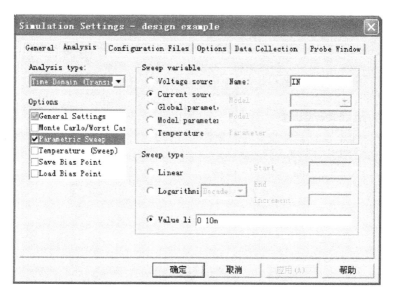

图 5.10 输入电流参数仿真设置

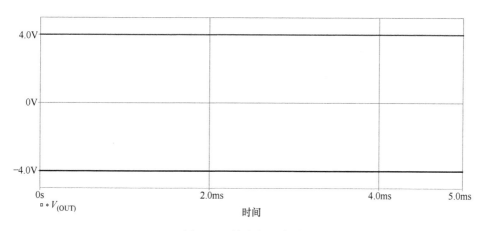

图 5.11 输出电压波形

第 2 步：直流仿真分析——输入电流与输出电压传输特性。图 5.12、图 5.13 和图 5.14 分别为直流仿真设置、仿真波形和数据。当输入电流为 0 ~ 10mA 时，输出电压最小值为 -4V，最大值为 4V，整体误差优于万分之一。

5.1.3 4 ~ 20mA 转 0 ~ 5V 典型应用

4 ~ 20mA 转 0 ~ 5V 典型应用电路由双运算放大器、PNP 型晶体管、电阻和电容构成，电路图及元器件列表分别如图 5.15 和表 5.2 所示。首先进行电路工

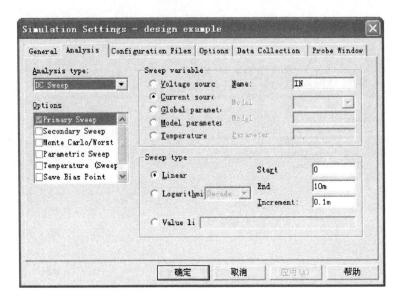

图 5.12　直流仿真设置

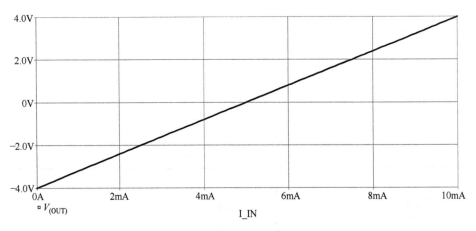

图 5.13　输出电压波形

作原理分析，U_{1A} 及其附属电路提供偏置电压，使得输入电流为 4mA 时输出电压为 0V；电阻 R_1 为电流采样电阻，将输入电流转换为电压；U_{1B} 及其附属电路实现 1.25 倍放大，该放大倍数根据输入电流和输出电压幅值进行调整。通过输入和输出参数设置，仿真电路能够自动计算各元器件对应参数值。

Probe Cursor		
F1 =	10.000m,	4.0000
F2 =	0.000,	-4.0000
dif=	10.000m,	7.9999

图 5.14　仿真数据

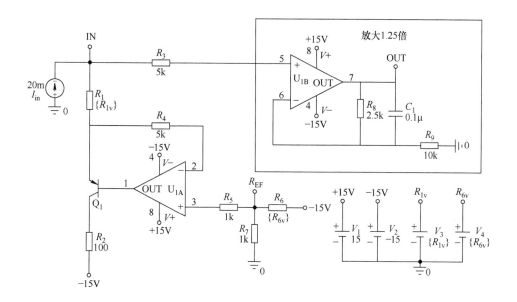

功能4~20mA转0~5V

参数设置：

$I_{ins}=20m$ 　　　　　　　　　　　　　I_{ins}输入电流最大值

$I_{inb}=4m$ 　　　　　　　　　　　　　I_{inb}输入电流最小值

$V_{outb}=0$ 　　　　　　　　　　　　　V_{outb}输出电压最小值

$V_{outs}=5$ 　　　　　　　　　　　　　V_{outs}输出电压最大值

$R_{1v}=\{(V_{outs}-V_{outb})/(1.25*(I_{ins}-I_{inb}))\}$ 　　　R_1电阻参考值

$R_{6v}=\{1k*(15/(I_{inb}*R_{1v}-0.8*V_{outb}+10\mu)-1)\}$ 　R_6电阻参考值

图 5.15 　4~20mA 转 0~5V 电路

表 5.2 　4~20mA 转 0~5V 电路仿真元器件列表

编号	名称	型号	参数	库	功能注释
R_1	电阻	R	$\{R_{1v}\}$	ANALOG	电流转电压
R_2	电阻	R	100Ω	ANALOG	限流和偏置
R_3	电阻	R	$5k\Omega$	ANALOG	匹配
R_4	电阻	R	$5k\Omega$	ANALOG	匹配
R_5	电阻	R	$1k\Omega$	ANALOG	匹配
R_6	电阻	R	$\{R_{6v}\}$	ANALOG	分压电阻
R_7	电阻	R	$1k\Omega$	ANALOG	分压电阻
R_8	电阻	R	$2.5k\Omega$	ANALOG	放大

（续）

编号	名称	型号	参数	库	功能注释
R_9	电阻	R	10kΩ	ANALOG	放大
C_1	电容	C	0.1μF	ANALOG	滤波
Q_1	NPN 型晶体管	Q2N5401	150V/0.3A	BIPOLAR	电流电压转换
Param	参数	Param		Special	参数设置
U_{1A}	运算放大器	TL072	36V	TEXT_INST	偏置调节
U_{1B}	运算放大器	TL072	36V	TEXT_INST	电压放大
U_{2A}	运算放大器	TL072	36V	TEXT_INST	电流电压转换
V_1	直流电压源	VDC	+15V	SOURCE	运算放大器正供电
V_2	直流电压源	VDC	−15V	SOURCE	运算放大器负供电
V_3	直流电压源	VDC	{R_{1v}}	SOURCE	R_1 参数提取
V_4	直流电压源	VDC	{R_{6v}}	SOURCE	R_6 参数提取
I_{in}	直流电流源	VDC		SOURCE	输入电流
0	0V 地	0	0	SOURCE	参考地

  首先对电路进行瞬态 + 参数仿真分析，图 5.16 和图 5.17 分别为瞬态和参数仿真设置，图 5.18 为输出电压波形。由仿真结果可得，当输入电流为 4mA 时输出电压约为 0V，当输入电流为 20mA 时输出电压约为 5V。

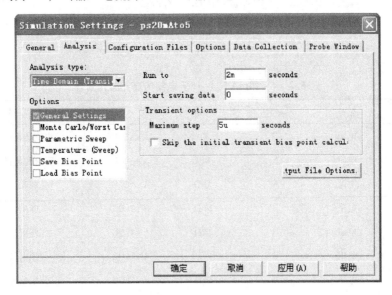

图 5.16 瞬态仿真设置

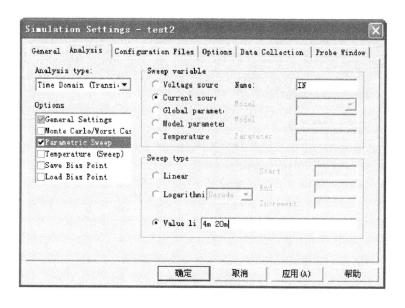

图 5.17　输入电流参数仿真设置

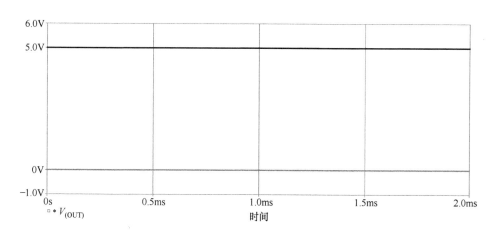

图 5.18　输出电压波形

对电路进行直流仿真分析，测试其输入电流与输出电压传输特性。图 5.19、图 5.20 和图 5.21 分别为直流仿真设置、仿真波形和数据。当输入电流为 4 ~ 20mA 时，输出电压最小值为 58.244μV，最大值为 4.9998V，整体误差优于万分之一。

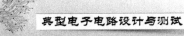

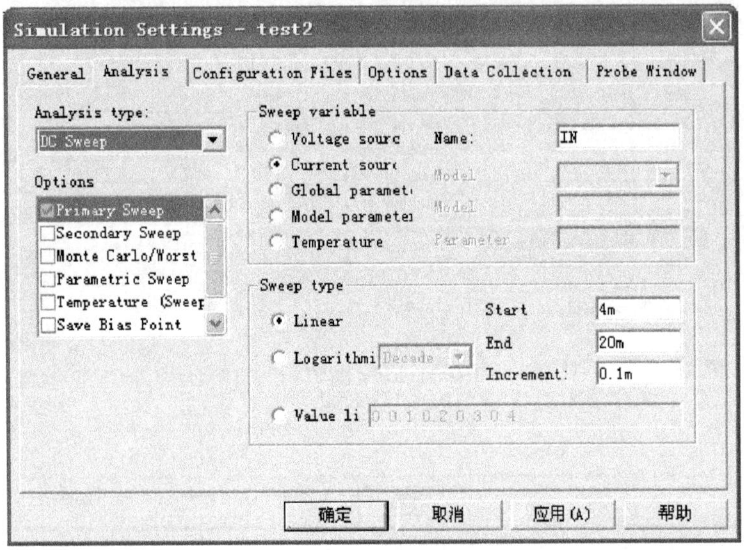

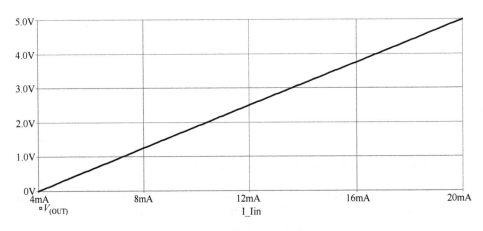

图 5.19　直流仿真设置

图 5.20　输出电压波形

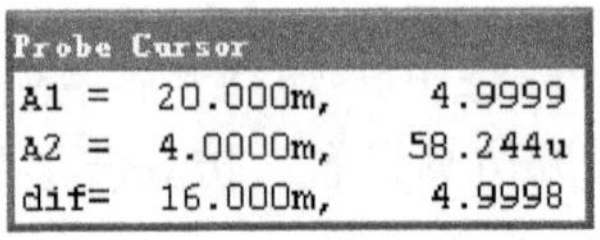

图 5.21　仿真数据

5.2 电压—电流转换电路

5.2.1 电压—电流转换电路工作原理分析

电压—电流转换电路由双运算放大器、NPN 型和 PNP 型晶体管、电阻和二极管构成，电路图及元器件列表分别如图 5.22 和表 5.3 所示。首先进行电路工

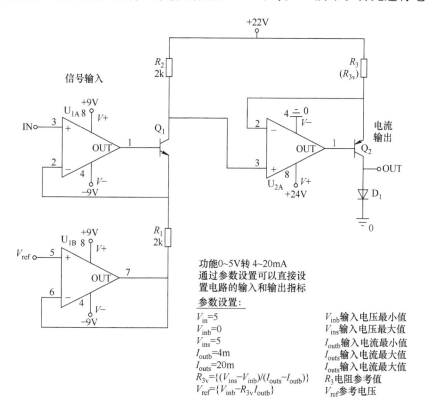

功能0~5V转 4~20mA
通过参数设置可以直接设置电路的输入和输出指标
参数设置：
$V_{in}=5$
$V_{inb}=0$
$V_{ins}=5$
$I_{outb}=4m$
$I_{outs}=20m$
$R_{3v}=\{(V_{ins}-V_{inb})/(I_{outs}-I_{outb})\}$
$V_{ref}=\{V_{inb}-R_{3v}I_{outb}\}$

V_{inb}输入电压最小值
V_{ins}输入电压最大值
I_{outb}输入电流最小值
I_{outs}输入电流最大值
I_{outs}输入电流最大值
R_3电阻参考值
V_{ref}参考电压

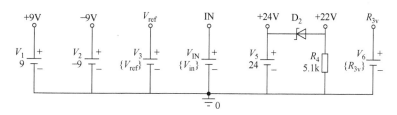

图 5.22 电压—电流转换电路

作原理分析：V_{ref} 提供偏置电压，使得输入信号为 0V 时输出电流为 4mA；输入信号 IN 控制输出电流；晶体管 Q_1 和 Q_2 实现信号变换和放大；电阻 R_1、R_2 和 R_3 实现反馈和比率变换。

表 5.3　电压—电流转换电路仿真元器件列表

编号	名称	型号	参数	库	功能注释
R_1	电阻	R	$2k\Omega$	ANALOG	电压转电流
R_2	电阻	R	$2k\Omega$	ANALOG	电流转电压
R_3	电阻	R	$\{R_{3v}\}$	ANALOG	反馈
R_4	电阻	R	$5.1k\Omega$	ANALOG	偏置电流
D_1	二极管	D1N4148	75V/0.5W	DIODE	等效负载
D_2	二极管	D1N4728	3.3V 稳压管	DIODE	偏置供电
Q_1	NPN 型晶体管	Q2N5551	180V/0.18A	BIPOLAR	控制
Q_2	NPN 型晶体管	Q2N5401	150V/0.3A	BIPOLAR	控制
PARAM	参数	Param		Special	参数设置
U_{1A}	运算放大器	TL072	36V	TEXT_ INST	电压跟随
U_{1B}	运算放大器	TL072	36V	TEXT_ INST	电压电流转换
U_{2A}	运算放大器	TL072	36V	TEXT_ INST	电流电压转换
V_1	直流电压源	VDC	9V	SOURCE	运算放大器正供电
V_2	直流电压源	VDC	$-9V$	SOURCE	运算放大器负供电
V_3	直流电压源	VDC	$-1.25V$	SOURCE	基准参考
V_{IN}	直流电压源	VDC	$\{V_{in}\}$	SOURCE	信号源
V_5	直流电压源	VDC	24V	SOURCE	运算放大器供电
0	0V 地	0	0	SOURCE	参考地

当 $R_1 = R_2$ 时：

$$\text{输出电流 } I_{OUT} = \frac{V_{in} - V_{ref}}{R_1}\frac{R_2}{R_3} = \frac{V_{in} - V_{ref}}{R_3}$$

$$\text{电阻 } R_3 \text{ 计算公式：} R_3 = \frac{5V - 0V}{20 \times 10^{-3}A - 4 \times 10^{-3}A} = 312.5\Omega$$

$$R_3 = (V_{ins} - V_{inb})/(I_{outs} - I_{outb})$$

$$V_{ref} = V_{inb} - R_{3v} \times I_{outb}$$

第 1 步：瞬态仿真分析，验证电路功能。

首先对电路进行瞬态 + 参数仿真分析，图 5.23 和图 5.24 分别为瞬态和参数仿真设置，测试输入电压为 0V 和 5V 时的输出电流。图 5.25 和图 5.26 分别为输出电流波形和仿真数据，由仿真结果可得，当输入电压为 0V 时输出电流为 3.955mA，当输入电压为 5V 时输出电流为 19.781mA。

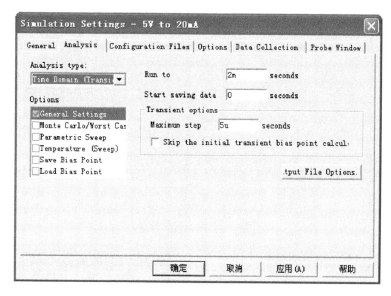

图 5.23 瞬态仿真设置

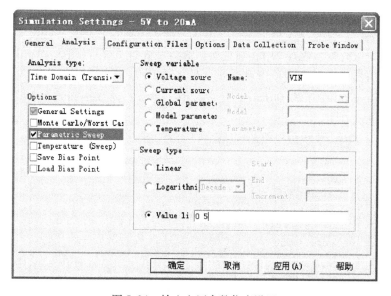

图 5.24 输入电压参数仿真设置

误差分析：输出误差主要由晶体管放大倍数引起，I_B 电流分流产生影响，但是 I_B 和 I_E 的比值为定值，通过优化电阻 R_2 阻值可满足精度要求。电流误差约为 -1.1%，所以提高电阻 R_2 阻值为 $2\text{k}\Omega \times (1 + 1.1\%) = 2.022\text{k}\Omega$，仿真数据如图 5.27 所示，整体误差优于千分之一。

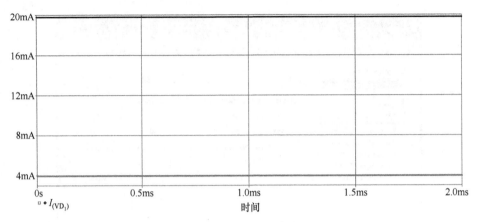

图 5.25　输出电流波形

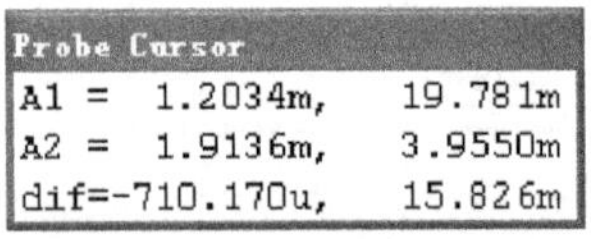

```
Probe Cursor
A1 =   1.2034m,     19.781m
A2 =   1.9136m,      3.9550m
dif=-710.170u,      15.826m
```

图 5.26　输出电流数据

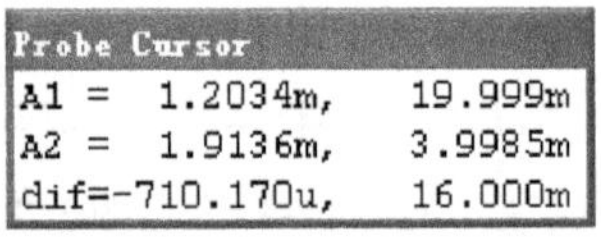

```
Probe Cursor
A1 =   1.2034m,     19.999m
A2 =   1.9136m,      3.9985m
dif=-710.170u,      16.000m
```

图 5.27　$R_2 = 2.022\text{k}\Omega$ 时输出电流数据

第 2 步：直流仿真分析——输入电压与输出电流传输特性。

对电路进行输入电压为 V_{IN} 的直流仿真分析，图 5.28、图 5.29 和图 5.30 分别为直流仿真设置、仿真波形和数据，输入电压为 $0 \sim 5\text{V}$ 时输出电流最小值为 3.9985mA，最大值为 20.001mA，与设计值一致，具体数据如表 5.4 所示，输入电压分辨率为 0.1V。

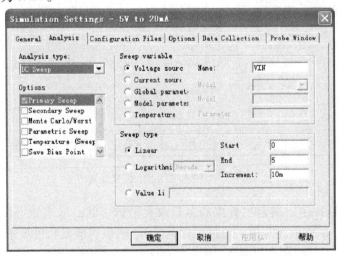

图 5.28　直流仿真设置

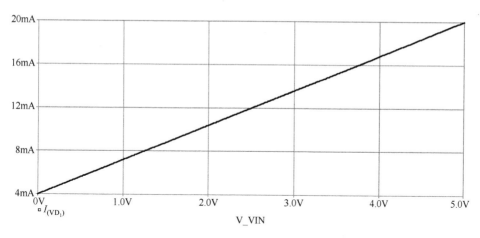

图 5.29　输出电流波形

```
Probe Cursor
A1 =    5.0000,    20.001m
A2 =    0.000,     3.9985m
dif=    5.0000,    16.002m
```

图 5.30　仿真数据

表 5.4　电压—电流数据

V_VIN/V	$I_{(D_1)}$/A	V_VIN/V	$I_{(D_1)}$/A
0	0.003999556	1.5	0.008802102
0.1	0.00431972	1.6	0.009122264
0.2	0.004639919	1.7	0.009442423
0.3	0.004960068	1.8	0.009772958
0.4	0.005280225	1.9	0.010082767
0.5	0.005600389	2	0.010401608
0.6	0.005920557	2.1	0.010729701
0.7	0.006240728	2.2	0.011043168
0.8	0.006560901	2.3	0.011365003
0.9	0.006881075	2.4	0.011695391
1	0.00720125	2.5	0.012003549
1.1	0.007521424	2.6	0.012319083
1.2	0.007841596	2.7	0.012642137
1.3	0.008161767	2.8	0.012972853
1.4	0.008481936	2.9	0.01328394

（续）

V_VIN/V	$I_{(D_1)}$/A	V_VIN/V	$I_{(D_1)}$/A
3	0.01360175	4.1	0.017124387
3.1	0.0139264	4.2	0.017441671
3.2	0.014258007	4.3	0.017764138
3.3	0.014564232	4.4	0.018091846
3.4	0.014876341	4.5	0.018404257
3.5	0.015194423	4.6	0.018721396
3.6	0.015518568	4.7	0.019043321
3.7	0.015848866	4.8	0.019370086
3.8	0.016164387	4.9	0.019701745
3.9	0.016485477	5	0.020003891
4	0.016812215		

5.2.2 电压—电流转换电路设计实例

设计指标：输入电压 $-5 \sim 5V$ 对应输出电流 $5 \sim 25mA$，具体电路如图 5.31 所示。

第 1 步：静态工作点仿真分析，计算电阻 R_3 和参考电压 V_{ref} 参数值。仿真设置如图 5.32 所示，仿真结果如下，电阻 R_3 的参数值为 500Ω，参考电压为 $-7.5V$。

第 2 步：瞬态仿真分析，验证电路功能。图 5.33 和图 5.34 分别为瞬态和参数仿真设置，图 5.35 为输出电流波形。由仿真结果可得，当输入电压为 $-5V$ 时输出电流约为 $4.85mA$，当输入电压为 $5V$ 时输出电流约为 $24.84mA$。电流变化量约为 $20mA$，但是存在直流偏置误差。

第 3 步：直流仿真分析——输入电压与输出电流传输特性。图 5.36、图 5.37 和图 5.38 分别为直流仿真设置、仿真波形和数据。当输入电压为 $-5 \sim 5V$ 时，输出电流最小值约为 $4.85mA$，最大值约为 $24.82mA$，整体误差优于千分之三。

5.2.3 单运算放大器电压—电流转换电路

单运算放大器电压—电流转换电路由运算放大器、电阻和电容、NPN 型晶体管和稳压管构成，电路图和元器件列表分别如图 5.39 和表 5.5 所示；首先对电路进行工作原理分析：U_{1A}、R_1、R_2、R_3 和 R_4 实现差分放大功能。正常工作

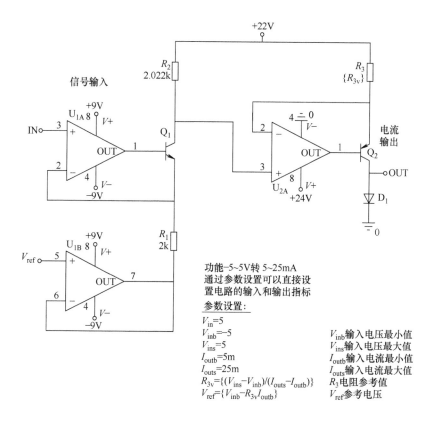

功能–5~5V转 5~25mA
通过参数设置可以直接设
置电路的输入和输出指标
参数设置：
$V_{in}=5$
$V_{inb}=-5$ V_{inb}输入电压最小值
$V_{ins}=5$ V_{ins}输入电压最大值
$I_{outb}=5m$ I_{outb}输入电流最小值
$I_{outs}=25m$ I_{outs}输入电流最大值
$R_{3v}=\{(V_{ins}-V_{inb})/(I_{outs}-I_{outb})\}$ R_3电阻参考值
$V_{ref}=\{V_{inb}-R_{3v}I_{outb}\}$ V_{ref}参考电压

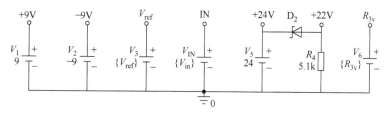

图 5.31　设计实例电路图

时节点电压 $V_N = \dfrac{V_1}{2}$、$V_P = \dfrac{V_{IN} + V_2}{2}$，根据运算放大器虚短、虚断工作原理，$V_N =$

V_P，所以 $\dfrac{V_1}{2} = \dfrac{V_{IN} + V_2}{2}$，即 $V_{IN} = V_1 - V_2$。相对于采样电阻 R_S，电阻 R_4 阻值非常

大，所以输出电流 $I_{out} = \dfrac{V_1 - V_2}{R_S} = \dfrac{V_{IN}}{R_S}$，输入电压与输出电流呈线性关系，通过调

节采样电阻 R_S 和输入电压 V_{IN} 实现输出电流控制。

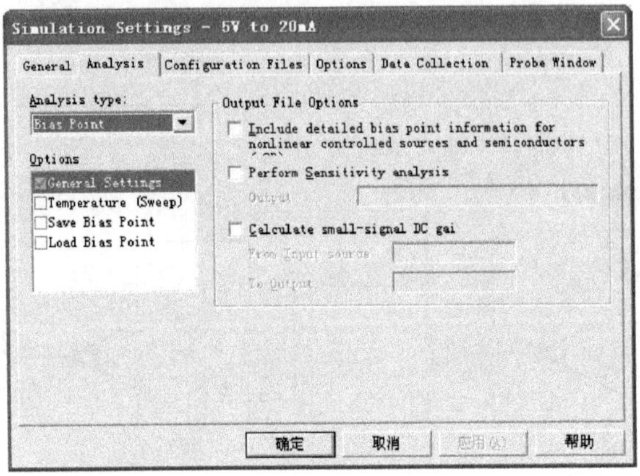

NODE	VOLTAGE	NODE	VOLTAGE
(R3V)	500.0000	(VREF)	−7.5000

图 5.32　静态工作点仿真设置与结果

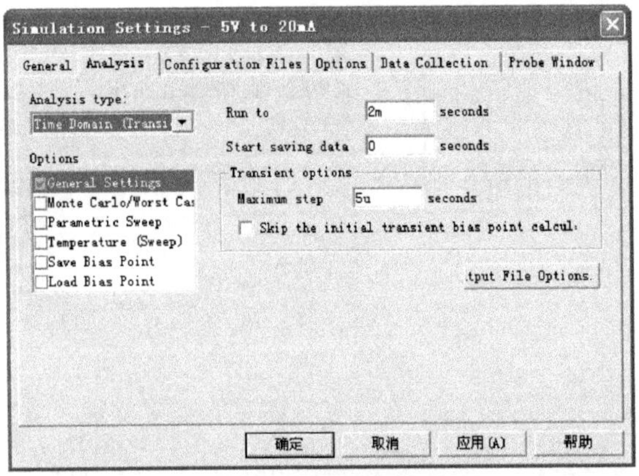

图 5.33　瞬态仿真设置

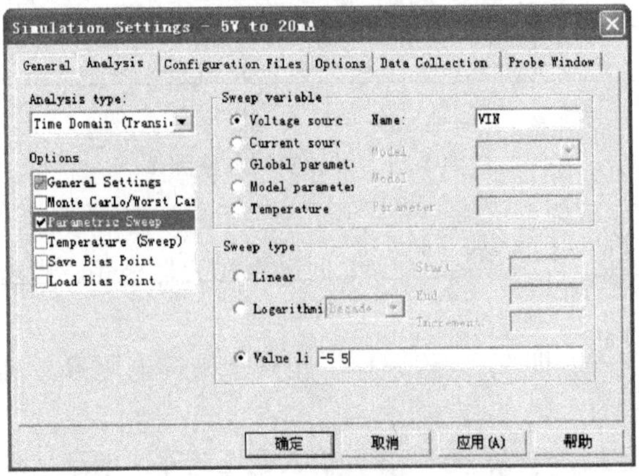

图 5.34　输入电压参数仿真设置

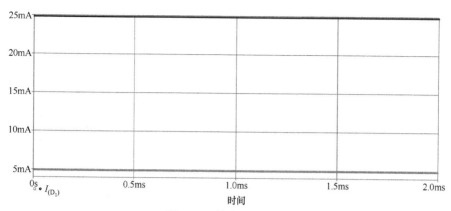

图 5.35　输出电流波形

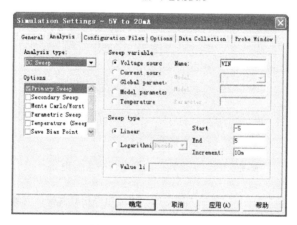

图 5.36　直流仿真设置

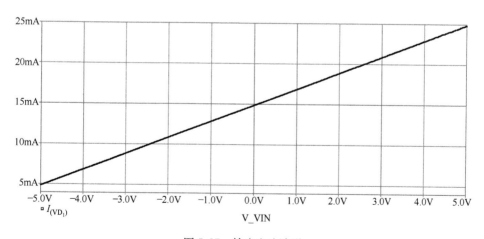

图 5.37　输出电流波形

```
Probe Cursor
A1 =    5.0000,    24.819m
A2 =   -5.0000,     4.8514m
dif=   10.000,     19.967m
```

图 5.38   仿真数据

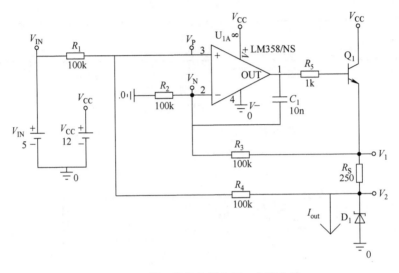

图 5.39   单运算放大器电压—电流电路

表 5.5   单运算放大器电压—电流电路仿真元器件列表

编号	名称	型号	参数	库	功能注释
R_1	电阻	R	100kΩ	ANALOG	差分放大
R_2	电阻	R	100kΩ	ANALOG	差分放大
R_3	电阻	R	100kΩ	ANALOG	差分放大
R_4	电阻	R	100kΩ	ANALOG	差分放大
R_5	电阻	R	1kΩ	ANALOG	驱动电阻
R_S	电阻	R	250Ω	ANALOG	电流采样
C_1	电容	C	10nF	ANALOG	滤波
D_1	稳压管	D1N4730	3.9V	DIODE	等效负载
Q_1	NPN 型晶体管	Q2N5551	150V/0.3A	BIPOLAR	电流输出
U_{1A}	运算放大器	LM358	轨到轨	NS	反馈放大
V_{CC}	直流电压源	VDC	12V	SOURCE	运算放大器供电
V_{IN}	直流电压源	VDC	5V	SOURCE	信号输入
0	0V 地	0	0	SOURCE	参考地

第 1 步：对电路进行瞬态仿真分析。图 5.40 和图 5.41 分别为瞬态和参数仿真设置，图 5.42 为输出电流波形。由仿真结果可得，当输入电压为 0V 时，输出电流约为 0A，当输入电压为 5V 时，输出电流约为 20mA。

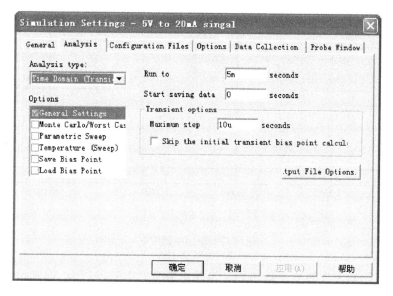

图 5.40　瞬态仿真设置

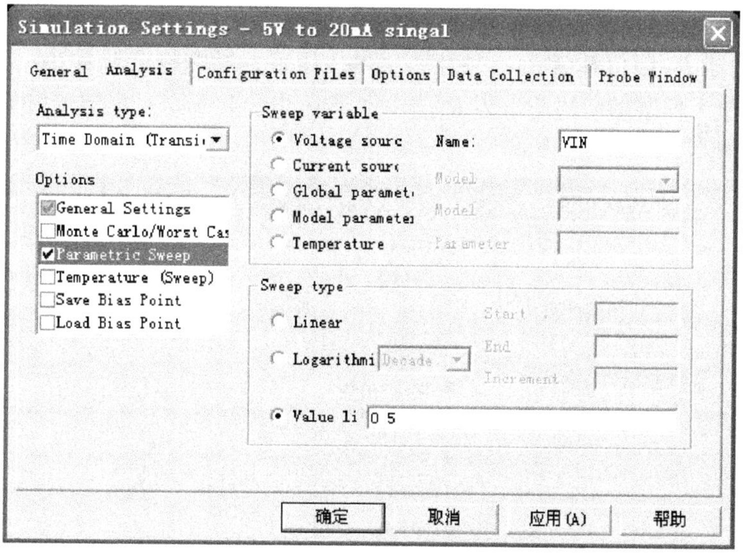

图 5.41　输入电压参数仿真设置

第 2 步：直流仿真分析——输入电压与输出电流传输特性。图 5.43、图 5.44 和图 5.45 分别为直流仿真设置、仿真波形和数据。当输入电压为 0～5V 时，输出电流最小值为 11.945μA，最大值为 20.023mA，整体误差优于千分之

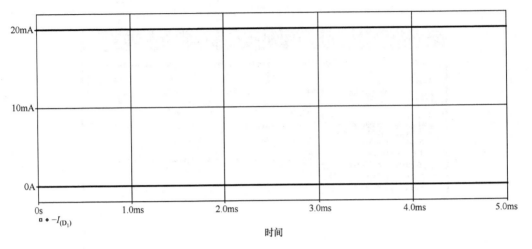

图 5.42　输出电流波形

一。稳压管 D_1 实现等效负载功能，当输出悬空时电流通过 D_1 回到地，整体电路闭环恒流工作，避免输出悬空时电路偏置在极端饱和状态。另外根据输出电压大小选择合适的 D_1 稳压管型号，避免正常工作时稳压管限压。差分电阻 R_4 的阻值对输出电流精度将会产生影响，因为输出电流 I_{out} 通过电阻 R_4 进行流通，如果 R_4 相对于 R_S 阻值非常大，并且输出电压很低，影响将会非常小；如果此处采用运算放大器跟随后再与电阻 R_4 连接，输出电流将不再受电阻 R_4 影响，精度将会大大提高。

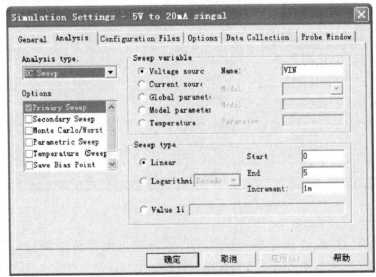

图 5.43　直流仿真设置

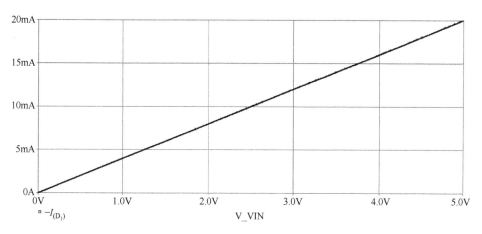

图 5.44 输出电流波形

```
Probe Cursor
F1 =    5.0000,    20.023m
F2 =    0.000,     11.945u
dif=    5.0000,    20.011m
```

图 5.45 仿真数据

5.3 温度—电压转换电路

本节利用 PT100 铂电阻实现温度—电压转换，首先对电路工作原理和参数计算进行详细分析，并进行瞬态和直流仿真分析，验证分析和计算的正确性；然后利用高级仿真分析对设计实例进行参数计算，殊途同归；最后进行实际 PT100 温度—电压转换电路测试，包括电路图、电路板、元器件表和测试步骤及数据。通过本节学习，读者应该能够对 PT100 温度—电压转换电路进行独立设计和实际制作。

5.3.1 温度—电压转换电路工作原理分析

温度—电压转换电路由双运算放大器、阻容和 PT100 构成，具体电路图及元器件列表分别如图 5.46 和表 5.6 所示。首先进行电路工作原理分析，温度每变化 1℃ PT100 电阻增加约 0.385Ω，利用 1mA 恒流源对其进行激励，然后将电压变化量进行放大输出。电阻 R_Z 负责输出电压零位调节，电阻 R_F 负责输出满度调节，两者互相独立，使得设计更加灵活。实际使用时 PT100 存在非线性，通过微调 R_{eg1} 和 R_{eg2} 阻值进行非线性补偿。

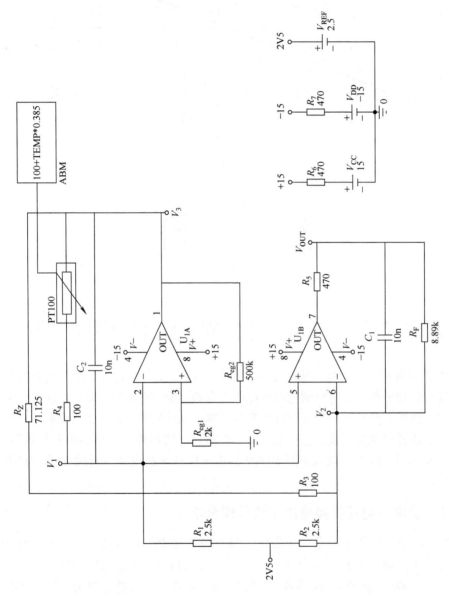

图 5.46 温度—电压转换电路

表5.6 温度—电压转换电路仿真元器件列表

编号	名称	型号	参数	库	功能注释
R_1	电阻	R	$2.5\text{k}\Omega$	ANALOG	基准电流
R_2	电阻	R	$2.5\text{k}\Omega$	ANALOG	基准电流
R_3	电阻	R	100Ω	ANALOG	匹配电阻
R_4	电阻	R	100Ω	ANALOG	匹配电阻
R_5	电阻	R	470Ω	ANALOG	限流电阻
R_6	电阻	R	470Ω	ANALOG	限流电阻
R_7	电阻	R	470Ω	ANALOG	限流电阻
R_{eg1}	电阻	R	$2\text{k}\Omega$	ANALOG	PT100 线性补偿
R_{eg2}	电阻	R	$500\text{k}\Omega$	ANALOG	PT100 线性补偿
R_Z	电阻	R	71.125Ω	ANALOG	零位调节
R_F	电阻	R	$8.89\text{k}\Omega$	ANALOG	满度调节
C_1	电容	C	10nF	ANALOG	滤波
C_2	电容	C	10nF	ANALOG	滤波
U_{1A}	运算放大器	OP279		AD	零位调节
U_{1B}	运算放大器	OP279		AD	满度调节
V_1	直流电压源	VDC	15V	SOURCE	运算放大器正供电
V_2	直流电压源	VDC	-15V	SOURCE	运算放大器负供电
V_3	直流电压源	VDC	2.5V	SOURCE	基准电压
PT100	铂电阻	PT100		PT100	铂电阻模型
ABM	行为模型	ABM	$100 + TEMP * 0.385$	ABM	铂电阻控制
0	0V 地	0	0	SOURCE	参考地

PT100 的 spice 模型:

. SUBCKT VARIRES 1 2 CTRL

R1 1 2 1E10

G1 1 2 Value = { V(1,2)/(V(CTRL) +1u) }

. ENDS

电压源 V_3 提供基准电压, 电阻 R_1 和 R_2 阻值均为 $2.5\text{k}\Omega$, 正常工作时电压 $V_1 = V_2 = 0$, 所以通过电阻 R_1 和 R_2 的电流均为 1mA, 从而通过 PT100 的电流也为 1mA。为与 PT100 匹配, 电阻 $R_3 = R_4 = 100\Omega$。

根据电路工作原理可得输出电压:

$$V_{OUT} = \left[\frac{(R_4 + PT100) \times 0.001}{R_3 + R_Z} - 0.001\right]R_F$$

$$= \left[\frac{PT100 - R_Z}{R_3 + R_Z}\right]R_F \times 0.001$$

当 PT100 = R_Z 时输出电压为零，所以首先通过调节 R_Z 阻值使得输出为 0V；当 R_Z 确定之后，PT100 变化时输出电压线性变化，所以通过改变电阻 R_F 阻值调节输出满度。

图 5.46 所示电路指标如下，$-50 \sim 150℃$ 对应电压 $0.5 \sim 4.5V$；设 $T_0℃$ 对应输出 0V，则 $\dfrac{-50 - T_0}{0.5 - 0} = \dfrac{150 - (-50)}{4.5 - 0.5}$，求得 $T_0 = -75℃$，即 $-75℃$ 对应 0V，此时 PT100 = $100 - 0.385 \times 75 = 71.125\Omega$，即 $R_Z = 71.125\Omega$；150℃ 时 PT100 = $100 + 0.385 \times 150 = 157.75\Omega$，输出电压 $V_{OUT} = 4.5V$，根据上式计算得 $R_F = 8.89k\Omega$。

运算放大器 U_{1A} 负责输出零位调节，U_{1B} 负责输出满度调节，运算放大器输入偏置电压和电流对电路影响非常严重，实际应用时需要选择精密运算放大器。电阻 R_5、R_6 和 R_7 为过电流保护电阻，以避免运算放大器过电流或输出短路时损坏器件。

第 1 步：瞬态仿真分析，验证电路功能。图 5.47 和图 5.48 分别为瞬态和参数仿真设置，图 5.49 和图 5.50 分别为仿真波形和仿真数据。由仿真结果可得，当温度为 $-50℃$ 时输出压为 499.13mV，当温度为 150℃ 时输出电压为 4.4988V。误差主要由运算放大器和补偿电路产生，实际测试时 PT100 的非线性特性将会更加明显，所以补偿电路以及后期数据处理将会更加重要。

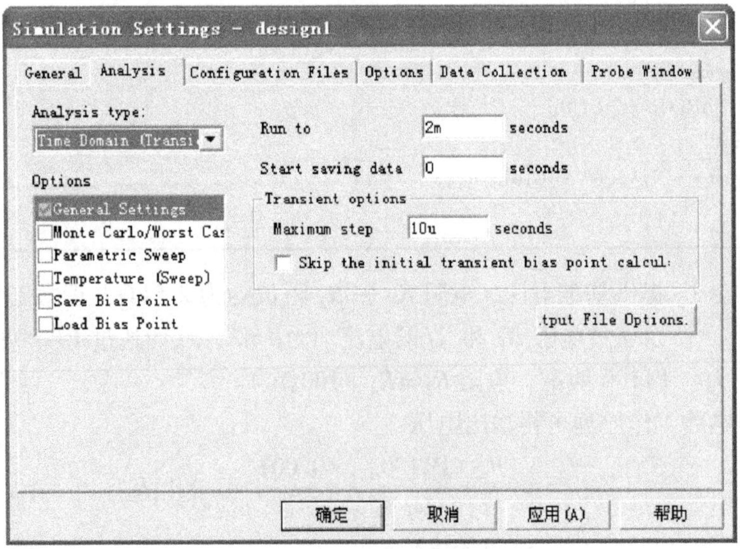

图 5.47　瞬态仿真设置

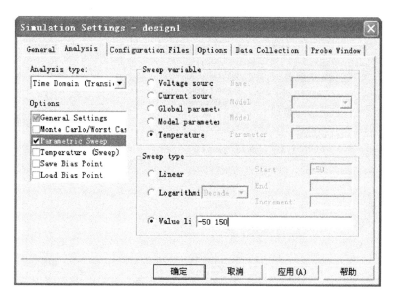

图5.48 参数仿真设置

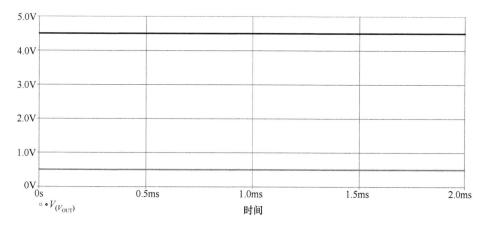

图5.49 输出电压波形

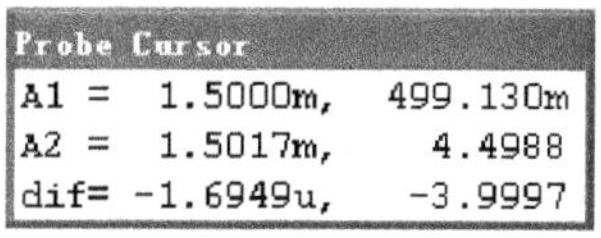

Probe Cursor		
A1 =	1.5000m,	499.130m
A2 =	1.5017m,	4.4988
dif=	-1.6949u,	-3.9997

图5.50 输出电压数据

　　第2步：直流仿真分析——温度与输出电压传输特性。图5.51、图5.52和图5.53分别为直流仿真设置、仿真波形和数据，整体线性误差优于万分之一。

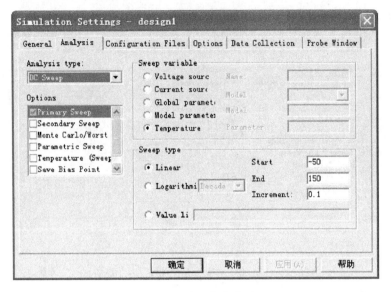

图 5.51　直流仿真设置

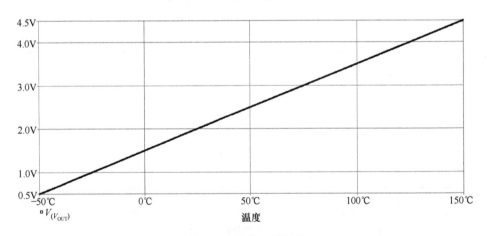

图 5.52　输出电压波形

```
Probe Cursor
A1 =    150.000,     4.4988
A2 =    -50.000,    499.130m
dif=    200.000,     3.9997
```

图 5.53　仿真数据

5.3.2　温度—电压转换电路设计实例 1

设计指标：温度 50 ~ 250℃对应输出电压 1 ~ 6V。

本设计利用高级仿真分析代替参数计算，具体步骤如下。

根据设计要求，当温度为 10℃ 时输出电压为 0V，仿真设置如图 5.54、图 5.55 和图 5.56 所示。

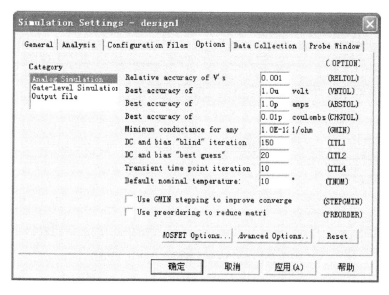

图 5.54 Options 选项卡中 TNOM 项设置为 10

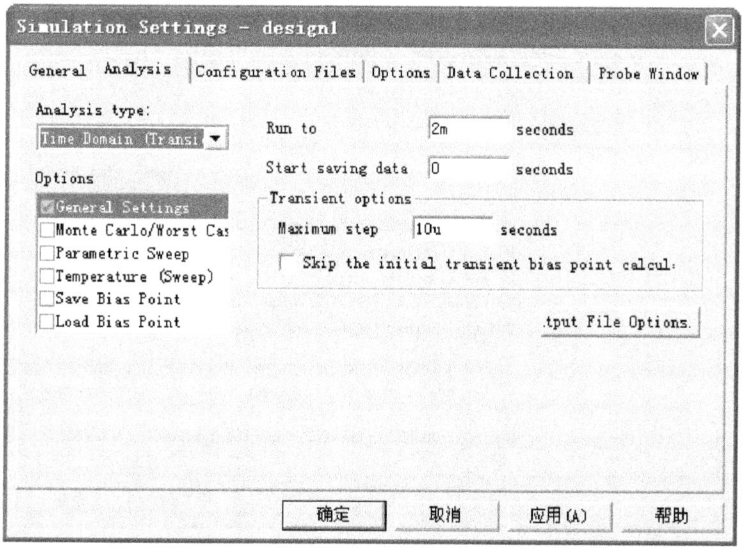

图 5.55 瞬态仿真设置

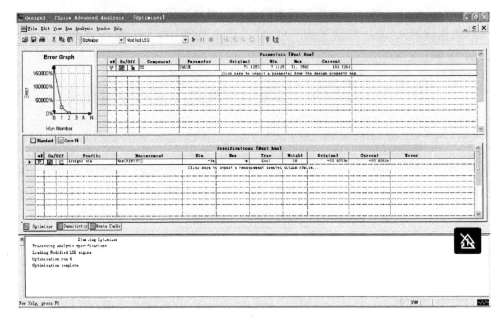

图 5.56　高级仿真计算得 $R_Z = 103.8263\Omega$

将 $R_Z = 103.8263\Omega$ 在电路图中设置完成后运行仿真程序，输出电压为 $9\mu V$，完成零位调节。然后进行满度调节，仿真设置如图 5.57 和图 5.58 所示。

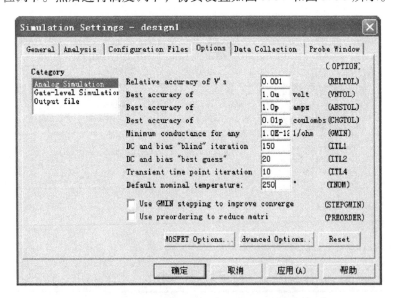

图 5.57　Options 选项卡中 TNOM 选项设置为 250

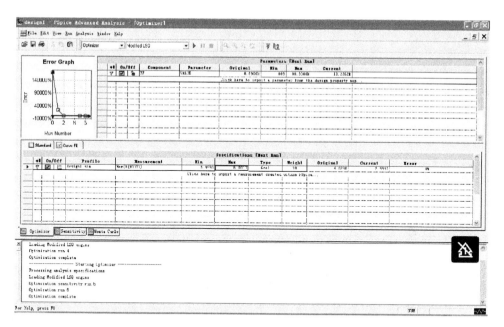

图 5.58 高级仿真计算得 $R_F = 13.2362\text{k}\Omega$

将 $R_F = 13.2362\text{k}\Omega$ 在电路中设置完成后对电路进行直流仿真分析，仿真设置和波形分别如图 5.59 和图 5.60 所示，图 5.61 为测试数据——整体线性度误差约为万分之二。

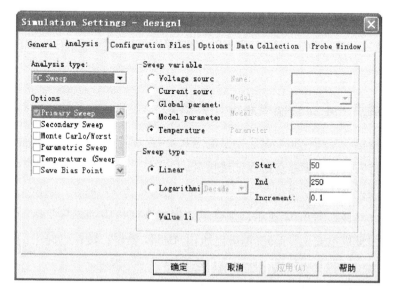

图 5.59 温度仿真分析

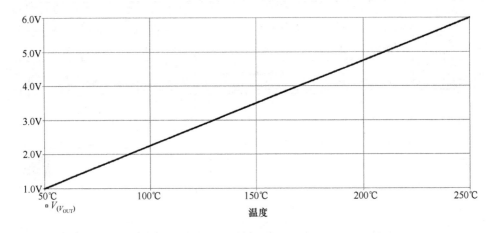

图 5.60　输出电压波形

```
Probe Cursor
A1 =   250.000,      5.9996
A2 =    50.000,      1.0003
dif=   200.000,      4.9993
```

图 5.61　仿真数据

5.3.3　温度—电压转换电路设计实例 2

设计指标：**−55~80℃对应输出电压 0.4~4.0V**。要求无可调电位器，输出电压允许存在误差，但是务必保证线性度。

实际设计电路由供电电源 + 保护、阻容滤波、2.5V 基准、温度—电压转换电路构成，具体如图 5.62 所示；供电电源通过限流电阻和二极管后为测试电路供电，以保证供电安全；2.5V 基准电压由 AD580 提供；转换电路中的可调电阻由固定电阻串联和并联构成，所以输出电压存在一定误差。

电路板正反面分别如图 5.63 和图 5.64 所示，元器件布局合理、走线清晰，与外界连接线标注明确。

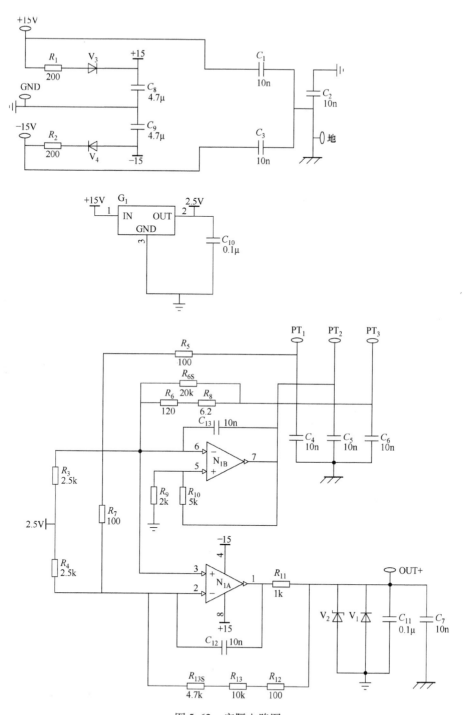

图 5.62　实际电路图

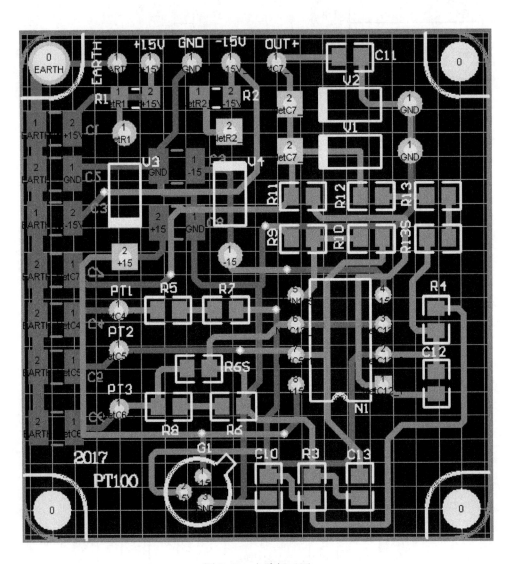

图 5.63　电路板正面

　　电路板所用元器件列表包括每个元器件的具体型号、参数以及生产厂家，详见表 5.7，设计人员可参考此表进行元器件定制。

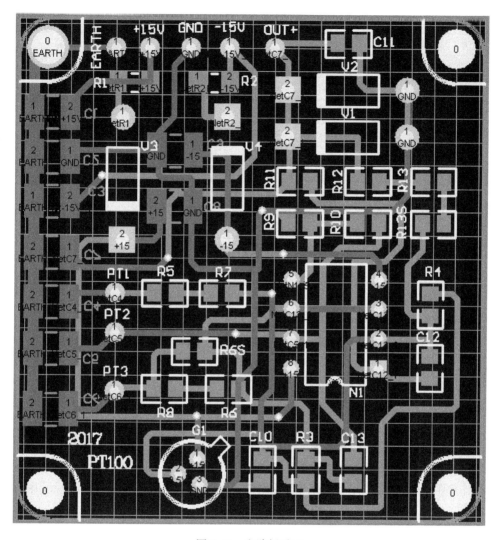

图 5.64 电路板反面

表 5.7 电路板元器件表

PT100 $-55 \sim 80$					
代号	型号	名称	参数	数量	备注
$C_1 \sim C_7$	CT41 – 1210 – 2R1 – 100V – 103 – K	电容	103/100V	7	元六
C_8、C_9	CT41 – 1210 – 2R1 – 50V – 475 – K	电容	475/25V	2	元六
C_{10}、C_{11}	CT41—0805 – 2R1 – 50V – 104 – K	电容	104/50V	2	元六
C_{12}、C_{13}	CT41—0805 – 2R1 – 50V – 103 – K	电容	103/50V	2	元六
R_1、R_2	RMK3216 （1206） – K – B – 201 – J – GJB1432A – 1999	电阻	200/0.25W	2	718

（续）

代号	型号	名称	参数	数量	备注
R_3、R_4	RMK2012（0805）- K - B - 252 - F - GJB1432A - 1999	电阻	2.5kΩ（1%）	2	718
R_5、R_7	RMK2012（0805）- K - B - 101 - F - GJB1432A - 1999	电阻	100	2	718
R_6	RMK2012（0805）- K - B - 121 - F - GJB1432A - 1999	电阻	120	1	718
R_{6S}	RMK2012（0805）- K - B - XXX - F - GJB1432A - 1999	电阻	20kΩ	1	718
R_8	RMK2012（0805）- K - B - 5.1R - F - GJB1432A - 1999	电阻	6.2	1	718
R_{8S}	RMK2012（0805）- K - B - 5.1R - F - GJB1432A - 1999	电阻	5.1	1	718
R_9	RMK2012（0805）- K - B - 5K - F - GJB1432A - 1999	电阻	2kΩ	1	718
R_{10}		电阻	5kΩ	1	718
R_{11}	RMK2012（0805）- K - B - 5K - F - GJB1432A - 1999	电阻	1kΩ	1	718
R_{12}	RMK2012（0805）- K - B - 101 - F - GJB1432A - 1999	电阻	100（5%）	1	718
R_{13}	RMK2012（0805）- K - B - 123 - F - GJB1432A - 1999	电阻	10kΩ	1	718
R_{13S}	RMK2012（0805）- K - B - 472 - F - GJB1432A - 1999	电阻	6.8kΩ	1	718
N_1	OP200AZ	运算放大器	OP200AZ	1	AD
G_1	AD580SH	基准源	AD580SH	1	AD
V_3、V_4	BZ05D	二极管	BZ05D	2	873
V_1	2DK030	二极管	2DK030	1	济半所
V_2	BWA54	稳压管	BWA54	1	837

转换器调试成功之后进行实际测试，具体数据见表5.8，由于实际所用电阻与计算阻值存在误差，所以输出电压同样与计算值不一致，但是数据线性度保持恒定，通过数据采集后可以利用上位机软件进行修正。

表5.8　温度—电压测试数据

温度/℃	输出电压/V	温度/℃	输出电压/V
−55	0.272	20	2.412
−40	0.703	30	2.693
−30	0.986	40	2.980
−20	1.271	50	3.264
−10	1.555	60	3.552
0	1.840	70	3.834
10	2.124	80	4.121

附　录

A.1　PCB1 电路原理图、电路板与元器件表（见图 A.1、图 A.2 和表 A.1）

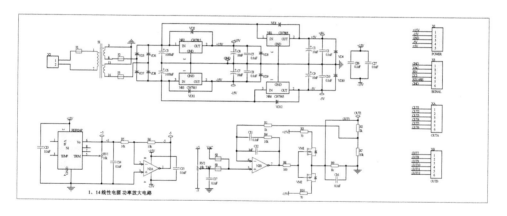

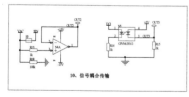

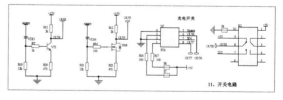

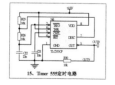

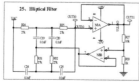

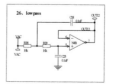

图 A.1　PCB1 电路原理图

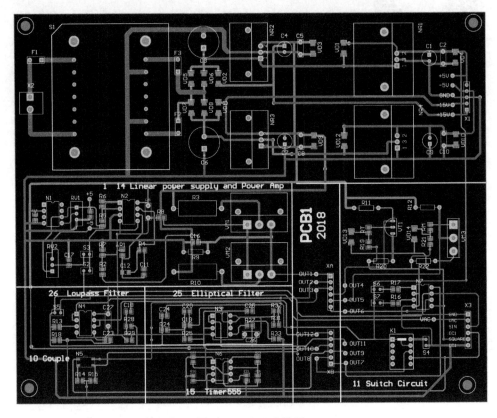

图 A.2　PCB1 电路板

表 A.1　PCB1 元器件表

代号	名称	描述	代号	名称	描述
C1	铝电解电容	10μF（1±20%）100V	C12	陶瓷电容	1μF（1±20%）50V
C2	薄膜电容	0.1μF（1±5%）63V	C13	陶瓷电容	0.1μF（1±10%）50V
C3	铝电解电容	1000μF（1±20%）35V	C14	陶瓷电容	0.1μF（1±10%）50V
C4	铝电解电容	10μF（1±20%）100V	C15	薄膜电容	0.1μF（1±5%）63V
C5	薄膜电容	0.1μF（1±5%）63V	C16	陶瓷电容	0.1μF（1±10%）50V
C6	铝电解电容	1000μF（1±20%）35V	C17	陶瓷电容	0.1μF（1±10%）50V
C7	铝电解电容	10μF（1±20%）100V	C18	陶瓷电容	0.1μF（1±10%）50V
C8	薄膜电容	0.1μF（1±5%）63V	C19	陶瓷电容	0.1μF（1±10%）50V
C9	铝电解电容	10μF（1±20%）100V	C20	陶瓷电容	0.1μF（1±10%）50V
C10	薄膜电容	0.1μF（1±5%）63V	C21	陶瓷电容	10nF（1±10%）50V
C11	陶瓷电容	0.1μF（1±10%）50V	C22	陶瓷电容	22nF（1±10%）50V

（续）

代号	名称	描述	代号	名称	描述
C23	陶瓷电容	0.1μF（1±10%）50V	R28	电阻	10kΩ（1±5%）0.1W
C24	陶瓷电容	0.1μF（1±10%）50V	R29	电阻	10kΩ（1±5%）0.1W
C25	陶瓷电容	0.1μF（1±10%）50V	R30	电阻	10kΩ（1±5%）0.1W
C26	薄膜电容	0.1μF（1±5%）63V	R31	电阻	27kΩ（1±5%）0.1W
C27	薄膜电容	0.1μF（1±5%）63V	R32	电阻	27kΩ（1±5%）0.1W
R1	电阻	1kΩ（1±5%）0.1W	R33	电阻	1kΩ（1±5%）0.1W
R2	电阻	2kΩ（1±5%）0.1W	RM	电阻	100Ω（1±5%）0.1W
R3	电阻	70Ω（1±10%）3W	RT	电阻	1kΩ（1±5%）0.1W
R4	电阻	10kΩ（1±5%）0.1W	RV1	电位器	3296P 10kΩ（1±5%）0.5W
R5	电阻	10kΩ（1±5%）0.1W	RV2	电位器	3296P 10kΩ（1±5%）0.5W
R6	电阻	10kΩ（1±5%）0.1W	F1	熔丝	FUSE 0.5A 250V
R7	电阻	10kΩ（1±5%）0.1W	F2	熔丝	FUSE 0.5A 250V
R8	电阻	100Ω（1±5%）0.1W	F3	熔丝	FUSE 0.5A 250V
R9	电阻	1kΩ（1±5%）0.25W	K1	继电器	G6H-2
R10	电阻	70Ω（1±10%）3W	N1	电压参考基准	REF02AP DIP-8
R11	电阻	2kΩ（1±5%）0.25W	N2	运算放大器	TL072 DIP-8
R12	电阻	2kΩ（1±5%）0.25W	N3	运算放大器	TL072 DIP-8
R13	电阻	1kΩ（1±5%）0.1W	N4	运算放大器	TL072 DIP-8
R14	电阻	1kΩ（1±5%）0.1W	N5	固态继电器	G3VM-351G SOP-4
R15	电阻	1kΩ（1±5%）0.1W	N6	低频振荡器	TLC555CP DIP-8
R16	电阻	100Ω（1±5%）0.1W	N7	固态继电器	G3VM-352C DIP-8
R17	电阻	100Ω（1±5%）0.1W	NR1	三端稳压器	LM7805 TO220
R18	电阻	100kΩ（1±5%）0.1W	NR2	三端稳压器	LM7815 TO220
R19	电阻	12kΩ（1±5%）0.1W	NR3	三端稳压器	LM7915 TO220
R20	电阻	470Ω（1±5%）0.25W	NR4	三端稳压器	LM7905 TO220
R21	电阻	12kΩ（1±5%）0.1W	S1	变压器	兵字变压器 S15-07B
R22	电阻	470Ω（1±5%）0.25W	S2	短路块	短路块
R23	电阻	10kΩ（1±5%）0.1W	S3	短路块	短路块
R24	电阻	27kΩ（1±5%）0.1W	S4	短路块	短路块
R25	电阻	27kΩ（1±5%）0.1W	S5	短路块	短路块
R26	电阻	10kΩ（1±5%）0.1W	S6	短路块	短路块
R27	电阻	10kΩ（1±5%）0.1W	S7	短路块	短路块

（续）

代号	名称	描述	代号	名称	描述
VD1	二极管	1N4007 SOD – 123FL	VD13	二极管	1N4007 SOD – 123FL
VD2	二极管	1N4007 SOD – 123FL	VD14	二极管	1N4007 SOD – 123FL
VD3	二极管	1N4007 SOD – 123FL	VM1	场效应晶体管	IRFP250 TO – 247
VD4	二极管	1N4007 SOD – 123FL	VM2	场效应晶体管	IRFP9240 TO – 247
VD5	二极管	1N4007 SOD – 123FL	VM3	场效应晶体管	IRFP250 TO – 247
VD6	二极管	1N4007 SOD – 123FL	VT1	晶体管	2N5551 TO – 92
VD7	二极管	1N4007 SOD – 123FL	X1	接插件	5 针
VD8	二极管	1N4007 SOD – 123FL	X2	接插件	2 针
VD9	二极管	1N4007 SOD – 123FL	X3	接插件	6 针
VD10	二极管	1N4007 SOD – 123FL	XA	接插件	6 针
VD11	二极管	1N4007 SOD – 123FL	XB	接插件	6 针
VD12	二极管	1N4007 SOD – 123FL			

A. 2 PCB2 电路原理图、电路板与元器件表（见图 A.3、图 A.4 和表 A.2）

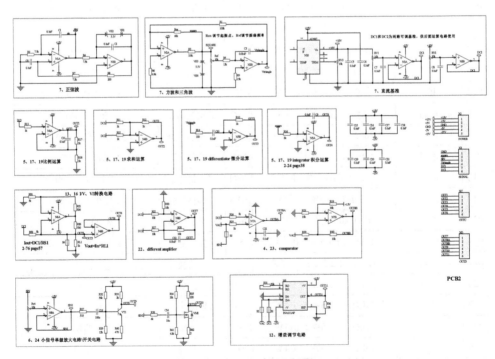

图 A. 3 PCB2 电路原理图

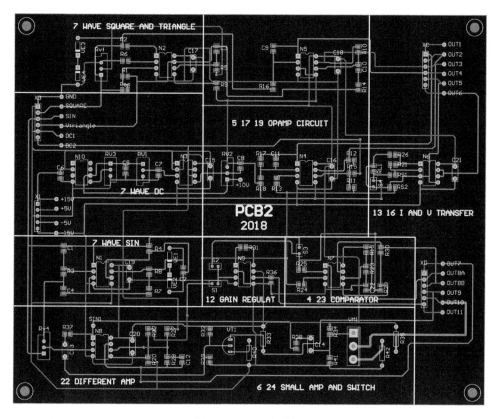

图 A.4　PCB2 电路板

表 A.2　PCB2 元器件表

代号	名称	描述	代号	名称	描述
C1	陶瓷电容	0.1μF（1±10%）50V	C12	陶瓷电容	0.01μF（1±10%）50V
C2	陶瓷电容	0.1μF（1±10%）50V	C13	薄膜电容	100μF（1±5%）63V
C3	陶瓷电容	0.01μF（1±10%）50V	C14	薄膜电容	10μF（1±5%）63V
C4	陶瓷电容	0.1μF（1±10%）50V	C15	薄膜电容	0.1μF（1±5%）63V
C5	陶瓷电容	0.1μF（1±10%）50V	C16	薄膜电容	0.1μF（1±5%）63V
C6	陶瓷电容	0.1μF（1±10%）50V	C17	薄膜电容	0.1μF（1±5%）63V
C7	陶瓷电容	0.1μF（1±10%）50V	C18	薄膜电容	0.1μF（1±5%）63V
C8	陶瓷电容	0.1μF（1±10%）50V	C19	薄膜电容	0.1μF（1±5%）63V
C9	陶瓷电容	0.1μF（1±10%）50V	C20	薄膜电容	0.1μF（1±5%）63V
C10	陶瓷电容	0.1μF（1±10%）50V	C21	薄膜电容	0.1μF（1±5%）63V
C11	陶瓷电容	0.1μF（1±10%）50V	C22	陶瓷电容	0.1μF（1±10%）50V

（续）

代号	名称	描述	代号	名称	描述
R1	电阻	100kΩ（1±5%）0.1W	R33	电阻	2kΩ（1±5%）0.25W
R2	电阻	3.9kΩ（1±5%）0.1W	R34	电阻	20kΩ（1±5%）0.1W
R3	电阻	7.5kΩ（1±5%）0.1W	R35	电阻	100Ω（1±5%）0.25W
R4	电阻	7.5kΩ（1±5%）0.1W	R36	电阻	10kΩ（1±5%）0.1W
R5	电阻	15kΩ（1±5%）0.1W	R37	电阻	510Ω（1±5%）0.1W
R6	电阻	6.8kΩ（1±5%）0.1W	R38	电阻	4kΩ（1±5%）0.1W
R7	电阻	7.5kΩ（1±5%）0.1W	R39	电阻	12kΩ（1±5%）0.1W
R8	电阻	200Ω（1±5%）0.1W	R40	电阻	470Ω（1±5%）0.25W
R9	电阻	15kΩ（1±5%）0.1W	R41	电阻	6.8kΩ（1±5%）0.1W
R10	电阻	1kΩ（1±5%）0.1W	R42	电阻	5Ω（1±5%）0.25W
R11	电阻	1kΩ（1±5%）0.1W	RL1	电阻	1kΩ（1±5%）0.1W
R12	电阻	1kΩ（1±5%）0.1W	Ros	电阻	60kΩ（1±5%）0.1W
R13	电阻	1kΩ（1±5%）0.1W	RS1	电阻	5kΩ（1±5%）0.1W
R14	电阻	100Ω（1±5%）0.1W	RS2	电阻	5kΩ（1±5%）0.1W
R15	电阻	1kΩ（1±5%）0.1W	RV1	电位器	3296P 10kΩ（1±5%）0.5W
R16	电阻	2kΩ（1±5%）0.1W	RV2	电位器	3296P 10kΩ（1±5%）0.5W
R17	电阻	1kΩ（1±5%）0.1W	RV3	电位器	3296P 10kΩ（1±5%）0.5W
R18	电阻	1kΩ（1±5%）0.1W	Rv4	电位器	3296P 10kΩ（1±5%）0.5W
R19	电阻	30kΩ（1±5%）0.1W	Rvf	电位器	3296P 10kΩ（1±5%）0.5W
R20	电阻	10kΩ（1±5%）0.1W	N1	运算放大器	TL072 DIP－8
R21	电阻	500Ω（1±5%）0.1W	N2	运算放大器	TL072 DIP－8
R22	电阻	10kΩ（1±5%）0.1W	N3	运算放大器	TL072 DIP－8
R23	电阻	10kΩ（1±5%）0.1W	N4	运算放大器	TL072 DIP－8
R24	电阻	10kΩ（1±5%）0.1W	N5	运算放大器	TL072 DIP－8
R25	电阻	10kΩ（1±5%）0.1W	N6	运算放大器	TL072 DIP－8
R26	电阻	500Ω（1±5%）0.1W	N7	运算放大器	TL072 DIP－8
R27	电阻	10kΩ（1±5%）0.1W	N8	运算放大器	TL072 DIP－8
R28	电阻	10kΩ（1±5%）0.1W	N9	仪表放大器	INA111AP DIP－8
R29	电阻	680Ω（1±5%）0.1W	N10	电压参考基准	AD587 DIP－8
R30	电阻	10kΩ（1±5%）0.1W	S1	短路块	短路块
R31	电阻	50kΩ（1±5%）0.1W	S2	短路块	短路块
R32	电阻	56kΩ（1±5%）0.1W	S3	短路块	短路块

（续）

代号	名称	描述	代号	名称	描述
S4	短路块	短路块	VT1	晶体管	2N5551 TO－92
VE1	5.1V 稳压管	1N5338B 017AA	X1	接插件	5 针
VE2	5.1V 稳压管	1N5338B 017AA	X3	接插件	6 针
VE3	5.1V 稳压管	1N5338B 017AA	XC	接插件	6 针
VE4	5.1V 稳压管	1N5338B 017AA	XD	接插件	6 针
VM1	场效应晶体管	IRFP250 TO－247			

A.3　信号隔离电路原理图、电路板与元器件表（见图 A.5、图 A.6 和表 A.3）

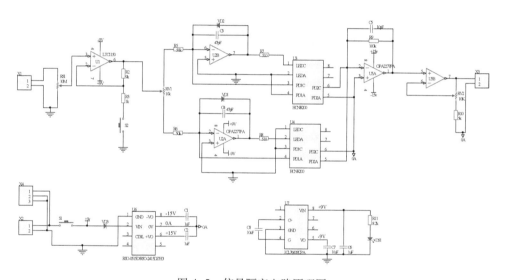

图 A.5　信号隔离电路原理图

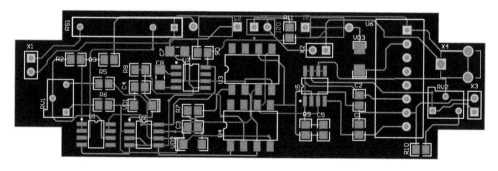

图 A.6　信号隔离电路板

表 A.3　信号隔离电路元器件表

代号	名称	描述	代号	名称	描述
C1	陶瓷电容	1μF（1±10%）50V	RV1	电位器	3296P 10kΩ（1±5%）0.5W
C2	陶瓷电容	1μF（1±10%）50V	RV2	电位器	3296P 10kΩ（1±5%）0.5W
C3	陶瓷电容	47pF（1±10%）50V	S1	开关	SW2
C4	陶瓷电容	47pF（1±10%）50V	S2	开关	SW2
C5	陶瓷电容	10pF（1±10%）50V	U1	运算放大器	OPA277 SOIC-8
C6	陶瓷电容	1μF（1±10%）50V	U2	运算放大器	OPA2277 SOIC-8
C7	陶瓷电容	10μF（1±10%）50V	U3	线性光电耦合器	HCNR200 SOIC-8
C8	陶瓷电容	10μF（1±10%）50V	U4	线性光电耦合器	HCNR200 SOIC-8
DS1	指示灯	LED PIN2	U5	运算放大器	OPA2277 SOIC-8
R2	电阻	9kΩ（1±5%）0.1W	U6	隔离DC-DC变换器	WRE0515CKS-1W
R3	电阻	1kΩ（1±5%）0.1W			
R5	电阻	50kΩ（1±0.1%）0.1W	U7	电源转换器	ICL7660 SOIC-8
R6	电阻	50kΩ（1±0.1%）0.1W	VD1	二极管	1N4148 SOD-323
R7	电阻	510Ω（1±5%）0.1W	VD2	二极管	1N4148 SOD-323
R8	电阻	510Ω（1±5%）0.1W	VD3	二极管	1N4007 SOD-123FL
R9	电阻	100kΩ（1±5%）0.1W	X1	接插件	2针
R10	电阻	5kΩ（1±5%）0.1W	X2	接插件	2针
R11	电阻	8.2kΩ（1±5%）0.1W	X3	接插件	2针
RS1	电阻分压器	RI80F 9.8MΩ/200kΩ（1±1%）1W	X4	接插件	3针

A.4　PT100 温度测量电路原理图、电路板与元器件表（见图 A.7、图 A.8 和表 A.4）

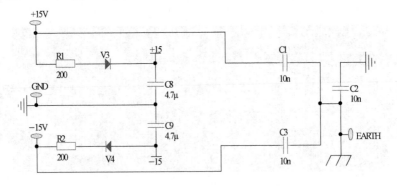

图 A.7　PT100 温度测量电路原理图

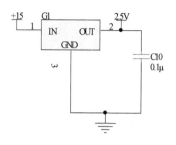

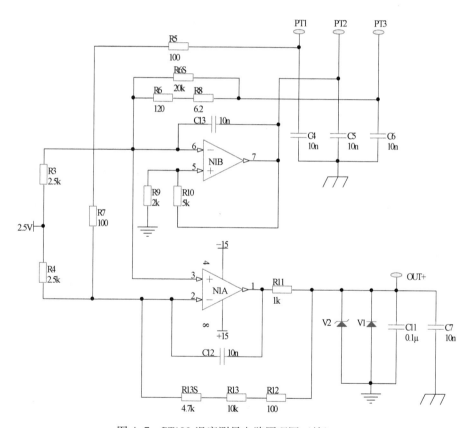

图 A.7　PT100 温度测量电路原理图（续）

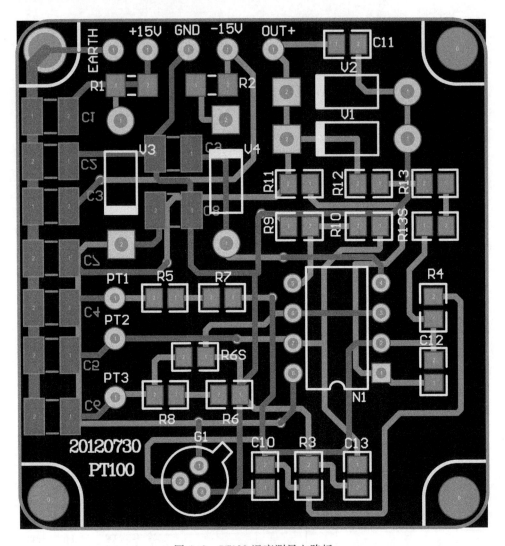

图 A.8 PT100 温度测量电路板

表 A.4 PT100 温度测量电路元器件表

代号	名称	描述	代号	名称	描述
C1	陶瓷电容	10nF（1±10%）100V	C7	陶瓷电容	10nF（1±10%）100V
C2	陶瓷电容	10nF（1±10%）100V	C8	陶瓷电容	4.7μF（1±10%）25V
C3	陶瓷电容	10nF（1±10%）100V	C9	陶瓷电容	4.7μF（1±10%）25V
C4	陶瓷电容	10nF（1±10%）100V	C10	陶瓷电容	0.1μF（1±10%）50V
C5	陶瓷电容	10nF（1±10%）100V	C11	陶瓷电容	0.1μF（1±10%）50V
C6	陶瓷电容	10nF（1±10%）100V	C12	陶瓷电容	10nF（1±10%）50V

（续）

代号	名称	描述	代号	名称	描述
C13	陶瓷电容	10nF（1±10%）50V	R10	电阻	5kΩ（1±1%）0.1W
R1	电阻	200Ω（1±5%）0.25W	R11	电阻	1kΩ（1±1%）0.1W
R2	电阻	200Ω（1±5%）0.25W	R12	电阻	100Ω（1±1%）0.1W
R3	电阻	2.5kΩ（1±1%）0.1W	R13	电阻	10kΩ（1±1%）0.1W
R4	电阻	2.5kΩ（1±1%）0.2W	R13S	电阻	4.7kΩ（1±1%）0.1W
R5	电阻	100Ω（1±1%）0.1W	N1	运算放大器	OP200AZ DIP-8
R6	电阻	120Ω（1±1%）0.1W	G1	电压参考基准	AD580SH TO-52
R6S	电阻	20kΩ（1±1%）0.1W	V1	二极管	2DK030 D2-10A
R7	电阻	100Ω（1±1%）0.1W	V2	稳压管	BWA54 D2-10A
R8	电阻	6.2Ω（1±1%）0.1W	V3	二极管	BZ05D D2-10A
R9	电阻	2kΩ（1±1%）0.1W	V4	二极管	BZ05D D2-10A

附录 B

B.1　导线

　　绝缘导线将元器件和电路连接在一起，通常情况下绝缘导线分为两种类型：多股绞合线和实心单股绞合线（见图B.1）。

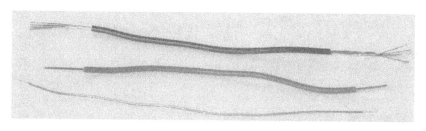

图 B.1　绞合线（上）、实心单股绞合线（中）、导线包线（下）

　　导线粗细遵循导线标准（AWG），AWG数字越小导线越粗。电子电路中通常使用的典型导线AWG型号从20~24。图B.1中上面导线的AWG型号为22，单股绞合线的AWG型号为26。

　　绞合线和实心线均能很好地应用于建筑工程。如图B.1所示，因为单股绞合线的直径很小，所以更有利于使用，尤其空间紧凑的场合。"紧急情况"时也可使用18~24号的排线或扬声器导线（见图B.2）。

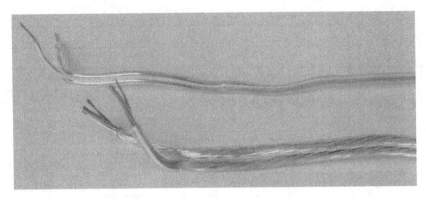

图 B.2　AWG 22 号实心扬声器导线（上）和 AWG 18 号绞合扬声器导线（下）

　　注释：排线能够完全分离为两根独立导线，如图 B.2 所示。扬声器导线同样可用于功率和接地输入与输出引线，因为导线通常标有条纹，所以通过条纹对其进行识别。例如扬声器导线的条纹侧用作接地连接。使用时一定要注意，排线通常不具有条纹标记并且可能导致极性问题，例如功率导线穿越接地导线的时候容易出现导线混淆。

　　对于音频、视频和射频（RF）信号，通常使用同轴电缆对外来噪声（例如电源线频率"嗡嗡"声）进行屏蔽。外层屏蔽导体通常连接到地，内层导线传输信号和功率（见图 B.3）。

图 B.3　用于音频或视频信号的 RCA 唱机连接器同轴电缆

B.2　导线工具

　　组装电路时必须对导线进行截取，并且必须去除其表面绝缘层。最常用并且最实用的工具为剥线钳，利用剥线钳去除 AWG 20 ~ AWG 30 号导线的绝缘层。同样也可利用切线钳、斜口钳、一对具有切线功能的长鼻钳对导线进行切割和去除绝缘皮。"紧急情况"时指甲刀或剪刀也可以（见图 B.4）。

　　当利用电阻、电容、晶体管等电子元器件组装电路时，通常也会用到切线钳和斜口钳对焊接后的多余引线进行处理。切线钳和斜口钳的常规型号为 4 ~ 6in（1in = 2.54cm）。大型号切线钳也经常被使用，但是利用其对狭窄地方导线进行

图 B.4 （从左到右）剥线钳、切线钳、斜口钳、剪刀和指甲刀

处理并不适用。对于弯曲导线通常使用长鼻钳对其进行处理（见图 B.5）。

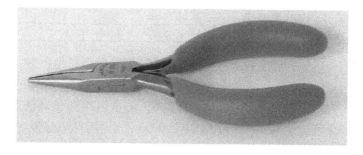

图 B.5 利用长鼻钳对弯曲管角或导线进行处理

B.3 电阻

电阻在电路中通常作为限流器件使用，也被用于分压、滤波和放大电路。电阻功耗覆盖 $\frac{1}{8}$ ~2W 以上，容差通常为 0.1% ~10% 。本书常用电阻为功耗 $\frac{1}{4}$ W、容差 5% 和 1% 两种类型。功耗 2W 以上的电阻通常采用四色环法对其电阻值进行标识，具体如图 B.6 和表 B.1、表 B.2 所示。

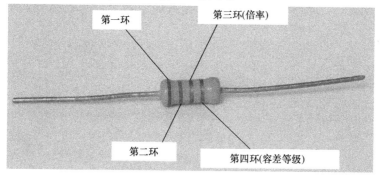

图 B.6 四色环电阻

表 B.1　前三环电阻值

黑色 = 0	棕色 = 1	红色 = 2	橙色 = 3	黄色 = 4	绿色 = 5
蓝色 = 6	紫色 = 7	灰色 = 8	白色 = 9	金色 = ÷10	银色 = ÷100

表 B.2　电阻器典型值　　　　　　　　　单位：Ω

1.0	2.2	4.7	10	15	18	22	27	33	39
47	56	68	82	100	120	150	180	220	270
330	390	470	560	680	820	1k	1.2k	1.5k	1.8k
2.2k	2.7k	3.3k	3.9k	4.7k	5.6k	6.8k	10k	15k	18k
22k	27k	33k	39k	47k	56k	68k	100k	150k	180k
220k	270k	330k	390k	470k	560k	680k	1M	1.5M	1.8M
2.2M	2.7M	3.3M	3.9M	4.7M	5.6M	6.8M	10M	15M	18M

　　注意，当使用四色环法表示电阻值时金色带和银色带通常在第三色环；如果在第四色环，金色 = 5%，银色 = 10%。前两色环表示数字，第三色环表示数字后面零的个数。例如阻值 10000Ω、容差 5% 的电阻由四色环法表示为棕色、黑色、橙色和金色，即 10 + 000 = 10000 或 10000。当电阻标识值为 10000Ω、容差 5% 时，其实际电阻值为 10000 ± 500。因此该电阻阻值区间为 9500 ~ 10500Ω。

　　为缩短书写电阻值时零的个数，规定 k = 1000 和 M = 1000000。例如，10000Ω 电阻与 10kΩ 电阻阻值相同；10000000Ω 电阻与 10MΩ 电阻阻值相同。典型电阻值如表 B.2 所示，常用阻值以粗体字显示。

　　容差 5% 电阻阻值并未包含如下中间值 12Ω、13Ω、16Ω、20Ω、24Ω、30Ω、32Ω、33Ω、51Ω、75Ω 和 91Ω，该中间值通过乘以 0.1、10、100、1000 和 10000 表示其他电阻值。例如中间值乘以 0.1 后分别为 1.2Ω、1.3Ω、…；乘以 100 后分别为 1200Ω、1300Ω、…、9100Ω。

　　容差为 1% 的电阻通常采用五色环法进行标识，前三色环表示三位数字，后面第四色环表示三位数字后面零的个数，第五色环为棕色，表示容差 1%，如图 B.7 所示。

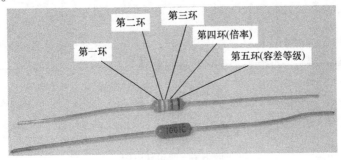

图 B.7　五色环法表示容差 1% 的电阻

对于图 B.7 中的上面电阻，前三色环表示前三位数字，第四色环表示倍率。利用前四色环读取电阻值，但是电阻值应该从电阻的哪一侧读取呢？读取电阻值的四个色环具有相等间距，利用该间隔将四个色环分开。通过仔细观察可发现图 B.7 中第四色环和第五色环之间的间距比第一和第二、第二和第三或者第三和第四色环之间的间距宽很多。

对于图 B.7 中的下面电阻，电阻值直接印在电阻上面而未使用色环表示。前三个数字表示电阻值前三位数字，后面第四位数字表示倍率（或者三位数字后面零的个数）。该示例中电阻读数为"1001C"，其值为 100 + "1 个 0"即 1000Ω，C 表示容差，即 0.25%。对于精密电阻，A = 0.05%、B = 0.10%、C = 0.25%、D = 0.50%、F = 1.0%、G = 2%，但是未使用字母 E。

使用简写符号表示最后一个希腊字母欧米茄 omega 代替欧姆 ohms。欧米茄 omega 的大写或大写字母均为 Ω，表示欧姆。通常使用 Ω 代替欧姆对电阻值进行描述，例如 1000 欧姆表示为 1000Ω。

大于 2W 的电阻称为功率电阻，用户通过印制在电阻表面的字符对其电阻值、额定功率和容差进行辨别，具体如图 B.8 所示，但是颜色代码通常不用于功率 3W 或者更大功率的电阻。

图 B.8　5Ω、5%、10W 和 10Ω、5%、10W 线绕电阻

根据欧姆定律计算电阻消耗功率，公式为 $P = VI$，为了确定电阻吸收或者耗散的功率，通常使用电阻表示功率 P。

因为 $I = V/R$，将上式代入功率公式得 $P = VI = V(V/R) = VV/R = V^2/R$，求得，$P = V^2/R$。

注释：当电压 V 的单位为伏特、电阻 R 的单位为欧姆时功率 P 的单位为瓦特。注意"W"表示瓦特。

公式 $P = V^2/R$ 为计算电阻吸收功率的最常用方法。测量电阻两端的电压很容易，只需将电压平方并除以电阻即可获得电阻消耗的功率。例如，假设在 1kΩ 电阻上的电压为 25V，则该电阻消耗的功率为：

$$P = (25V)^2/1\text{k}\Omega = (625/1000)\,\text{W} = 0.625\text{W}$$

经验法则规定电阻的额定功率至少为实际消耗功率的两倍。因此，如果 $1\text{k}\Omega$ 电阻消耗功率为 0.625W，则应该选择 2W 电阻以实现高可靠性。但是使用 1W 电阻也可正常工作。如果电阻的额定功率接近实际功耗，那么随着长时间的"过度"发热，电阻值将会发生变化（例如阻值增加）。

还有另外一种利用流入电阻电流计算功率的方法，下面对其计算公式进行推导的 $P = VI$，同时 $I = V/R$，通过电阻的电流为电压与电阻值之商，或者电阻上产生的电压为电流 I 与电阻值 R 之积，即 $V = IR$，电压 V 为电流流入电阻时电阻两端电压。

综合如下：$P = VI$、$V = IR$，整理得 $P = VI = (V)I = (IR)I = IRI = IIR = (I)^2R$，即 $P = (I)^2R$。

注释： 当电流 I 的单位为安培、电阻 R 的单位为欧姆时 P 的单位为瓦特。

例如，如果直流 1.5A 电流流入 22Ω 电阻，则电阻消耗的功率为：

$$P = (I)^2R = (1.5)^2 \times 22\text{W} = 2.25 \times 22\text{W} = 49.5\text{W}$$

本例为了电路能够可靠运行，电阻功率应该选择 100W。

B.4　电容

电容为储能器件，将电压施加到电容两端时电容内部将会存储电荷。电容存储电荷的能力使其功能与低容量可再充电电池类似。电容容量为法拉（F），但是法拉是一个非常大的容量单位，所以大多数电容的容值为微法或者皮法。微法（μF）为百万分之一法拉，皮法（pF）为百万分之一的百万分之一法拉，即百万分之一微法，另一个通常使用表示电容的单位为纳法（nF），为十亿分之一法拉。电容单位以迈克尔·法拉第的名字命名。

电容由两块隔绝极板制成，也称为电介质。电容的通用计算公式为 $C = kA\varepsilon_0/d$，其中 k 为介电常数，例如真空或空气的介电常数约为 1，而陶瓷材料的介电常数为 $3 \sim 7$，A 为极板面积，ε_0 为发射常数（通常不使用公式进行计算），d 为两极板距离。

通过电容计算公式可得，极板距离越近 d 值越小，从而电容容量越大。此外如果极板面积增加，则 A 增加，电容容量也随之增加。介电常数 k 的数值也影响电容值的增加或减小。

利用电压源与电容端子并联对其进行快速充电，充电和放电速率与电容容量有关。

为了快速了解电容工作原理，直流电压工作时将其假想为低容量可充电电池。电容像电池那样保持电荷，但是不能像电池那样长时间地为设备供电。对于交流电压，电容类似于电阻，但是不会发热。使用电容对交流电流进行控制而不会散热，因为交流信号一段时间给电池充电，而下一段时间则为电池放电，净充电和放电电流总和为零——即完美的电容永远不会变热！

由于电容具有储能能力，所以通常用于电源。当关闭笔记本电脑，然后从交流电源插座拔出插头时将会注意到一些笔记本电脑交流电源适配器的指示灯在熄灭之前仍然打开几秒钟。交流适配器中的电容已经储存了足够的电量点亮交流电源关闭后 LED 灯继续发光。电源中使用的电容在低频下提供滤波功能以去除"嗡嗡"声，称为电解电容。

注意：电解电容通常具有极性，即电容上通常标有（－）标记或（＋）标记。必须观察并正确连接电容极性。例如，使用电池对电解电容充电时务必将电池的（－）端连接到电容的（－）端子，同样（＋）端子也要连接正确。

警告：电解电容的不正确连接可能会导致危险情况发生。

电解电容具有正确的直流电压标记。对于具有轴向引线的电解电容，通常外壳为电容（－）极性。在径向铅电解电容中，（－）端子一侧清晰标记，图 B.9 为轴向和径向铅电解电容。注意电解电容的额定电压必须超过其工作电压。通常情况下额定电压应该超过电源电压，例如至少大于电源电压的 30%。如果电路工作于 12V 直流电压，则所有电解电容的电压额定值应至少为 16V。此外，电解电容的容差至少为 20%。当电容应用于电源设计时，其容量通常选择 −20%，即其额定容量的 +80%。

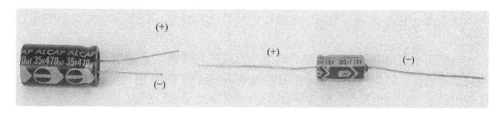

图 B.9　具有极性标记的轴向和径向引线电容

在一些涉及平均 DC（直流）电压约为 0V 的 AC（交流）信号电路中通常使用非极化电解电容，或者两个同种规格的电解电容（－）和（－）或（＋）和（＋）端子进行连接，所得电容量为单个电容容量的一半。例如，两个背靠背串联连接的 100μF 电解电容得到 50μF 非极化电容。有关背靠背连接的具体电路参见图 B.10。

图 B.10　（从左到右）：一个非极化电解电容、两个（－）端子背靠背连接的电解电容、两个（＋）端子背靠背连接的电解电容

2.2μF 及以下的小容量电容通常为非极化电容，即连接此类电容时不考虑其极性。电容通常标有三位数字，其中前两位数字非常重要，第三位数字表示以皮法为单位并且添加到前两位数字后面零的个数。公差由字母标示，即 K = 10%、J = 5%、G = 2%、F = 1%。例如，0.01μF、10% 容差的电容标记为 103K 或 10000pF = 0.01μF。通常利用电容表对电容值进行测量。电容的电压额定值通常至少为 25 ~ 50V，电容壳体很少标注精确额定电压，但是从电容厂商订购时可具体咨询。图 B.11 为各种类型的小容值电容，其中包括陶瓷盘、陶瓷片、薄膜和银云母电容。

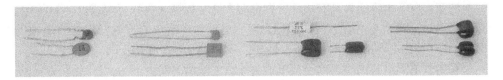

图 B.11　陶瓷盘、陶瓷片、薄膜（例如聚酯薄膜或聚酯膜）和银云母电容

B.5　电感和线圈

电感为另一种储能元件，按照磁通或磁场原理进行工作。理想情况下电感的直流电阻为零，与电容一样具有交流电阻。电容的交流阻抗随着频率增加而减小，但是电感具有相反特性，其交流阻抗随着交流频率的增加而增大。

在射频（RF）电路中，电感主要用于振荡器和带通滤波器，例如电感用于 Colpitts 电感—电容振荡器电路。电感还可用作天线线圈，例如 AM 无线电中使用的线圈。

电感用于电源电路，以滤除"嗡嗡"声或高频噪声。电感还用于开关电源以提高输出电压，例如具有电感的开关电源电路可以将 1.5V 电池电压转换成 4V 电压输出，以点亮白色发光二极管（LED），具体如图 B.12 所示。

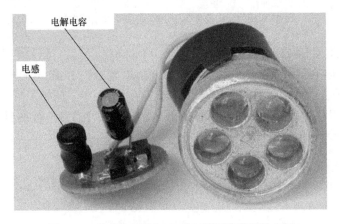

图 B.12　带有电感的 LED 手电筒用微型开关电源

使用 AAA 型电池的 LED 手电筒内部电路如图 B.12 所示。因为白光 LED 需要至少 2.5V 电压才能进行照明，所以 AAA 型电池的 1.5V 电压不足以使其点亮。电感与开关电源芯片、整流器和铝电解电容协同工作，将 1.5V 电池电压转换为约 4V 的电压，该电压值足以点亮白色 LED 灯。

虽然通常情况下电阻或电容很难自己手工制作，但是制作电感却非常容易。事实上即使直导线也可以用作特高频电路的电感。制作电感的常用方法将导线绕制在卫生纸、塑料笔或铁氧体等空卷轴上，具体如图 B.13 所示。

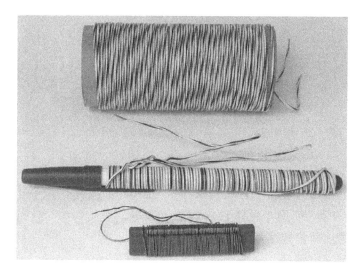

图 B.13　自制电感

电阻阻值单位为欧姆（Ω），电容容量单位为法拉（F），但是电感容量单位为亨利（H），并且以约瑟夫·亨利（Joseph Henry）命名，所以电感的测量单位为亨利。以亨利为单位计算电感值只适用于低频电路，例如用于真空管放大器的 60 赫兹（Hz）电源或用于改进的"wah－wah"音效调节电路。大多数线圈的电感量均较低，尤其是用于 RF 和音频电路的电感。对于射频电路，电感值在纳亨～微亨范围（亨利的十亿分之一～亨利的百万分之一）；对于音频电路，典型电感值在 mH 范围内（千分之一亨利）。

对于图 B.13 所示线圈，浴室加热电感器约 75 微亨（75μH），而笔式线圈电感值为 5.6μH，铁氧体（天线）线圈最大电感值为 180μH。铁氧体材料能够大大增大电感值，因此只需要较少匝数就足以提供与空心电感器所需的相同电感量。大多数应用于 RF（射频）电路中的电感值均为微亨（μH），而一些音频电路所使用线圈的电感可达毫亨（mH）。

常用电感器初看起来与电阻相似，甚至与电阻具有相同的颜色代码。但是当对电感进行测试时电阻值却通常远低于颜色代码所标识的值，具体如图 B.14 所示。

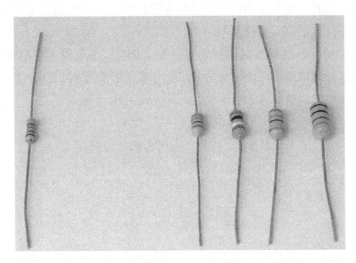

图 B.14　左侧一只为电阻、右侧四只为电感

电感颜色代码与电阻颜色代码相同，电感值为电阻值的 10%。前两个色带表示前两位数字，第三个色带为前两位数字后面零的个数，然后以微亨为单位定义电感值。第四个色带为容差，通常银色为 10%、金色为 5%。例如，色带为黄—蓝—橙—银的电感表示容差为 10%、电感额定值为 47000μH。

首先利用颜色代码辨识电感或电阻值，然后使用欧姆表进行测量。如图 B.15 所示，具有橙色、白色、黑色和黄色彩色编码的"元件"通常读为精度 5%、阻值 39Ω 的电阻。但是利用欧姆表测量时却大相径庭，具体如图 B.15 所示。

39μH 电感被测量成 0.9Ω 电阻，表明该元件的电阻值并非 39Ω。通过对比可以推算该元件一定为电感。电感的电阻值通常与其颜色代码不匹配，通过测量直流电阻推断该元件为电阻还是电感。

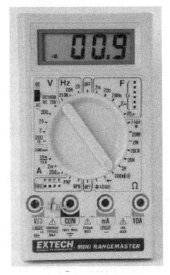

图 B.15　39μH 电感测试

其他类型的电感也使用三位数字进行标识，前两位数字表示微亨值，第三位

为乘数零的个数。例如，标记为"470"的电感值为 47μH，具体如图 B.16 所示。

图 B.16　具有 3 位数字标记的电感

图 B.16 为标记"683"的电感，即电感值为 68000μH=68mH。某些情况下，例如最后一只标记为"685"的电感值 6800000μH=6.8H，电感单位为纳亨而非微亨。纳亨为十亿分之一亨利，是微亨的 1/1000。因此该图中的第一个电感器实际上是预期的 1/1000，因此 683→68μH 和 685→6.8mH。

唯一按照规定方法进行测量的电感为中心线圈，标识为"470"的电感值为 47μH。切记第三位数字为前两位数之后零的个数，即 470→（47 + 无零添加）μH=47μH。

验证是否真正为电感的最佳方法为使用如图 B.17 所示的电感表对其进行测量，由图 B.17 可得，标有"683C"的图 B.16 中第一个电感值约为 64μH，然后将其电感值识别为 68μH。

图 B.17　电感电容 L/C 表

B.6　二极管和整流器

二极管和整流器只允许电流在某一方向上流动（具有较低阻抗），同时在另一方向表现为开路（具有非常高的阻抗），因此通常用于 AC（交流）信号转换，其中 AC（交流）信号在一段时间为正电压，在另一段时间为负电压。例如交流适配器使用一个或多个整流器以提供正向或负向直流电压。将 AC 调幅信号转换为 DC 信号时通常使用二极管，具体参见图 B.18 中前两只二极管（顶部和中间）。

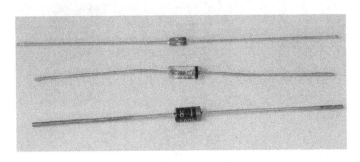

图 B.18　带有表示阴极色带的二极管和整流器

小信号二极管主要为标准硅二极管，如 1N914 或 1N4148。该类二极管通常用于开关、RF 和偏置电路。相比之下，硅整流二极管通常不适用于 RF（射频）电路，但适用于更高功率的电路应用，例如用于 50Hz 功率整流器或 60Hz 交流电源。

标准硅二极管或整流器的导通电压约为 0.6V，肖特基二极管和肖特基整流器具有较低导通电压，通常为 0.3～0.4V。当电源需要损耗最小时通常使用肖特基二极管，例如图 B.12 所示的 LED 手电筒中使用的整流器为功率肖特基二极管。

早期锗二极管的导通电压通常在 0.1～0.25V 之间，其通用型号为 1N34、1N60 和 1N270，该类二极管通常用于无线电电路中。

理想二极管正向导通时的压降应该为 0V，对于任何 ≥0V 的电压，理想二极管均能导通。对于任何 <0V 的电压，理想二极管都将截止，并且任何负压都不会通过二极管。任何二极管在开始导通之前都需要最小阈值电压，该阈值电压即导通电压。二极管或整流器均具有两个端子，即阳极和阴极，阴极标有色带，具体如图 B.18 所示。

图 B.18 中顶部为常见硅小信号二极管，如 1N914 或 1N4148，中间为较大的玻璃二极管，如 1N34 或 1N270 二极管，底部为电源整流器，如 1N4003。

通常情况下二极管主要用于 AM 检波或电压基准等较小信号电路中。整流器实际上同样为二极管，之所以将其称为整流器，主要因为其应用于更高功率电路，例如电源。

玻璃制成的二极管需要额外长度引线，以防止将其装载于电路板上时玻璃体开裂。如果引线弯曲时太靠近二极管本体将会导致玻璃二极管边缘损坏，具体安装如图 B.19 所示。由于整流器主要用于处理功率，所以整流器引线可用作散热器以冷却整流器，因此整流器引线不应该太靠近整流器本体弯曲。

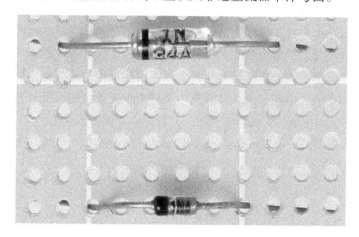

图 B.19　避免玻璃体开裂时二极管安装引线实例

整流器按照峰值反向电压（PRV）额定值进行标定，但较老的等效标定为峰值逆变电压（PIV）。此外整流器同样按照正向偏置导通电流进行标定。典型的功率二极管或整流器的额定电流值为 1A、3A 等。例如 1N4001 整流器的 PRV 为 50V，即当施加到阳极的电压大于 +0.6V 时整流器仍然会导通；如果电压在 −50～0V 之间，整流器将不会导通。如果负电压例如 −60V，则二极管将会再次开始导通。

通用 1A 整流器如下：1N4001 50 PIV、1N4002 100 PIV、1N4003 200 PIV、1N4004 400 PIV、1N4005 600 PIV、1N4006 800 PIV、1N4007 1000 PIV。

B.7　双极性晶体管

对于诸如无线电接收器电路、前置放大器、视频放大器等小信号放大电路，通常使用塑料 TO−92 晶体管；小型金属外壳晶体管（例如 TO−18）也可使用，例如 2N2222 和 2N2907，该类晶体管能够比 TO−92 封装提供更大的电流和功率。

功率晶体管主要用于向负载传输功率，例如向扬声器提供大功率。典型立体声接收机的输出级也同样采用功率晶体管。中功率电路主要使用 TO−5 金属壳封装晶体管。此外 TO−5 封装晶体管从 20 世纪 60 年代至 80 年代是受欢迎的，但是现在已经远远落后于塑封功率晶体管，所以目前实际设计中主要使用塑封功率晶体管。大功率电路通常使用 TO-220 和 TO-218 封装晶体管，对于更高功率，通常使用较大塑封 TO-247 晶体管。目前已经很少见到 TO-3 金属壳封装功率晶体管，之所以避免使用 TO-3 封装晶体管，主要因为金属壳封装功率晶体管比塑料外壳封装功率晶体管在散热器安装时更加困难。

双极性晶体管具有三个端子：发射极、基极和集电极，具有 NPN 和 PNP 两种极性。输入小信号与基极和发射极端子连接，信号从集电极输出时将进行信号放大——称为共发射极放大器。另一种形式放大器为缓冲放大器，其电压增益约为 1 或者更小，但是输出电流能力非常强。此时输入信号连接到晶体管基极，晶体管发射极提供放大电流，例如计算机中某些声卡需要电流以低音量驱动一组耳机。如果声卡的输出连接到晶体管基极，并且晶体管发射极连接到同一组耳机，则音量将会放大很多——射极跟随器。图 B.20 为不同类型的小信号和功率晶体管。

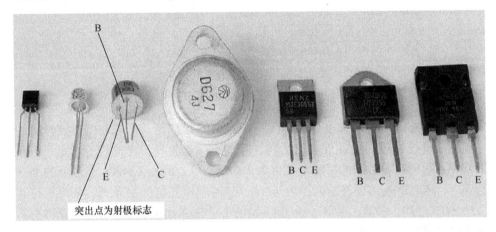

图 B.20　各种塑料和金属壳封装晶体管、功率晶体管

晶体管有多种封装形式，图 B.20 中从左到右分别为塑料封装 TO-92、金属封装 TO-18、金属封装 TO-5、金属封装 TO-3、塑料封装功率 TO-220、塑料封装功率 TO-218、塑料封装功率 TO-247 晶体管。对于 TO-92 封装晶体管，发射极、基极和集电极引脚将会发生变化，具体如图 B.21 所示。

晶体管引脚顺序通常为发射极—基极—集电极或者集电极—基极—发射极。然而对于非常高频的晶体管，通常期望得到最小化的基极和集电极，所以 MPSH10 高频 NPN 晶体管具有不同引脚：基极—发射极—集电极。发射极通常连接交流信号地，作为集电极和基极之间接地屏蔽。集电极与基极之间具有电容，该电容通常降低高频响应。MPSH81 为 MPSH10 的互补型 PNP 高频晶体管，具有与MPSH10 相同的引脚输出。表 B.3 为具有发射极—基极—集电极引脚顺序的小信

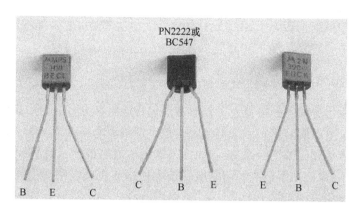

图 B. 21　MPSH10、PN2222 或 BC547 以及 2N3904 晶体管的发射极、基极和集电极引脚

号晶体管列表；表 B. 4 为具有集电极—基极—发射极引脚顺序的小信号晶体管列表；塑料封装功率晶体管见表 B. 5。在图 B. 20 中，引脚输出顺序为基极—集电极—发射极，由金属片连接到集电极端子，并且标注为 B C E。

表 B. 3　各种 NPN 和 PNP 小信号晶体管

NPN	PNP
2N2222	2N2907
2N3904	2N3906
2N4124	2N4126
2N4401	2N4403
2N5089	2N5087
2N5551	2N5401

表 B. 4　具有集电极—基极—发射极引脚的小信号晶体管

NPN	PNP
BC547	BC557
BC548	BC558
BC338	BC328
PN2222	PN2907

表 B. 5　塑封功率晶体管

NPN	PNP
TIP29	TIP30
TIP31	TIP32
MJE3055	MJE2955
TIP3055	TIP2955

表 B.5 中所列 TIP29—TIP32 四只晶体管为中功率晶体管，能够输出 3A 集电极电流。但是 "2955" 和 "3055" 晶体管输出电流高达 15A。

B.8 放大器和逻辑电路

集成电路包含很多晶体管，另外通常还包含电阻和电容。利用集成电路能够实现放大器、电压调节器、无线电接收、数字逻辑等电路系统功能，并且还能够实现复杂的数字和模拟混合系统（SoC）、笔记本电脑或台式计算机的中央处理单元（CPU）。以前在手机或者印制电路板上使用的负载电路现在均可集成到芯片或集成电路中。

目前使用的 USB ATSC 电视调谐器只需将芯片调谐器插入计算机的 USB 端口即可查看观众最喜欢的节目。而在 20 世纪 80 年代初期的电视调谐器将会用到印制电路板、晶体管、RF 线圈、高频变压器、电容、机械开关等多种器件，如此电视调谐器的体积会很大，相当于 23W 紧凑型荧光灯泡的尺寸。

集成电路有多种封装形式，图 B.22 为直插安装的 8 脚、14 脚和 16 脚集成电路，其引脚顺序如下：

1）从顶部向下看，小点或凹口面指向 "北"。注意最接近小点的引脚为 1 脚。从芯片的左上方开始为引脚 1，按照逆时针方向旋转，对于 8 脚芯片左侧底部脚为 4 脚，对于 14 脚芯片左侧底部脚为 7 脚，对于 16 脚芯片左侧底部脚为 8 脚。

2）从左下角到右下角继续计数，直到右上角为最后一个引脚。

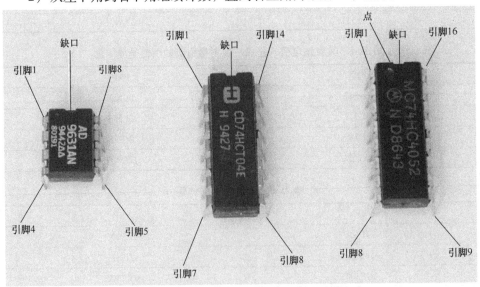

图 B.22　8 脚、14 脚和 16 脚集成电路封装

施加到集成电路的电源不能正负颠倒，以免永久性损坏集成电路。因此使用集成电路前建议检查集成电路的引脚两次，以确保电源引脚连接正确。

实际使用集成电路时电源引脚可能位于不同位置。因此必须下载每个集成电路的数据书册，根据数据手册说明对其进行正确引脚使用。例如 LM741 单运算放大器的正电源引脚位于 7 脚，而 LM1458 双运算放大器集成电路的正电源引脚位于 8 脚。

此外，所有集成电路的正负电源引脚和地之间均应具有约 $0.1\mu F$ 的解耦电容。例如 LM741 在 7 脚上加电源，在 7 脚与地之间连接 $0.1\mu F$ 电容，然后在 LM741 负电源脚 4 和地之间连接第二个 $0.1\mu F$ 电容。

将解耦电容连接到集成电路的电源脚非常必要，可避免来自集成电路输出的噪声或振荡信号影响。其他类型的集成电路采用 TO – 92 封装，如稳压器和无线电电路。此外还有 TO – 220 封装电源调节器和放大器。

B.9　焊接工具

通常情况下焊接使面包板比连接插线更加牢固，通过焊接能够传输电流，并且无需担心连接松动或脱落。

最常用的焊接工具为焊笔，与使用焊枪相比焊笔质量比较轻，能够更加精确地操作到电路板的紧密位置。因为焊笔比焊枪更轻，所以长时间使用焊笔比使用焊枪更加轻松。

小型电路板通常使用 25 ~ 35W 焊笔进行焊接。45W 焊笔不仅可以焊接电容、电阻、电感和晶体管等，还能可靠焊接吸收热量的电子元件，如开放式可变电容、大功率电阻和电源用电解电容。焊笔的焊头根据需求进行更换，例如圆锥形或平刃型等，具体如图 B.23 所示。

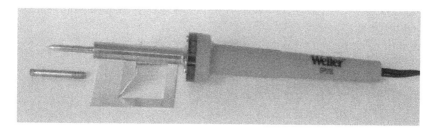

图 B.23　Weller SP – 23L 焊笔（带有额外焊头和支架）

焊笔放置在支架上以保持焊头稳定，使用支架以免焊头意外加热另一物体造成火灾或伤害，具体如图 B.23 所示。

注意：为安全起见应始终将焊笔放置在支架上。

焊接通用方法如下：使用焊头对引线或连接器加热并加入焊料，使得引线或元件加热以熔化焊料，以上为焊接教学的标准方法。然而将焊头放在焊料上以将焊料熔化到导线上，然后移动焊头加热导线也可实现满意的焊接效果。

另一种类型的焊笔包括焊台，如图 B.24 所示。通常在海绵中加入一些水并保持潮湿，以方便随时清洁焊头。每次焊接时焊头会积聚污垢或其他类型的碎屑，将焊头擦拭湿海绵以便对其进行清除。

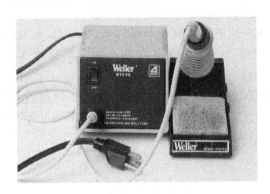

图 B.24　带有支架和海绵的焊台

应该注意交流电源插头为带有接地插头的三端插头。如果被焊接电路仍然接通电源，则焊头将导致电路短路，因此在电路焊接之前务必关闭电路电源。通常焊笔可以使用 120V 三针或二针接地隔离适配器供电，以便与地隔离。

电子电路适合选用香芯焊剂，还有其他类型焊料，如棒焊料、无焊剂焊料，另外还有用于水管或管道焊接而不用于电子电路的酸性焊料。通常情况下含量 60% ~63% 的锡和 40% ~37% 的铅构成的焊锡料效果最好。对于大型焊件，焊料直径达 0.062 ~0.080in。通常该直径焊料用于大型电线、电缆或电子器件。对于大多数电子电路，直径约 0.032in 的锡铅（Sn – Pb）松香焊料均能正常焊接，具体如图 B.25 所示。

图 B.25　直径为 0.032in 的锡铅松香焊锡管

锡铅松香芯焊料是电子工作的首选类型，还有其他类型焊料，如无铅和 2% 银焊料，但是以上两种均不推荐。无铅焊料与锡铅一样不易流动，而 2% 的银焊料比较昂贵，并且对于一般电子焊接没有任何显著优点。因此本书推荐使用 60/40 或 63/37 锡铅松香芯焊料，通常能够买到 1/2 或 1 磅的焊料卷轴。

注意：关闭焊笔或焊枪之前应将一些焊料熔化到焊头上，以防止焊头氧化或腐蚀。如果焊头被氧化，首先令焊头冷却，然后使用细砂纸或砂布将氧化层去除，最后将焊笔或焊枪通电，预热后在其焊头上熔化一些焊料。

如果焊锡太多将连线短路时按照如下方法消除短路：使用脱焊器清除多余焊料，或者使用裸铜编织网状线吸收多余焊料并消除短路，具体如图 B. 26 所示。

图 B. 26　用于抽吸多余焊料的脱焊器和扁平编织线

脱焊器中间有触发按钮，脱焊器必须通过压缩柱对其加压，加压之后将脱焊器尖端放置在所需位置以清除多余焊料；然后使用焊笔加热多余焊料，并按下脱焊器触发按钮吸出多余热焊料。

使用编织线去除焊料时将编织线放置在多余焊料处，然后利用焊笔加热编织线使多余焊料流入编织线；取下编织线时焊料仍然很热，多余焊料将被清除。如果一次没有清除干净，可用干净编织线重复此过程。如果存在大量短路连接焊料，则优选脱焊器。

焊接时很难同时做到焊接两条电线并将其连接在一起，理想情况下将引线缠绕在一起，使两引线连接处进行机械配合。但是如果上述连接不能实现，那么对电线进行预镀锡为上上策。通常情况下应尽可能对电线或连接器进行预镀锡。

电线预镀锡时一只手握住电解电容，另一只手握住焊笔，将电容负引线预镀锡，具体如图 B. 27 所示。如果两根不同引线已经完成预镀锡，对其进行焊接时可以不必再加焊料；如果两根导线被机械固定在一起，可以使用少量焊料对其进行焊接。

图 B. 27　电线预镀锡

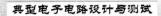

　　冷焊点和良好焊接点对电路性能至关重要，图 B.28 为覆铜板上一系列的 9 个焊点，第 1、第 2、第 3 和第 5 焊接点不牢固；第 1 和第 2 焊接点为冷焊点，将焊锡轻擦在铜上而非焊料熔化并黏附在铜上形成可靠导电接点；焊接点 3 和 5 缺乏足够热量，并且不能很好地黏附到铜上；如果焊接点上带有尖锐或锯齿状边缘表明焊接不良；第 4 和第 7 焊接点为良好焊接点，其焊料良好地黏附到铜上；焊接点 6 在铜表面上附着气泡或小珠，不能与铜皮良好电气连接；焊接点 8 和 9 能够正常工作，但是应该使用更多焊料以保证良好工作。

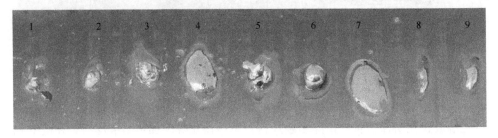

图 B.28　冷焊点和良好焊接点实例

参 考 文 献

［1］张东辉 . PSpice 元器件模型建立及应用［M］. 北京：机械工业出版社，2017.

［2］张东辉 . 精通电子学——电路剖析、设计与创新［M］. 北京：机械工业出版社，2018.

［3］张东辉 . 基于 OrCAD Capture 和 PSpice 的模拟电路设计与仿真［M］. 北京：机械工业出版社，2016.

［4］张东辉 . PSPICE 和 MATLAB 综合电路仿真与分析［M］. 北京：机械工业出版社，2016.

［5］毛鹏 . 电力电子学的 spice 仿真［M］. 北京：机械工业出版社，2015.

［6］张卫平 . 开关变换器的建模与控制［M］. 北京：中国电力出版社，2005.

［7］ MARC T THOMPSON. Intuitive Analog Circuit Design ［M］. New York：Elsevier Science，2005.

［8］ RASHID M H. Introduction to PSpice Using Orcad for Circuits and Electronics ［M］. Englewood Cliffs：Prentice – Hall, 2004.

［9］RASHID M H. Power Electronics Handbook ［M］. New York：Elsevier Science, 2004.

［10］RASHID M H. Power Electronics Circuits, Devices and Applications ［M］. 3rd ed. Englewoo Cliffs：Prentice – Hall, 2003.

［11］RASHID M H. SPICE for Power Electronics and Electric Power ［M］. Englewood Cliffs：Prentice – Hall, 1995.

［12］HERNITER M E. Schematic Capture with Cadence PSpice ［M］. Englewood Cliffs：Prentice – Hall, 2001.

［13］ROBERT W ERICKSON, DRAGAN MAKSIMOVIC. Fundamentals of Power Electronics ［M］. 2nd ed. Secaucus：Kluwer Academic Publishers, 2001.

［14］PRICE T E. Analog Electronics：An Integrated PSpice Approach ［M］. Englewood Cliffs：Prentice – Hall, 1996.

［15］MASSOBRIO G, ANTOGNETTI P. Semiconductor Device Modeling with SPICE ［M］. 2nd ed. New York：McGraw – Hill, 1993.

［16］DONALD A NEAMEN. Microelectronics：Circuit Analysis and Design ［M］. 4th ed. New York：McGraw – Hill, 2009.

［17］SERGIO FRANCO. Design With Operational Amplifiers and Analog Integrated Circuits ［M］. 4th ed. New York：McGraw – Hill Education, 2013.

［18］ROBERT A PEASE. Analog Circuits World Class Designs ［M］. New York：Elsevier Science, 2008.

［19］SERGIO FRANCO. Analog Circuit Design Discrete and Integrated ［M］. New York：McGraw – Hill Education, 2013.